大飞机出版工程

总主编　顾诵芬

非线性有限元及其
在飞机结构设计中的应用

（第三版）

Nonlinear Finite Element Method and Applications
in Aircraft Structural Design

（Third Edition）

朱菊芬　汪海　徐胜利　白瑞祥　编著

上海交通大学出版社
SHANGHAI JIAO TONG UNIVERSITY PRESS

内容提要

　　本书重点介绍了结构力学中非线性问题的基本原理和有限元分析方法的基础知识。全书分为 8 章,系统地阐述了材料的弹塑性本构关系和大变形条件下基本方程的 Lagrange 描述,同时给出了几何、材料非线性有限元列式和相应的教学程序。书中还详述了几何非线性理论在结构稳定性分析中的应用。本书可作为高等工科院校理工科研究生、高年级本科生教材,也可供广大工程技术人员参考。

图书在版编目(CIP)数据

非线性有限元及其在飞机结构设计中的应用/朱菊芬等编著. —3 版.
—上海:上海交通大学出版社,2020
大飞机出版工程
ISBN 978 - 7 - 313 - 22839 - 0

Ⅰ.①非…　Ⅱ.①朱　Ⅲ.①非线性-有限元分析-应用-飞机-
结构设计　Ⅳ.①V221②O241.82

中国版本图书馆 CIP 数据核字(2020)第 002252 号

非线性有限元及其在飞机结构设计中的应用(第三版)
**FEIXIANXING YOUXIANYUAN JI QI ZAI FEIJI JIEGOU SHEJI ZHONG DE YINGYONG
(DI-SAN BAN)**

编 著 者:朱菊芬　汪　海　徐胜利　白瑞祥
出版发行:上海交通大学出版社　　　　　　　地　　址:上海市番禺路 951 号
邮政编码:200030　　　　　　　　　　　　　电　　话:021 - 64071208
印　　制:苏州市越洋印刷有限公司　　　　　经　　销:全国新华书店
开　　本:710mm×1000mm　1/16　　　　　印　　张:17.5
字　　数:350 千字
版　　次:2011 年 5 月第 1 版　　　　　　　印　　次:2020 年 7 月第 3 次印刷
　　　　　2020 年 7 月第 3 版
书　　号:ISBN 978 - 7 - 313 - 22839 - 0
定　　价:98.00 元

大飞机出版工程

丛书编委会

总　序

国务院在 2007 年 2 月底批准了大型飞机研制重大科技专项正式立项,得到全国上下各方面的关注。"大型飞机"工程项目作为创新型国家的标志工程重新燃起我们国家和人民共同承载着"航空报国梦"的巨大热情。对于所有从事航空事业的工作者,这是历史赋予的使命和挑战。

1903 年 12 月 17 日,美国莱特兄弟制作的世界第一架有动力、可操纵、重于空气的载人飞行器试飞成功,标志着人类飞行的梦想变成了现实。飞机作为 20 世纪最重大的科技成果之一,是人类科技创新能力与工业化生产形式相结合的产物,也是现代科学技术的集大成者。军事和民生对飞机的需求促进了飞机迅速而不间断的发展,应用和体现了当代科学技术的最新成果;而航空领域的持续探索和不断创新,为诸多学科的发展和相关技术的突破提供了强劲动力。航空工业已经成为知识密集、技术密集、高附加值、低消耗的产业。从大型飞机工程项目开始论证到确定为《国家中长期科学和技术发展规划纲要》的十六个重大专项之一,直至立项通过,不仅使全国上下重视起我国自主航空事业,而且使我们的人民、政府理解了我国航空事业半个世纪发展的艰辛和成绩。大型飞机重大专项正式立项和启动使我们的民用航空进入新纪元。经过 50 多年的风雨历程,当今中国的航空工业已经步入了科学、理性的发展轨道。大型客机项目其产业链长、辐射面宽、对国家综合实力带动性强,在国民经济发展和科学技术进步中发挥着重要作用,我国的航空工业迎来了新的发展机遇。

大型飞机的研制承载着中国几代航空人的梦想,在 2016 年造出与波音 737 和空客 A320 改进型一样先进的"国产大飞机"已经成为每个航空人心中奋斗的目标。然而,大型飞机覆盖了机械、电子、材料、冶金、仪器仪表、化工等几乎所有工业门类,集成了数学、空气动力学、材料学、人机工程学、自动控制学等多种学科,是一个复杂的科技创新系统。为了迎接新形势下理论、技术和工程等方面的严峻挑战,迫切需要引入、借鉴国外的优秀出版物和数据资料,总结、巩固我们的经验和成果,编著一套以"大飞机"为主题的丛书,借以推动服务"大型飞机"作为推动服务整个航空科学的切入点,同时对于促进我国航空事业的发展和加快航空紧缺人才的培养,具有十分重要的现实意义和深远的历史意义。

2008年5月,中国商用飞机有限责任公司成立之初,上海交通大学出版社就开始酝酿"大飞机出版工程",这是一项非常适合"大飞机"研制工作时宜的事业。新中国第一位飞机设计宗师——徐舜寿同志在领导我们研制中国第一架喷气式歼击教练机——歼教1时,亲自撰写了《飞机性能捷算法》,及时编译了第一部《英汉航空工程名词字典》,翻译出版了《飞机构造学》《飞机强度学》,从理论上保证了我们飞机研制工作。我本人作为航空事业发展50年的见证人,欣然接受了上海交通大学出版社的邀请担任该丛书的主编,希望为我国的"大型飞机"研制发展出一份力。出版社同时也邀请了王礼恒院士、金德琨研究员、吴光辉总设计师、陈迎春副总设计师等航空领域专家撰写专著、精选书目,承担翻译、审校等工作,以确保这套"大飞机"丛书具有高品质和重大的社会价值,为我国的大飞机研制以及学科发展提供参考和智力支持。

编著这套丛书,一是总结整理50多年来航空科学技术的重要成果及宝贵经验;二是优化航空专业技术教材体系,为飞机设计技术人员培养提供一套系统、全面的教科书,满足人才培养对教材的迫切需求;三是为大飞机研制提供有力的技术保障;四是将许多专家、教授、学者广博的学识见解和丰富的实践经验总结继承下来,旨在从系统性、完整性和实用性角度出发,把丰富的实践经验进一步理论化、科学化,形成具有我国特色的"大飞机"理论与实践相结合的知识体系。

"大飞机"丛书主要涵盖了总体气动、航空发动机、结构强度、航电、制造等专业方向,知识领域覆盖我国国产大飞机的关键技术。图书类别分为译著、专著、教材、工具书等几个模块;其内容既包括领域内专家们最先进的理论方法和技术成果,也包括来自飞机设计第一线的理论和实践成果。如:2009年出版的荷兰原福克飞机公司总师撰写的 Aerodynamic Design of Transport Aircraft(《运输类飞机的空气动力设计》),由美国堪萨斯大学2008年出版的 Aircraft Propulsion(《飞机推进》)等国外最新科技的结晶;国内《民用飞机总体设计》等总体阐述之作和《涡量动力学》《民用飞机气动设计》等专业细分的著作;也有《民机设计 1000 问》《英汉航空双向词典》等工具类图书。

　　该套图书得到国家出版基金资助,体现了国家对"大型飞机项目"以及"大飞机出版工程"这套丛书的高度重视。这套丛书承担着记载与弘扬科技成就、积累和传播科技知识的使命,凝结了国内外航空领域专业人士的智慧和成果,具有较强的系统性、完整性、实用性和技术前瞻性,既可作为实际工作指导用书,亦可作为相关专业人员的学习参考用书。期望这套丛书能够有益于航空领域里人才的培养,有益于航空工业的发展,有益于大飞机的成功研制。同时,希望能为大飞机工程吸引更多的读者来关心航空、支持航空和热爱航空,并投身于中国航空事业做出一点贡献。

2009 年 12 月 15 日

前　　言

　　为了满足我国"大型飞机"重大专项对飞机研制人才的迫切需求,上海交通大学在上海市政府的大力支持下,启动了"上海交通大学大型民机创新工程"项目。本书作为该项目三个子项目之一的"人才工程"配套内容,于 2008 年初正式立项,并在 2009 年春季和秋季两个学期的飞行器设计研究生"特班"得以试用和完善。

　　众所周知,工程结构中的许多力学问题,从本质上讲都是非线性的。结构力学中的线性假设,是早期(19 世纪中叶)受当时计算工具和计算方法的限制而不得不对实际问题所做的一种简化。由于现代飞机结构日趋大型、整体、复杂化,而且许多主承力构件还大量采用了先进复合材料,使得许多结构件在高载、高温和高压条件下呈现出一系列复杂的非线性现象。因此,对飞机结构进行非线性分析是十分必要的。有限元法是求解结构力学中非线性问题最好、最有效的数值方法,大型、高速计算机和成熟、有效的计算软件也使得结构的非线性分析成为可能。

　　近年来,我国从国外引进的大型通用结构分析软件较多,如 NASTRAN、MARC、ABAQUS 等,这些软件已经在我国航空航天相关科研院所得到普遍使用,且大多具备较强的非线性分析功能。但是,现有的科研、技术人员对这些软件的非线性分析功能的使用与开发还很不够,其主要原因是缺乏非线性分析的基础理论知识。为了帮助他们了解非线性问题的力学原理以及非线性有限元分析方法,看懂相关文献资料,很好地使用和开发现有的通用商业软件,解决非线性结构分析问题,本书作者以其在大连理工大学和沈阳飞机设计研究所工作期间的教学讲义和相关科研成果为基础,并结合最近几年的工程应用需求编写了这本教材。

　　本书在编写过程中,考虑主要阅读对象是工科专业的硕士研究生。因此,本书内容在理论上偏重基本概念,并举一反三,方法上力求反映新近成果,应用上紧密结合航空工程特别是飞机结构,并给出具体实施的方法和步骤,在表达上力求深入浅出,方便读者学习。

　　本书共分为8章。第1章简要介绍非线性问题的分类和一些基本概念,使读者对非线性问题有个概貌了解和粗浅认识。同时,对线性有限元方法的基本原理做了简要回顾。第2章介绍了材料非线性的本构关系,重点是一般工程材料的塑性本构理论,包括屈服、强化、加卸载准则和塑性流动法则。第3章讲述了弹塑性有限元方法的实施办法和具体步骤。第4章从工程应用的角度,给出了以增量/迭代型为主的非线性方程组的求解方法和步骤,还介绍了能跟踪非线性过程的弧长法。第5章阐述了大变形条件下几何非线性基本方程的 Lagrange 描述和应力、应变度量。第6章给出了几何非线性理论与求解方法的具体实施步骤和过程。第7和第8章是结构非线性稳定性分析和在飞机结构分析中的应用。结构非线性稳定性分析是几何非线性理论在工程应用中的衍生学科,也是作者科研工作的主要领域。

　　为了使读者深入理解本教程的基本理论和方法,具体了解非线性有限元分析的实施过程,最后还附有三个教学程序,可供研究生学习和用作数值试验。这三个教学程序的整理和编写工作是由大连理工大学徐胜利博士完成的。

　　本书除可作为飞机结构强度专业硕士班教材外,还可用作高等工科院校工程学科研究生、高年级本科生的教材或参考书,也可作为广大工程技术人员学习非线性有限元分析方法的参考书。由于作者知识面和学术水平有限,书中存在的不足之处,敬请批评指正。

　　最后,感谢大连理工大学和上海交通大学上过这门课的历届研究生为本书的电子文档所做的工作。

目　　录

1 绪 论

有限元方法作为一种数值方法,它是近代固体力学在求解技术上突破性的成果。目前,有限元方法已经成为工程结构设计和分析中应用最广泛、最有效的工具之一。因此,也成为现代力学工作者和工程技术人员必备的知识。

从 20 世纪 60 年代开始,经过半个多世纪的发展,目前世界上流行的大型结构分析通用程序有两千多种,它们已成为实施结构工程不可缺少的重要工具。著名的通用软件有 SAP, ADINA, NASTRAN, ANSYS, MARC, ASKA, ABAQUS, ALGOR, DYNA, PRO-MECHANICAL 等。目前,大至宇宙空间站中太阳能帆板的巨型桁架、航天器、飞机、石油开采平台、高层建筑等结构,小至机器部件、运动和医疗器件,甚至研究材料纳米量级的破坏机理都需要采用有限元分析这一成熟而有效的方法。特别是非线性有限元分析方法已经成为现代工程结构计算机辅助设计的基本组成部分。而当前非线性有限元理论、方法和应用的研究仍是方兴未艾。

结构分析通用程序的硬件环境是电子计算机,软件支撑是非线性有限元、连续介质力学、本构关系、计算数学、程序设计等学科的理论和方法。因此,结构分析通用程序是多学科知识的综合与技术高度密集的产品。开发和使用非线性有限元程序的人员应该学习和掌握非线性有限元分析的基本理论和方法,否则,功能强大、可利用、可开发的有限元分析软件就只是一个神秘的黑箱,当面对非线性有限元程序中的许多选择时,将会感到束手无策。

本教程着重介绍非线性有限元的理论基础和实现这些理论的方法与步骤,而不涉及大型通用程序的结构和使用。本书配有多个教学程序和相应的算例,读者可通过程序阅读和典型算例的数值试验,掌握非线性有限元的基础知识和常规的求解方法,进而了解现有大型分析软件的丰富内涵并能正确地使用这些软件。假如要深入理解非线性有限元的理论并开展相关的研究工作,则需要阅读有关的专著和大量的文献资料,并随时关注最新的研究成果。

1.1 非线性有限元概述

1.1.1 有限元方法的产生和发展

1.1.1.1 线性有限元方法

结构分析的有限元方法和解析方法一样,最初发展起来的是线性有限元方法,第二次世界大战之后,机械和航空工业得到了迅速发展,工程结构品种增多,工作环境复杂,对设计和分析提出了更高的要求。最明显的例子是二战之后出现的喷气式战斗机,为了提高速度,在后掠机翼上采用了小展弦比的多墙、多肋的金属蒙皮结构。无论是经典弹性理论、材料力学、结构力学都无法分析这类复杂结构。尽管当时早已出现了差分法和变分法等近似方法,且与经典解析法相比其分析能力已有很大提高,但这些方法还都是从微分方程和泛函出发的,对复杂的边值问题、不均匀体和多连通问题仍然难于解决,应用范围极其有限。

实际生产力发展呼唤更有力的分析方法出现,数字计算机的发展为固体力学的发展提供了有力的工具。有限元方法正是以计算机作为基本工具的方法,有关有限元最初的论文就是为了解决航空结构的这些问题而发表的。实际需要和现实的可能一经结合便产生了巨大的推动力,使古老的固体力学焕发了青春,原来视为无法求解的结构力学问题得到了方便的求解,并解决了一批工程实际问题。特别是非线性结构分析理论,原来是一些仅仅停留在科学家纸面上的理论,通过非线性有限元方法,也找到了具体实施和可求解的方法,为解决复杂的工程实际问题提供了可能。

1.1.1.2 非线性有限元方法

实际的结构力学问题往往都是非线性的,线性理论只是为简化问题所做的假设,如材料的弹性性质和小变形假设。然而假设是有条件的,如果实际情况远远超越了假设条件,线性理论也就不适用了。

随着近代高科技的发展,特别是航天器和石油平台等一些巨型结构的发展,结构在大载荷、高速、高温和高压条件下呈现了一系列复杂的非线性现象。例如,许多材料表现出明显的物理非线性。如果结构的某些部位出现了塑性,但整体结构并没有破坏,本还可正常工作,但按照弹性设计来判断结构是否失效必然偏于保守。采用材料非线性分析最明显的实例是金属压力容器的"自强"设计,就是利用塑性残余应力使结构承载能力增强的"自强"现象。

又如,随着新材料的发展,高强度铝合金和纤维(碳、硼、KAVLA 纤维)增强复合材料的出现和广泛应用,其中薄壁加筋结构是常见的结构形式,薄壁结构在承载中的大变形和稳定性问题非常突出,而许多现象用线性理论无法解释。最典型的例子是四边简支矩形板的面内受压问题,实际的失效载荷大大超过其欧拉(Euler)临界力,是它的几倍至十几倍;而受轴压薄壁圆筒的失效载荷仅是线性失稳临界力的几分之一,结构会突然破坏。所以,按线性理论设计的结构,有可能存在灾难性的危险,也有可能会过于保守。这些现象只有借助非线性理论来解释和研究。今天,金属压力成型工艺已广泛用于航空航天、汽车、造船、化工等工程结构制造,结构的成型过程就是一个由材料、几何和接触等多重非线性相互耦合的问题,必须综合材料非线性、非线性连续介质、非线性有限元等理论和方法来分析研究。

20 世纪 70 年代以来,非线性有限元理论和方法得到了飞速发展,大型非线性分析软件的研制成功并推向市场,成为理论到实际应用的中间桥梁,解决了一大批实际问题。现实说明以电子计算机为前提的非线性有限元方法和程序,为非线性理论的实施和应用提供了可能性,并产生了意想不到的效益。

1.1.2　非线性问题的分类和求解方法

1.1.2.1　分类

1) 材料非线性问题

材料非线性(material nonlinearity)也称物理非线性,在线性理论中采用弹性的本构关系(constitution relation)即胡克定律(Hooke's law),它仅考虑应力与应变的线性关系,当温度和其他条件变化时只影响线性方程的常系数。弹性本构关系的特点是线性和单值性。而实际上,材料的本构关系应包括应力、应变、应变率、载荷作用时间、温度等因素之间的非线性关系。

(1) 非线性弹性。

非线性弹性(nonlinear elasticity)有超弹性和次弹性之分,如橡皮的性质属超弹性,混凝土、岩土等材料属次弹性,总的特征是变形为可逆的。

(2) 弹塑性。

弹塑性(elasto-plasticity)通常是指工程材料中某一点的应力超过了一定的极限值后,材料性质表现出的非线性性质,它不仅和变形程度有关,而且和到达这一变形的速率和路径有关,所以是一个不可逆转的过程,即加载到达塑性阶段后卸载时变形不可完全恢复。这一现象适用于高应力水平下大多数的工程材料。也是本教程要讨论的重要内容之一。

(3) 黏弹性。

黏弹性(visco-elasticity)有应力松弛和蠕变两种类型。应力松弛是指在应变作用下应力随时间逐渐减少的现象,蠕变是指应力作用下应变随时间逐渐增加的现象。适用于金属和聚合物材料。

(4) 黏塑性。

黏塑性(visco-plasticity)是指塑性变形和时间相关的特性,黏塑性适用于高应变率的金属和聚合物材料。

2) 几何非线性(geometric nonlinearity)

严格来说,任何一个物体受力后的变形过程都是非线性的。因为载荷施加都有个过程(即使是瞬时),则总可以将其分成若干个载荷增量步。即从初始状态 $(t = 0)$ 开始,在 Δt 时间步内给物体施加第一个载荷增量,使物体产生一定的变形,接着第二个载荷增量应该施加在第一个载荷增量施加结束后的物体构形(configuration)上。因此,每一步的平衡方程应该建立在变形之后的物体构形上,也就是所求变形和当前变形有关,从而导致控制方程的非线性。这是本教程要讨论的另一个重要内容。

非线性屈曲理论是几何非线性理论的衍生学科,因为按照非线性屈曲理论,结构的稳定性问题和强度问题是相互联系在一起的。非线性平衡路径可以准确地把结构的强度和稳定性,以至于刚度的整个变化历程表示得十分清楚。这一部分作为几何非线性理论的应用,特别是对航空航天器等薄壁结构来说是十分重要的。

3) 接触非线性(contact nonlinearity)

接触非线性问题中物体的边界条件在求解之前是未知的,它们是求解的结果,所以最后的控制方程也是非线性的。接触问题在工程结构中大量存在,如齿轮、轴承、榫齿连接及运动物体间的撞击等。在力学上首次提出并加以研究的是19世纪末的赫兹,以后的半个多世纪几乎没有进展,直到有限元法和计算机的出现,使接触问题的研究有了很大进展,近几年来已经可将研究成果用于实际工程结构。

1.1.2.2　求解非线性问题的一般方法(分段线性化)

在线性有限元分析中,总是先建立方程然后求解。非线性有限元则不然,往往是求解的理论和各自特殊的求解过程以及方程的解法融合在一起的,因此本课程中要较早地介绍求解非线性问题的一般方法。这是本教程要讨论的第三个重要内容。

到目前为止,求解非线性问题的一般方法都是采用分段线性化的思想,主要的方法如下:

(1) 迭代法。

a. 直接迭代法(割线刚度法)。

b. Newton - Raphson 迭代法(切线刚度法)。

(2) 增量法——纯增量法。

(3) 混合法——增量/迭代型方法。

图 1.1 给出分段线性化求解非线性问题的流程粗框图。

1.1.2.3　程序编制和使用

以大型结构分析软件为标志的近代计算结构力学学科,不仅是有限元理论和方法、非线性连续介质力学和矩阵分析方法的综合学科,而且一整套与计算机相关的软、硬件技术也是该学科的重要组成部分。比如结构分析软件的程序编制,包括设计思想,数据管理,图形显示,前后处理等都是软件研制过程中不可缺少的环节。本课程中给出的三个简单的非线性分析程序,仅供读者学习和理解非线性有限元的理论和方法之用,而没有引入程序设计方面的知识和技术。

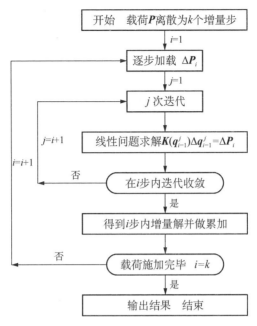

图 1.1　非线性问题求解流程

本课程中常用的三种标记是指标标记、张量标记和矩阵标记。

1.2　线性有限元的回顾

线性有限元理论虽然不是本课程的重点,但线性有限元方法是非线性有限元方法的基础,非线性有限元方法又是线性有限元方法的发展。因为非线性问题的求解通常是采用分段线性化的思想,使其成为一系列的线性问题的求解来完成的,因此有必要首先回顾线性有限元的一些基本内容。主要是线性有限元的基本理论和方法,以及当前应用最广泛的等参单元理论。

固体力学的理论(材料力学、弹性力学和结构力学等)无论是线性的还是非线性的都是建立在本构(物理)、几何(运动)以及平衡这三方面方程基础上的,由此导出的控制方程和相应的边界条件构成了各种边值问题,其解一定是满足上述问题充分、必要条件的唯一解,而且是反映了结构真实受载后的运动(变形)状态。在许多情况下,结构分析中的本构方程、几何方程及边界条件均可处理成线性的,使控制方程得以线性化,这正是线性有限元方法的基础。

1.2.1　本构关系

影响结构材料性能有诸多因素,如应力、应变、变形率、温度、湿度、时效等,而最初建立本构方程时仅考虑应力、应变两个物理参数,并认为两者呈线性关系,这就是经典的弹性理论,即著名的胡克定律(Hooke's law)。

一般弹性材料的胡克定律为

$$\sigma_{ij} = D_{ijkl}\,\epsilon_{kl} \qquad 或 \qquad \epsilon_{ij} = C_{ijkl}\sigma_{kl} \tag{1-1}$$

也可用矩阵表示式

$$\boldsymbol{\sigma} = \boldsymbol{D}\boldsymbol{\varepsilon} \qquad 和 \qquad \boldsymbol{\varepsilon} = \boldsymbol{D}^{-1}\boldsymbol{\sigma}$$

式中:D_{ijkl} 和 C_{ijkl} 分别为刚度矩阵(通常也称为弹性阵)和柔度矩阵。

由剪应力互等定理,弹性阵 D_{ijkl} 中独立材料参数的个数由 81 个减少为 21 个。对于正交异性材料有 9 个独立的材料参数,对于各向同性材料的胡克定律有

$$d\epsilon_{ij}^{\mathrm{e}} = \frac{1}{2G}ds_{ij} + \frac{1-2\nu}{E}d\sigma_0\delta_{ij} \quad (i,\,j=1,\,2,\,3) \tag{1-2}$$

式中

$$G = \frac{E}{2(1+\nu)} \tag{1-3}$$

仅有两个独立的材料常数 E 和 ν,其中:E 为弹性模量;ν 为泊松比。上面采用了用黑斜体表示的张量符号,其分量用普通斜体表示。如读者不熟悉可参考本书后面的附录 A。

1.2.2　几何方程

几何方程即位移协调方程(displacement compatibility equations),在弹性力学中给出了小变形假定下的几何关系,即线性的位移-应变关系为

$$\boldsymbol{\epsilon}_{ij} = \frac{1}{2}(U_{i,\,j} + U_{j,\,i}) = \boldsymbol{\nabla}^{\mathrm{T}}\boldsymbol{U} \tag{1-4}$$

位移边界条件是在 S_u 边界上 $\boldsymbol{U} = \overline{\boldsymbol{U}}$,其中:$\boldsymbol{U}$ 为位移向量;$\overline{\boldsymbol{U}}$ 为边界 S_u 上的指定位移;$\boldsymbol{\nabla}$ 为关于坐标系的微分算子矩阵。

很多实际结构可根据它们的几何特点,将三维问题简化为二维问题,这里给出的有平面应力、平面应变和轴对称状态。

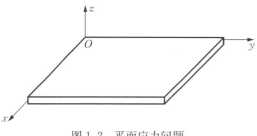

图 1.2　平面应力问题

1.2.2.1　平面应力问题

如图 1.2 所示,外力仅作用在平面内,上下表面无外力作用,例如离心力作用下的圆盘就属于这种情况。根据平衡原理可得两表面应力分量(且在整个厚度方向上)有 $\sigma_{yz} = \sigma_{xz} = \sigma_{zz} = 0$,而 σ_{xx}、σ_{yy}、σ_{xy} 沿厚度方向均匀分布,这种应力状态称为平面应力状态。按 Hooke 定律,有

$$
\left.\begin{aligned}
\epsilon_{xx} &= \frac{\partial u}{\partial x} \\
\epsilon_{yy} &= \frac{\partial v}{\partial y} \\
\epsilon_{zz} &= -\left(\frac{\nu}{1-\nu}\right)(\epsilon_{xx}+\epsilon_{yy}) \\
\epsilon_{xy} &= \frac{1}{2}\left(\frac{\partial v}{\partial x}+\frac{\partial u}{\partial y}\right) \\
\epsilon_{xz} &= \epsilon_{yz} = 0
\end{aligned}\right\}
\tag{1-5}
$$

得弹性矩阵

$$
\boldsymbol{D} = \frac{E}{1-\nu^2}\begin{bmatrix} 1 & \nu & 0 \\ \nu & 1 & 0 \\ 0 & 0 & \dfrac{1-\nu}{2} \end{bmatrix}
\tag{1-6}
$$

1.2.2.2 平面应变问题

如图 1.3 的水坝或挡土墙等沿轴线很长且截面的几何形状和外载无明显变化的物体，在离两端一定距离处，可以假设任意横截面上的位移、应力、应变等力学量仅是 x,y 的函数，沿物体纵向无变化，进一步假设沿 z 方向位移 w 为常数或为 0，则有

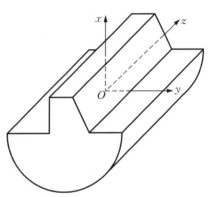

$$
\left.\begin{aligned}
\epsilon_{xx} &= \frac{\partial u}{\partial x} \\
\epsilon_{yy} &= \frac{\partial v}{\partial y} \\
\epsilon_{xy} &= \frac{1}{2}\left(\frac{\partial v}{\partial x}+\frac{\partial u}{\partial y}\right) \\
\epsilon_{zz} &= \epsilon_{xz} = \epsilon_{yz} = 0
\end{aligned}\right\}
\tag{1-7}
$$

图 1.3 平面应变问题

得弹性矩阵

$$
\boldsymbol{D} = \frac{E}{(1+\nu)(1-2\nu)}\begin{bmatrix} 1-\nu & \nu & 0 \\ \nu & 1-\nu & 0 \\ 0 & 0 & \dfrac{1-2\nu}{2} \end{bmatrix}
\tag{1-8}
$$

z 方向应力为

$$
\sigma_z = \nu(\sigma_x + \sigma_y)
\tag{1-9}
$$

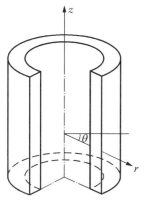

图 1.4　轴对称问题

1.2.2.3　轴对称问题

如图 1.4 所示的厚壁筒、高压罐、炮筒等很长的轴对称结构,当承受的外载荷也是轴对称时,其内部受力和变形状态也必定是轴对称的。此时,结构处于一种广义的平面应变状态。通常采用柱坐标进行分析研究。假设应变向量

$$\boldsymbol{\epsilon} = \{\epsilon_r \quad \epsilon_\theta \quad \epsilon_z \quad \epsilon_{rz}\}^{\mathrm{T}} \tag{1-10}$$

式中

$$\left. \begin{aligned} \epsilon_r &= \frac{\partial u}{\partial r} \\ \epsilon_\theta &= \frac{u}{r} \\ \epsilon_z &= \frac{\partial w}{\partial z} \\ \epsilon_{rz} &= \frac{1}{2}\left(\frac{\partial u}{\partial z} + \frac{\partial w}{\partial r}\right) \end{aligned} \right\} \tag{1-11}$$

得弹性矩阵

$$\boldsymbol{D} = \frac{E(1-\nu)}{(1+\nu)(1-2\nu)} \begin{bmatrix} 1 & \dfrac{\nu}{1-\nu} & \dfrac{\nu}{1-\nu} & 0 \\ & 1 & \dfrac{\nu}{1-\nu} & 0 \\ \text{SYMM} & & 1 & 0 \\ & & & \dfrac{1-2\nu}{2(1-\nu)} \end{bmatrix} \tag{1-12}$$

1.2.3　平衡方程

经典固体力学理论给出了结构的平衡方程

$$\sigma_{ij,j} + f_i^{\mathrm{v}} = 0 \tag{1-13}$$

以及边界条件为

$$\sigma_{ji} l_j = f_i^{\mathrm{v}} \tag{1-14}$$

式中:σ_{ij} 为应力张量;f_i^{v} 为体积力;f_i^{v} 为作用于结构表面 $S = S_\sigma$ 区域上的表面力,直接由平衡方程出发导出适合各类边界条件的有限元控制方程是困难的,但是从经典的虚功原理或加权余量原理出发,可得到广泛使用的有限元控制方程。

虚功原理认为,一个处于平衡状态的物体当发生满足位移边界条件的连续、微小的虚位移 δu_i 时,其外力虚功等于物体中应力在虚应变 $\delta \epsilon_{ij}$ 上产生的变形能。其

表达式为

$$\int_V \sigma_{ij}\,\delta\epsilon_{ij}\,\mathrm{d}v = \int_V f_i^{\mathrm{v}}\delta u_i\,\mathrm{d}v + \int_S f_i^{\mathrm{t}}\delta u_i\,\mathrm{d}s \qquad (1-15)$$

式中：$\delta\epsilon_{ij}$ 为对应虚位移 $\delta\boldsymbol{u}$ 的虚应变，且虚位移应满足位移-应变的几何关系 $\epsilon_{ij} = (u_{i,j} + u_{j,i})/2$ 和位移边界条件 $\boldsymbol{U} = \overline{\boldsymbol{U}}$。

以位移作为基本未知量的有限元方法是当今有限元法的主流，称为位移法（也称位移模型）。对位移法而言，虚功原理可演变为总位能原理，即在一个物体上满足位移协调和位移边界条件的所有位移形式中，满足平衡条件的位移形式使总位能取最小值。假设一个变形体的总位能 $\varPi = U - W$，式中 U 是变形能，W 是外力功，按虚功原理，有

$$\delta\varPi = \delta U - \delta W = 0 \qquad (1-16)$$

按照变分运算规则，仅对位移取变分，而力和应力不变，因此

$$\left.\begin{aligned}\delta U &= \int_V \sigma_{ij}\,\delta\epsilon_{ij}\,\mathrm{d}v \\ \delta W &= \int_V f_i^{\mathrm{v}}\delta u_i\,\mathrm{d}v + \int_S f_i^{\mathrm{t}}\delta u_i\,\mathrm{d}s\end{aligned}\right\} \qquad (1-17)$$

按照上述能量原理，早在 19 世纪末，产生了多种求解结构位移的方法，如李兹法、伽辽金法等，有限元法与经典李兹法的一个重要区别是有限元法不寻求在结构整个域上的连续位移函数，而是寻找各个子域（单元）上，满足域内及域边界上连续的位移函数。在有限元列式的推导中，通常采用矩阵表示形式，以下的黑斜体字母表示相应力学意义的矩阵。

设将物体分成若干个互不重叠的单元（如三角形单元、矩形单元等），对每个单元，设结点位移 $\boldsymbol{q}$ 为未知向量，在单元内部和边界上满足位移协调条件的插值函数 $\boldsymbol{N}$。于是单元体内位移场

$$\boldsymbol{U} = \boldsymbol{N}\boldsymbol{q} \qquad (1-18)$$

代入几何关系式(1-4)，可得

$$\boldsymbol{\epsilon} = \boldsymbol{\nabla}^{\mathrm{T}}\boldsymbol{N}\boldsymbol{q} = \boldsymbol{B}\boldsymbol{q} \qquad (1-19)$$

式中 $\boldsymbol{B}$ 为单元几何阵，将其代入方程(1-15)，则有

$$\delta\boldsymbol{q}^{\mathrm{T}}\int_V \boldsymbol{B}^{\mathrm{T}}\boldsymbol{\sigma}\,\mathrm{d}v = \delta\boldsymbol{q}^{\mathrm{T}}\int_V \boldsymbol{N}^{\mathrm{T}}f_i^{\mathrm{v}}\,\mathrm{d}v + \delta\boldsymbol{q}^{\mathrm{T}}\int_{S_\sigma} \boldsymbol{N}^{\mathrm{T}}f_i^{\mathrm{t}}\,\mathrm{d}s \qquad (1-20)$$

进一步将本构关系 $\boldsymbol{\sigma} = \boldsymbol{D}\boldsymbol{\epsilon}$ 代入，上式成为

$$\boldsymbol{K}^{e}\boldsymbol{q} = \int_{V}\boldsymbol{N}^{T}f_{i}^{v}\mathrm{d}v + \int_{S_{\sigma}}\boldsymbol{N}^{T}f_{i}^{t}\mathrm{d}s \tag{1-21}$$

式中

$$\boldsymbol{K}^{e} = \int_{V}\boldsymbol{B}^{T}\boldsymbol{D}\boldsymbol{B}\,\mathrm{d}v \tag{1-22}$$

称为单元刚度矩阵。对所有单元累加,且令

$$\left.\begin{aligned} \boldsymbol{K} &= \bigcap\int_{V}\boldsymbol{B}^{T}\boldsymbol{D}\boldsymbol{B}\mathrm{d}v \\ \boldsymbol{F}^{v} &= \bigcap\int_{V}\boldsymbol{N}^{T}\boldsymbol{f}^{v}\mathrm{d}v \\ \boldsymbol{F}^{t} &= \bigcap\int_{S}\boldsymbol{N}^{T}\boldsymbol{f}^{t}\mathrm{d}s \end{aligned}\right\} \tag{1-23}$$

式中:$\boldsymbol{K}$ 为结构总体的刚度矩阵;$\boldsymbol{F}^{v}$ 为作用于结点的当量体积力;$\boldsymbol{F}^{t}$ 为作用于结点的当量表面力。这里$\bigcap$是指整个物体中所有单元累加,积分仅对每个单元域,这样在实际计算中对各单元,可用单元自身坐标系(局部坐标),然后通过坐标转换成总体坐标后再进行叠加。最终得到总的平衡方程为

$$\boldsymbol{K}\boldsymbol{Q} = \boldsymbol{F}^{v} + \boldsymbol{F}^{t} \tag{1-24}$$

如果以结构的内力或对应应力为基本未知量,位移仅是因变量,那么构成的变形能为余能,如图 1.5 所示。

将虚功原理用于余能构成的称为虚余能原理:在满足平衡条件及应力边界条件的所有可能的力与应力中,满足协调条件的状态使余能取最小值。其数学表达式为

$$\varPi_{c} = U_{c} - W_{c} \tag{1-25}$$

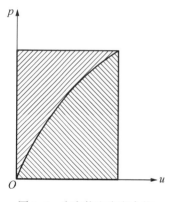

图 1.5　应变能和应变余能

式中:$\varPi_{c}$ 为总余能;U_{c} 为变形余能;W_{c} 为外载余能。在有些情况下,如板壳结构、断裂分析以及接触分析,使用结点位移及应力(或者当量结点力)混合的方法或用结点位移和边界当量应力/应变杂交的方法,或许会更方便,且比单纯位移模式精度更高。这些模式的推导主要基于广义变分原理(或加权余能原理),胡海昌-鹫津久一郎变分原理是最早提出的,详细的理论可参阅他们的著作。

1.2.4　有限元方法的三个基本步骤

1) 离散化

把连续体分割为有限个只在结点上相连接的单元组合体,其上的体积力和分布

载荷也做相应的离散,使之成为当量的结点力。

2) 单元分析

(1) 选取位移插值函数。

(2) 建立单元几何关系和本构关系。

(3) 通过虚位移原理建立单元的平衡方程,即得到

$$\int_V \boldsymbol{B}^\mathrm{T} \boldsymbol{D} \boldsymbol{B} \mathrm{d} v \boldsymbol{q}^\mathrm{e} = \boldsymbol{p}^\mathrm{e}$$

式中:$\boldsymbol{q}^\mathrm{e}$ 为单元结点位移向量;$\boldsymbol{p}^\mathrm{e}$ 为单元结点力向量,并令单元刚度矩阵为

$$\boldsymbol{K}^\mathrm{e} = \int_V \boldsymbol{B}^\mathrm{T} \boldsymbol{D} \boldsymbol{B} \mathrm{d} v \qquad (1-26)$$

3) 总体分析

集合所有的刚度矩阵和结点载荷向量,形成整个系统的平衡方程。由于离散化的原因,此时不再是弹性力学中连续体的无限个自由度的偏微分方程组,而是一个有限个自由度的线性代数方程组

$$\bigcap \boldsymbol{K}^\mathrm{e} \boldsymbol{q} = \bigcap \boldsymbol{p}^\mathrm{e} \qquad (1-27)$$

通过求解,可得该系统各结点上的总位移向量 $\boldsymbol{Q}$,进而可求得每个单元中的应变和应力。具体做法是从总位移向量 $\boldsymbol{Q}$ 提取单元结点位移向量 $\boldsymbol{q}^\mathrm{e}$,并转换到单元局部坐标下,然后根据相应的几何关系和物理关系,得到该单元中的应变和应力

$$\left.\begin{aligned} \boldsymbol{\epsilon} &= \boldsymbol{B} \boldsymbol{q}^\mathrm{e} \\ \boldsymbol{\sigma} &= \boldsymbol{D} \boldsymbol{\epsilon} \end{aligned}\right\} \qquad (1-28)$$

1.3　等参单元

单元如同生物中的细胞,是有限元分析中最基本的部分,因此如何有效地建立单元刚度矩阵及计算它们是很重要的环节。在实际分析中,等参单元是非常重要的一类单元。艾恩斯(Irons)等人提出的等参单元理论,是对有限元的一大贡献。由于等参单元普遍具有精度高、可靠性好的特点,在较早的大型通用有限元程序中,品质好的等参单元几乎成为单元库的主体,线性分析如此,非线性分析亦如此。近些年来,一些基于广义变分原理的品质好的混合元也被国际上许多大型商品程序所采用。下面简要叙述等参单元的基本理论。

1.3.1　单元位移插值

单元位移插值是在单元内选取适当的位移模式,将单元内部各点位移(场)用该单元结点上的位移表示。设单元结点的个数为 n,即

$$\overline{U} = \begin{Bmatrix} u \\ v \\ w \end{Bmatrix} = \sum_{i=1}^{n} N_i q_i \qquad (1-29)$$

式中形函数 N_i 应满足的条件:

(1)保证单元内位移连续且单元间位移的协调性(conforming)。

(2)保证单元在做刚体运动时无应变产生,即形函数中包含产生刚体位移的常数项。

(3)包含任意线性项,即满足常应变条件,以保证其收敛性。

一旦位移模式选定之后,就可以按几何、物理、平衡三方面条件推导单元的刚度矩阵,同时在一定的单元数目下,解的精度也就确定了。因此,选择单元模式很关键,要改善解的精度,也得从改进单元模式入手。

例 1.1　一维两结点线性杆单元(见图 1.6)设为

$$u = N_1 u_i + N_2 u_j \qquad (1-30)$$

式中单元位移插值形函数

$$N_1 = 1 - x/l, \quad N_2 = x/l$$

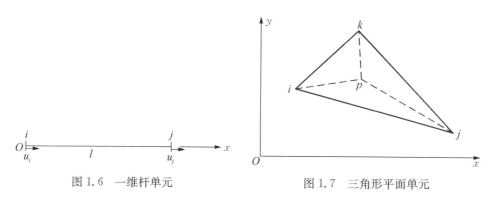

图 1.6　一维杆单元　　　　　　　图 1.7　三角形平面单元

例 1.2　常应变(常应力)三角形平面单元(见图 1.7)。

首先定义面积坐标:设 Δ 为 Δ_{ijk} 的面积,p 为其中任意一点,Δ_i, Δ_j, Δ_k 分别为 Δ_{pjk}, Δ_{pki}, Δ_{pij} 的面积,采用面积坐标时取 $L_i = \Delta_i/\Delta$, $L_j = \Delta_j/\Delta$, $L_k = \Delta_k/\Delta$, 则三角形单元内任意一点 p 的面积坐标为 (L_i, L_j, L_k)。于是有 $\sum \Delta_i = \Delta$, $\sum L_i = 1$, 且在结点 i 上,$L_i = 1, L_j = L_k = 0$。假设面内两个方向的位移为面积坐标的线性函数

$$\left. \begin{aligned} u &= \sum_{i=1}^{3} L_i u_i \\ v &= \sum_{i=1}^{3} L_i v_i \end{aligned} \right\} \qquad (1-31)$$

上面介绍的一维杆单元和三角形平面单元,因为单元形状特别简单,可以在物理坐标中直接找到合适的位移模式(插值形函数),而且两种单元直接选取的线性位移模式是对实际问题的最低阶逼近,故精度会受到很大限制。因此,直接选取位移模式的办法难以适应工程结构中单元形状和力学性能复杂的情况。下面要介绍的等参单元利用坐标变换解决了这一困难。

1.3.2 基于坐标变换的等参单元

1.3.2.1 坐标变换

如图 1.8 所示,在物理空间(x,y,z)坐标系下,图 1.8(a)是实际具有曲线边界、形状复杂的单元,称为子单元;而图 1.8(b)是通过坐标变换将子单元变换到某一参数空间(ξ,η,ζ)坐标系中形状简单的单元,称为母单元。这样一方面子单元的形状、特征、荷载条件都来自实际结构;另一方面,大量的计算工作是在母单元上进行的,由于母单元的形状简单规则,计算十分方便。

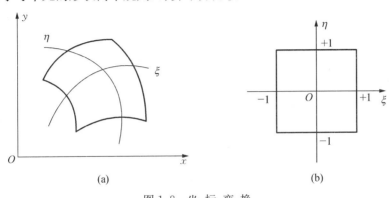

(a) (b)

图 1.8 坐 标 变 换

(a) 物理平面 (b) 参数平面

图 1.9 为线性矩形单元,这是一种常用的单元,它采用了比三角形常应变单元具有较高阶次的位移模式,以便更好地反映弹性体中的位移和应力状态。矩形单元的几何尺寸为$2a\times 2b$,可以在物理空间的(x,y)坐标下推导其单元刚度矩阵。但如果引入一个参数坐标(ξ,η),即局部坐标,采用坐标变换的办法,使其变换到参数平面上的一个正方形,则在参数平面上可推导出非常简单的结果。设坐标变换为

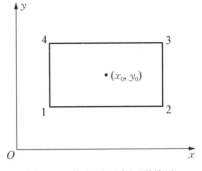

图 1.9 物理平面中矩形单元

$$x = x_0 + a\xi \atop y = y_0 + b\eta \quad\quad (1-32)$$

式中$(x_0,y_0)=(x_0(x_i,y_i),y_0(x_i,y_i))$,$(i=1,\cdots,4)$表示矩形单元的形心坐

标和结点整体坐标有关。这时的母单元各结点局部坐标值为±1,如图 1.8(b)所示。于是可在母单元上取位移模式

$$\left. \begin{array}{l} u = \displaystyle\sum_{i=1}^{4} N_i u_i \\[2mm] v = \displaystyle\sum_{i=1}^{4} N_i v_i \end{array} \right\} \tag{1-33}$$

式中位移插值形函数

$$N_i = (1 + \xi_0)(1 + \eta_0)/4 \tag{1-34}$$

其中

$$\xi_0 = \xi_i \xi \qquad \eta_0 = \eta_i \eta \qquad (i = 1, \cdots, 4) \tag{1-35}$$

上述的坐标变换函数和位移插值函数是不相同的。前者为线性函数(各边形状从直线到直线),而后者为二次函数。所以虽然引入了参数坐标,做了坐标变换,但不是等参变换。只有当两者的插值函数具有相同形式时,构造的单元才是等参单元。位移插值高于坐标插值的称为超参单元(superparametric element),反之是亚参单元(subparametric element)。

1.3.2.2   等参变换及单元刚度阵的推导

以平面坐标系为例,将(ξ, η)参数平面上 n 个结点的单元映射到(x, y)物理平面上。如四结点正方形到曲边单元,其坐标变换为

$$x = \sum_{i=1}^{4} N_i x_i \qquad y = \sum_{i=1}^{4} N_i y_i \tag{1-36}$$

式中: $N_i = N_i(\xi, \eta)$ 为用局部坐标表示的形函数;(x_i, y_i)为结点 i 的整体坐标。

用同样的形函数,在母单元上即在参数坐标系(ξ, η)下做位移插值

$$u = \sum_{i=1}^{4} N_i u_i \qquad v = \sum_{i=1}^{4} N_i v_i \tag{1-37}$$

有限元理论可以证明,将母单元上位移移植到子单元上时,能够满足完备性(刚体位移、常应变)和协调性。

经过坐标变换的单元,由于物理坐标系下单元已变换到参数坐标系下,所以单元刚度矩阵也将在局部坐标下计算,对于二维四边形单元,由式(1-26)可得

$$\boldsymbol{K}^{\mathrm{e}} = \int_{-1}^{1} \int_{-1}^{1} \boldsymbol{B}^{\mathrm{T}}(\xi, \eta) \boldsymbol{D} \boldsymbol{B}(\xi, \eta) |\boldsymbol{J}| \mathrm{d}\xi \mathrm{d}\eta \tag{1-38}$$

式中$|\boldsymbol{J}|$为雅可比(Jacobi)矩阵行列式的值。它是由坐标变换带来的,在单元推导的微分运算中可以得到的关于物理坐标和参数坐标之间的关系矩阵,即雅可比矩阵 $\boldsymbol{J}$。

1.3.2.3   高斯求积方法的应用

精确快速计算结构刚度矩阵和等效结点力各元素,是有限元法的重要环节,在

等参元中经常遇到的积分形式为

$$\int_{-1}^{1}\int_{-1}^{1}\int_{-1}^{1} f(\xi, \eta, \zeta)\mathrm{d}\xi\mathrm{d}\eta\mathrm{d}\zeta \tag{1-39}$$

式中 $f(\xi, \eta, \zeta)$ 往往很复杂,因此通常采用数值积分的方法,高斯积分法是其中精度较高的方法。原理是在单元内选出某些点为积分点,计算出被积函数 $f(\xi, \eta, \zeta)$ 在这些点上的函数值,然后用一些加权系数,乘上这些函数值,求出总和作为近似积分值。

高斯积分公式为

$$\int_{-1}^{1}\int_{-1}^{1}\int_{-1}^{1} f(\xi, \eta, \zeta)\mathrm{d}\xi\mathrm{d}\eta\mathrm{d}\zeta = \sum_{i=1}^{n}\sum_{j=1}^{m}\sum_{k=1}^{l} H_i H_j H_k f(\xi_i, \eta_j, \zeta_k) \tag{1-40}$$

式中:n, m, l 为三个方向上积分点数目;ξ_i, η_j, ζ_k 分别为 i, j, k 点的局部坐标;H_i, H_j, H_k 为加权系数。

不同积分点数的局部坐标(参数坐标)和权系数可查有关数据表格。在平面问题、轴对称问题及空间问题中,物体划分较多个等参单元时,使用 2×2 和 $2 \times 2 \times 2$ 的高斯积分法则,通常能取得良好的效果。其原因是位移插值函数中的不完全的高次项,往往对计算精度产生不良影响,降阶积分的措施正好相当于把那些不完全的高次项对刚度矩阵的影响去除掉。

1.3.3 八结点等参轴对称单元的几何矩阵和刚度矩阵

图 1.10 为轴对称单元的物理坐标系和参数坐标系示意图。下面直接给出其几何关系,位移插值形函数,Jacobi 矩阵,几何矩阵以及单元刚度矩阵等有限元列式。

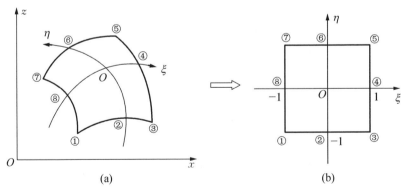

图 1.10 八结点轴对称单元的几何变换

(a) 物理平面 (b) 参数平面

1.3.3.1 几何关系

八结点轴对称等参单元的每个结点有 2 个自由度

$$\boldsymbol{q}_i = \{u_i \quad w_i\}^{\mathrm{T}} \qquad (i = 1, \cdots, 8) \tag{1-41}$$

单元内任意一点的应变-位移关系为

$$\boldsymbol{\epsilon} = \langle \epsilon_r \quad \epsilon_\theta \quad \epsilon_z \quad \gamma_{rz} \rangle^{\mathrm{T}} = \left\{ \frac{\partial u}{\partial r} \quad \frac{u}{r} \quad \frac{\partial w}{\partial z} \quad \frac{\partial u}{\partial z} + \frac{\partial w}{\partial r} \right\}^{\mathrm{T}} \tag{1-42}$$

1.3.3.2 位移插值和坐标变换

取单元的位移插值为

$$u = \sum_{i=1}^{8} N_i u_i \qquad w = \sum_{i=1}^{8} N_i w_i \tag{1-43}$$

1.3.3.3 坐标变换

$$\left. \begin{array}{l} r = \displaystyle\sum_{i=1}^{8} N_i r_i \\[2mm] z = \displaystyle\sum_{i=1}^{8} N_i z_i \end{array} \right\} \tag{1-44}$$

式(1-43)和式(1-44)中位移插值形函数与坐标变换函数有相同的形式:

$$N_i \begin{cases} = (1 + \xi\xi_i)(1 + \eta\eta_i)(\xi\xi_i + \eta\eta_i - 1)/4 \qquad (i = 1, 3, 5, 7) \\[2mm] = \xi_i(1 + \xi\xi_i)(1 - \eta^2)/2 + \eta_i(1 + \eta\eta_i)(1 - \xi^2)/2 \qquad (i = 2, 4, 6, 8) \end{cases}$$
$$\tag{1-45}$$

1.3.3.4 Jacobi 矩阵

单元坐标变换的雅可比(Jacobi)矩阵

$$\begin{aligned}
\boldsymbol{J} &= \frac{\partial(r, z)}{\partial(\xi, \eta)} \\[3mm]
&= \begin{bmatrix} \dfrac{\partial N_i}{\partial \xi} r_i & \dfrac{\partial N_i}{\partial \xi} w_i \\[4mm] \dfrac{\partial N_i}{\partial \eta} r_i & \dfrac{\partial N_i}{\partial \eta} w_i \end{bmatrix} \\[3mm]
&= \begin{bmatrix} \dfrac{\partial N_1}{\partial \xi} & \dfrac{\partial N_2}{\partial \xi} & \cdots & \dfrac{\partial N_8}{\partial \xi} \\[4mm] \dfrac{\partial N_1}{\partial \eta} & \dfrac{\partial N_2}{\partial \eta} & \cdots & \dfrac{\partial N_8}{\partial \eta} \end{bmatrix} \begin{bmatrix} r_1 & r_2 & \cdots & r_8 \\ z_1 & z_2 & \cdots & z_8 \end{bmatrix}^{\mathrm{T}}
\end{aligned} \tag{1-46}$$

Jacobi 矩阵的逆矩阵为

$$\hat{\boldsymbol{J}} = \begin{bmatrix} \hat{J}_{11} & \hat{J}_{12} \\ \hat{J}_{21} & \hat{J}_{22} \end{bmatrix} = \begin{bmatrix} \dfrac{\partial r}{\partial \xi} & \dfrac{\partial z}{\partial \xi} \\[3mm] \dfrac{\partial r}{\partial \eta} & \dfrac{\partial z}{\partial \eta} \end{bmatrix}^{-1} = \boldsymbol{J}^{-1} \tag{1-47}$$

1.3.3.5 几何矩阵 $\boldsymbol{B}$

将式(1-43)代入式(1-42),利用式(1-47)得

$$\boldsymbol{\epsilon} = \begin{bmatrix} \dfrac{\partial u}{\partial r} \\[2mm] \dfrac{u}{r} \\[2mm] \dfrac{\partial w}{\partial z} \\[2mm] \dfrac{\partial u}{\partial z} + \dfrac{\partial w}{\partial r} \end{bmatrix} = \begin{bmatrix} 1 & 0 & 0 & 0 & 0 \\ 0 & 0 & 0 & 0 & \dfrac{1}{r} \\ 0 & 0 & 0 & 1 & 0 \\ 0 & 1 & 1 & 0 & 0 \end{bmatrix} \begin{bmatrix} \dfrac{\partial u}{\partial r} \\[2mm] \dfrac{\partial u}{\partial z} \\[2mm] \dfrac{\partial w}{\partial r} \\[2mm] \dfrac{\partial w}{\partial z} \\[2mm] u \end{bmatrix}$$

$$= \begin{bmatrix} 1 & 0 & 0 & 0 & 0 \\ 0 & 0 & 0 & 0 & \dfrac{1}{r} \\ 0 & 0 & 0 & 1 & 0 \\ 0 & 1 & 1 & 0 & 0 \end{bmatrix} \begin{bmatrix} \hat{J}_{11} & \hat{J}_{12} & 0 & 0 & 0 \\ \hat{J}_{21} & \hat{J}_{22} & 0 & 0 & 0 \\ 0 & 0 & \hat{J}_{11} & \hat{J}_{12} & 0 \\ 0 & 0 & \hat{J}_{21} & \hat{J}_{22} & 0 \\ 0 & 0 & 0 & 0 & 1 \end{bmatrix} \begin{bmatrix} \dfrac{\partial u}{\partial \xi} \\[2mm] \dfrac{\partial u}{\partial \eta} \\[2mm] \dfrac{\partial w}{\partial \xi} \\[2mm] \dfrac{\partial w}{\partial \eta} \\[2mm] u \end{bmatrix}$$

$$= \begin{bmatrix} 1 & 0 & 0 & 0 & 0 \\ 0 & 0 & 0 & 0 & \dfrac{1}{r} \\ 0 & 0 & 0 & 1 & 0 \\ 0 & 1 & 1 & 0 & 0 \end{bmatrix} \begin{bmatrix} \hat{J}_{11} & \hat{J}_{12} & 0 & 0 & 0 \\ \hat{J}_{21} & \hat{J}_{22} & 0 & 0 & 0 \\ 0 & 0 & \hat{J}_{11} & \hat{J}_{12} & 0 \\ 0 & 0 & \hat{J}_{21} & \hat{J}_{22} & 0 \\ 0 & 0 & 0 & 0 & 1 \end{bmatrix} \begin{bmatrix} \dfrac{\partial N_1}{\partial \xi} & 0 & \cdots & \dfrac{\partial N_8}{\partial \xi} & 0 \\[2mm] \dfrac{\partial N_1}{\partial \eta} & 0 & \cdots & \dfrac{\partial N_8}{\partial \eta} & 0 \\[2mm] 0 & \dfrac{\partial N_1}{\partial \xi} & \cdots & 0 & \dfrac{\partial N_8}{\partial \xi} \\[2mm] 0 & \dfrac{\partial N_1}{\partial \eta} & \cdots & 0 & \dfrac{\partial N_8}{\partial \eta} \\[2mm] N_1 & 0 & \cdots & N_8 & 0 \end{bmatrix} \begin{bmatrix} u_1 \\ w_1 \\ \vdots \\ u_8 \\ w_8 \end{bmatrix}$$

$$(1-48)$$

则几何矩阵为

$$\boldsymbol{B} = \begin{bmatrix} 1 & 0 & 0 & 0 & 0 \\ 0 & 0 & 0 & 0 & \dfrac{1}{r} \\ 0 & 0 & 0 & 1 & 0 \\ 0 & 1 & 1 & 0 & 0 \end{bmatrix} \begin{bmatrix} \hat{J}_{11} & \hat{J}_{12} & 0 & 0 & 0 \\ \hat{J}_{21} & \hat{J}_{22} & 0 & 0 & 0 \\ 0 & 0 & \hat{J}_{11} & \hat{J}_{12} & 0 \\ 0 & 0 & \hat{J}_{21} & \hat{J}_{22} & 0 \\ 0 & 0 & 0 & 0 & 1 \end{bmatrix} \begin{bmatrix} \dfrac{\partial N_1}{\partial \xi} & 0 & \cdots & \dfrac{\partial N_8}{\partial \xi} & 0 \\[2mm] \dfrac{\partial N_1}{\partial \eta} & 0 & \cdots & \dfrac{\partial N_8}{\partial \eta} & 0 \\[2mm] 0 & \dfrac{\partial N_1}{\partial \xi} & \cdots & 0 & \dfrac{\partial N_8}{\partial \xi} \\[2mm] 0 & \dfrac{\partial N_1}{\partial \eta} & \cdots & 0 & \dfrac{\partial N_8}{\partial \eta} \\[2mm] N_1 & 0 & \cdots & N_8 & 0 \end{bmatrix}$$

$$(1-49)$$

1.3.3.6   单元刚度矩阵 $\boldsymbol{K}^{e}$

轴对称问题的弹性矩阵为

$$\boldsymbol{D} = \frac{E(1-\nu)}{(1+\nu)(1-2\nu)} \begin{bmatrix} 1 & \dfrac{\nu}{1-\nu} & \dfrac{\nu}{1-\nu} & 0 \\ & 1 & \dfrac{\nu}{1-\nu} & 0 \\ \text{SYMM} & & 1 & 0 \\ & & & \dfrac{1-2\nu}{2(1-\nu)} \end{bmatrix} \quad (1-50)$$

根据有限元基本理论所得的单元刚度矩阵式(1-22),再利用已求得的几何矩阵式(1-49)和弹性矩阵式(1-50),可得单元刚度矩阵

$$\boldsymbol{K}^{e} = \iiint_{V} \boldsymbol{B}^{\mathrm{T}} \boldsymbol{D} \boldsymbol{B} \, r \, \mathrm{d}r \mathrm{d}\theta \mathrm{d}z \quad (1-51)$$

将上式的积分转换到参数坐标系下,并利用轴对称条件得到了单元在子午面上的积分:

$$\boldsymbol{K}^{e} = 2\pi \iint_{S} \boldsymbol{B}^{\mathrm{T}} \boldsymbol{D} \boldsymbol{B} \, r \, \det(\boldsymbol{J}) \, \mathrm{d}\xi \mathrm{d}\eta \quad (1-52)$$

1.3.4   三结点等参梁单元的几何矩阵和刚度矩阵

图 1.11 是梁单元的几何示意图,图 1.12 是梁单元的物理坐标和参数坐标系示意图。

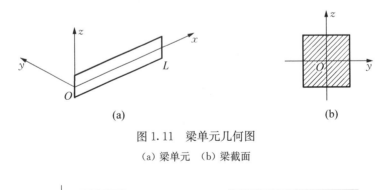

图 1.11   梁单元几何图

(a) 梁单元   (b) 梁截面

图 1.12   梁单元的坐标变换

(a) 物理坐标   (b) 参数坐标

1.3.4.1   几何关系

三结点等参单元的每个结点有四个自由度

$$\boldsymbol{q}_i = \{u_i \quad w_i \quad \theta_{yi} \quad \theta_{xi}\}^{\mathrm{T}} \qquad (i = 1, 2, 3) \quad (1-53)$$

梁中任一点应变-位移关系为

$$\boldsymbol{\epsilon} = \{\epsilon_x \quad \chi_y \quad \chi_x \quad \gamma_{zx}\}^{\mathrm{T}}$$

$$= \left\{\frac{\partial u}{\partial x} \quad \frac{\partial \theta_y}{\partial x} \quad \frac{\partial \theta_x}{\partial x} \quad \theta_y + \frac{\partial w}{\partial x}\right\}^{\mathrm{T}} \tag{1-54}$$

1.3.4.2 位移插值和坐标变换

取单元的位移插值形函数为

$$\left.\begin{array}{l} N_1 = -\dfrac{1}{2}\xi(1-\xi) \\[2mm] N_2 = 1 - \xi^2 \\[2mm] N_3 = -\dfrac{1}{2}\xi(1+\xi) \end{array}\right\} \tag{1-55}$$

于是单元位移场

$$\boldsymbol{U} = \left\{\begin{array}{c} u \\ w \\ \theta_y \\ \theta_x \end{array}\right\} = \begin{bmatrix} N_1 & 0 & 0 & 0 & N_2 & 0 & 0 & 0 & N_3 & 0 & 0 & 0 \\ 0 & N_1 & 0 & 0 & 0 & N_2 & 0 & 0 & 0 & N_3 & 0 & 0 \\ 0 & 0 & N_1 & 0 & 0 & 0 & N_2 & 0 & 0 & 0 & N_3 & 0 \\ 0 & 0 & 0 & N_1 & 0 & 0 & 0 & N_2 & 0 & 0 & 0 & N_3 \end{bmatrix} \left\{\begin{array}{c} u_1 \\ w_1 \\ \theta_{y_1} \\ \theta_{x_1} \\ u_2 \\ w_2 \\ \theta_{y_2} \\ \theta_{x_2} \\ u_3 \\ w_3 \\ \theta_{y_3} \\ \theta_{x_3} \end{array}\right\}$$

$$\tag{1-56}$$

用同样的形函数式(1-55)做坐标变换

$$x = \sum_{i=1}^{3} N_i x_i \tag{1-57}$$

1.3.4.3 几何矩阵 $\boldsymbol{B}$

该梁单元作为一维问题,坐标变换的 Jacobi 矩阵为

$$\boldsymbol{J} = \left[\frac{\partial x}{\partial \xi}\right] \tag{1-58}$$

其逆矩阵为

$$\hat{\boldsymbol{J}} = \left[\frac{\partial x}{\partial \xi}\right]^{-1} \tag{1-59}$$

应变-位移关系为

$$\boldsymbol{\epsilon} = \left\{\begin{array}{c} \dfrac{\partial u}{\partial x} \\[2mm] \dfrac{\partial \theta_y}{\partial x} \\[2mm] \dfrac{\partial \theta_x}{\partial x} \\[2mm] \theta_y + \dfrac{\partial w}{\partial x} \end{array}\right\} = \begin{bmatrix} 1 & 0 & 0 & 0 & 0 \\ 0 & 1 & 0 & 0 & 0 \\ 0 & 0 & 1 & 0 & 0 \\ 0 & 0 & 0 & 1 & 1 \end{bmatrix} \left\{\begin{array}{c} \dfrac{\partial u}{\partial x} \\[2mm] \dfrac{\partial \theta_y}{\partial x} \\[2mm] \dfrac{\partial \theta_x}{\partial x} \\[2mm] \dfrac{\partial w}{\partial x} \\[2mm] \theta_y \end{array}\right\}$$

$$= \begin{bmatrix} 1 & 0 & 0 & 0 & 0 \\ 0 & 1 & 0 & 0 & 0 \\ 0 & 0 & 1 & 0 & 0 \\ 0 & 0 & 0 & 1 & 1 \end{bmatrix} \begin{bmatrix} \hat{\boldsymbol{J}} & 0 & 0 & 0 & 0 \\ 0 & \hat{\boldsymbol{J}} & 0 & 0 & 0 \\ 0 & 0 & \hat{\boldsymbol{J}} & 0 & 0 \\ 0 & 0 & 0 & \hat{\boldsymbol{J}} & 0 \\ 0 & 0 & 0 & 0 & 1 \end{bmatrix} \left\{\begin{array}{c} \dfrac{\partial u}{\partial \xi} \\[2mm] \dfrac{\partial \theta_y}{\partial \xi} \\[2mm] \dfrac{\partial \theta_x}{\partial \xi} \\[2mm] \dfrac{\partial w}{\partial \xi} \\[2mm] \theta_y \end{array}\right\}$$

$$= \begin{bmatrix} \hat{\boldsymbol{J}} & 0 & 0 & 0 & 0 \\ 0 & \hat{\boldsymbol{J}} & 0 & 0 & 0 \\ 0 & 0 & \hat{\boldsymbol{J}} & 0 & 0 \\ 0 & 0 & 0 & \hat{\boldsymbol{J}} & 1 \end{bmatrix} \begin{bmatrix} \hat{N}_1 & \hat{N}_2 & \hat{N}_3 \end{bmatrix} \left\{\begin{array}{c} q_1 \\ q_2 \\ q_3 \end{array}\right\} \tag{1-60}$$

式中

$$\hat{N}_i = \begin{bmatrix} \dfrac{\partial N_i}{\partial \xi} & 0 & 0 & 0 \\[3mm] 0 & 0 & \dfrac{\partial N_i}{\partial \xi} & 0 \\[3mm] 0 & 0 & 0 & \dfrac{\partial N_i}{\partial \xi} \\[3mm] 0 & \dfrac{\partial N_i}{\partial \xi} & 0 & 0 \\[3mm] 0 & 0 & N_i & 0 \end{bmatrix} \quad (i = 1,\ 2,\ 3) \tag{1-61}$$

结点位移 $q_i (i = 1, 2, 3)$ 如式 (1-53) 所示。则单元几何矩阵为

$$B = \begin{bmatrix} \hat{J} & 0 & 0 & 0 & 0 \\ 0 & \hat{J} & 0 & 0 & 0 \\ 0 & 0 & \hat{J} & 0 & 0 \\ 0 & 0 & 0 & \hat{J} & 1 \end{bmatrix} \begin{bmatrix} \hat{N}_1 & \hat{N}_2 & \hat{N}_3 \end{bmatrix} \tag{1-62}$$

1.3.4.4 单元刚度矩阵 K^e

与应变相对应的应力在梁截面上积分,得内力向量 $\boldsymbol{\sigma}$(内力)为

$$\boldsymbol{\sigma} = \{N_x \quad M_y \quad M_x \quad Q_{xz}\}^T \tag{1-63}$$

具体表达式为

$$\left. \begin{aligned} N_x &= EA\,\epsilon_x \\ M_y &= EJ_y\,\kappa_y \\ M_x &= EJ_x\,\kappa_x \\ Q_{xz} &= GA\gamma_{xz} \end{aligned} \right\} \tag{1-64}$$

式中:E 为杨氏模量;剪切模量 $G = E/(1 + 2\nu)$;A 为梁截面积;J_x, J_y 分别为梁截面绕 x, y 轴的转动惯性矩。单元的弹性矩阵 D 为

$$D = \begin{bmatrix} EA & 0 & 0 & 0 \\ 0 & EJ_y & 0 & 0 \\ 0 & 0 & EJ_x & 0 \\ 0 & 0 & 0 & GA \end{bmatrix} \tag{1-65}$$

于是单元刚度矩阵为

$$K^e = \int_{-1}^{1} \boldsymbol{B}^T \boldsymbol{D} \boldsymbol{B} \det(\boldsymbol{J}) \mathrm{d}\boldsymbol{\xi} \tag{1-66}$$

如在 ξ 方向取三点高斯积分,得

$$K^e = A \sum_{i=1}^{3} W_i (\boldsymbol{B}^T \boldsymbol{D} \boldsymbol{B})_i \det(\boldsymbol{J}) \tag{1-67}$$

习题

1. 导致结构控制方程产生非线性的原因有哪些? 用有限元列式加以说明。求解结构非线性问题目前常用的方法是什么? 为什么说线性有限元分析是非线性有限元分析的基础,而单元分析仍然是关键。

2. 详细推导八结点轴对称等参单元的几何矩阵 B 和单元刚度矩阵 K^e。

3. 详细推导三结点等参梁单元的几何矩阵 $\boldsymbol{B}$ 和单元刚度矩阵 $\boldsymbol{K}^e$。

参考文献

[1] 朱伯芳. 有限元法原理与应用[M]. 北京:水利电力出版社,1979.

[2] 丁浩江,何福保,谢贻权,等. 弹性和塑性力学中的有限元法[M]. 北京:机械工业出版社,1989.

[3] O. C. 监凯维奇. 有限元法[M]. 尹泽勇,柴家振,译. 北京:科学出版社,1985.

[4] COOK R D, MALKUS D S, PESHA M E. Concepts and applications of elements analysis [M]. Wiley Chichester, 1989.

[5] ODEN J T. Finite elements of nonlinear continua [M]. New York:McGraw-Hill, 1972.

[6] 何君毅,林祥都. 工程结构非线性问题的数值解法[M]. 北京:国防工业出版社,1994.

[7] 郭乙木,陶伟明,庄茁. 线性与非线性有限元及其应用[M]. 北京:机械工业出版社,2004.

[8] 张汝清,詹先义. 非线性有限元分析[M]. 重庆:重庆大学出版社,1988.

[9] 胡海昌. 弹性力学的变分原理及其应用[M]. 北京:科学出版社,1982.

[10] 徐芝纶. 弹性力学(上、下册)[M]. 北京:高等教育出版社,1988.

[11] ZIENKIEWICZ O C, TAYLOR R L. The finite element method, Volume 1:The basis [M]. 5th ed. Butterworth-Hinemann, 2000.

[12] ZIENKIEWICZ O C, TAYLOR R L. The finite element method, Volume 2:Solid mechanics [M]. 5th ed. Butterworth-Hinemann, 2000.

[13] CRISFIELD M A. Non-linear finite element analysis of solids and structures, Volume 1: Essentials [M]. New York:John Wiley & Sons Ltd. , 1991.

[14] CRISFIELD M A. Non-linear finite element analysis of solids and structures, Volume 2: Advanced topics [M]. New Tork:John Wiley & Sons Ltd. , 1993.

2 材料非线性本构关系
——塑性本构理论

2.1 单向拉伸试验和塑性变形的特点

本节通过一般金属材料的拉伸试验,了解材料弹性和塑性阶段的力学性质和变形特征。

一般金属材料拉伸试验所得的应力-应变曲线有两种类型:第一种如图2.1(a)所示,有明显的屈服台阶,第二种如图2.1(b)所示,无明显的屈服台阶。

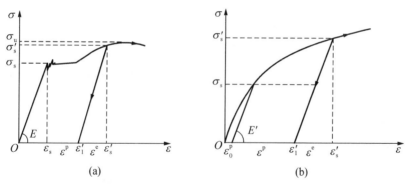

图2.1 一般金属材料的应力-应变曲线

(a) 有明显屈服台阶 (b) 无明显屈服台阶

通常可将材料的变形分成几个阶段:

1) 弹性(elasticity)阶段

材料的应力-应变曲线呈一一对应的线性或者非线性关系,即在完全卸载时不留下残余变形(residual deformation)或称不可恢复(non-reversible)变形。

2) 初始屈服(initial yield)极限

如图2.1(a)对有明显屈服台阶的材料其初始屈服应力为σ_s,对无明显屈服台阶的材料如图2.1(b),取塑性应变$\epsilon^p = 0.2\%$或取切线模量$E' = 0.7E$时的应力为初始屈服应力σ_s。

3）强化(hardening)阶段

强化是指加载超过了初始屈服应力 σ_s 之后卸载,卸载过程基本服从弹性规律。然后在加载中可发现弹性范围有扩大的现象 ($\sigma_s' > \sigma_s$),并称新的屈服点 σ_s' 为相继屈服(subsequence yield)应力,在强化阶段的任何一点卸载都会留下一定的不可恢复的残余变形,也称塑性(plasticity)变形。

4）鲍氏现象(Bauschinger)

鲍氏现象是指材料加载至屈服阶段的某一应力点,然后全部卸载,再反向加载,可发现反向屈服应力有降低或增大的现象。

由此看出塑性变形的特征是应力-应变关系呈非线性和不唯一性,也就是塑性变形阶段的应变不仅和当前应力状态有关,而且与加载历史有关。

2.2 初始屈服准则

2.2.1 屈服函数的一般形式

由单拉或纯扭试验可知,当单拉应力 $\sigma_1 = \sigma_s$ 或纯剪应力 $\tau = \tau_s$ 时,材料开始屈服,则初始屈服函数为

$$F_0(\sigma_1) = \sigma_1 - \sigma_s = 0 \qquad \text{或} \qquad F_0(\tau) = \tau - \tau_s = 0 \qquad (2-1)$$

推广到一般应力状态的屈服函数为

$$F_0(\sigma_{ij}) = 0 \qquad (2-2)$$

应力张量 σ_{ij} 有 6 个独立应力分量。同时一点的应力状态也可以用主应力和其应力不变量来表示。

用主应力表示时,应力张量 σ_{ij} 除三个主应力 σ_n ($n = 1, 2, 3$) 外,还有三个主方向 l_n,因为各向同性材料的物理性质与方向无关,故可用三个应力标量不变量 I_1,I_2,I_3 表示。

由弹性力学可知,对于一点的应力状态 σ_{ij},当坐标系改变时,应力分量的值随之改变,而主应力值不变,且由应力张量的特征方程来确定:

$$\sigma_n^3 - I_1\sigma_n^2 + I_2\sigma_n - I_3 = 0 \qquad (2-3)$$

因为应力状态与坐标系的选择无关,所以特征方程的三个系数 I_1,I_2,I_3 对于所有坐标系应该是相同的,它们称为应力张量的标量不变量。

早在一百多年前,Cook 和 Bridgman 等科学家的大量试验证明,材料屈服条件与平均应力(或称水压力和各向等压力)无关。于是将应力张量做分解

$$\sigma_{ij} = S_{ij} + \sigma_0\delta_{ij} \qquad (2-4)$$

式中

$$S_{ij} = \sigma_{ij} - \sigma_0\delta_{ij} \qquad (2-5)$$

S_{ij} 称为应力偏张量。材料的屈服仅和 S_{ij} 有关。设平均应力

$$\sigma_0 = \frac{1}{3}(\sigma_x + \sigma_y + \sigma_z) = \frac{1}{3}\sigma_{ii} \qquad (2-6)$$

应力偏张量和应力张量有同样的性质,相应的标量不变量有

$$\left.\begin{array}{l} J_1 = S_{ii} = S_x + S_y + S_z = \sigma_{ii} - 3\sigma_0 = 0 \\[2mm] J_2 = \frac{1}{2}S_{ij}S_{ij} = \frac{1}{2}(\sigma_{ij}\sigma_{ij} - 3\sigma_0^2) \\[2mm] \quad = \frac{1}{6}[(\sigma_x - \sigma_y)^2 + (\sigma_y - \sigma_z)^2 + (\sigma_z - \sigma_x)^2 + 6(\tau_{xy}^2 + \tau_{yz}^2 + \tau_{zx}^2)] \\[2mm] J_3 = \frac{1}{3}S_{ij}S_{jk}S_{ki} \end{array}\right\} \qquad (2-7)$$

综上所述,屈服函数简化过程为

$$F_0(\sigma_{ij}) \Rightarrow F_0(S_{ij}) \Rightarrow F_0(J_1, J_2, J_3) = 0 \qquad (2-8)$$

由于 $J_1 = 0$,最后屈服函数可简写为

$$F_0(J_2, J_3) = 0 \qquad (2-9)$$

上式即为金属材料初始屈服函数的一般形式。

2.2.2 与静水压力无关的屈服准则

2.2.2.1 von Mises 屈服准则

von Mises 屈服准则也称为最大形变能准则。它可以用应力偏量的第二不变量 J_2 和纯剪屈服应力 τ_s 来表示:

$$F_0(\sigma_{ij}) = F_0(S_{ij}) = J_2 - \tau_s^2 = 0 \qquad (2-10)$$

或采用等效应力 $\bar\sigma$ 和初始屈服应力 σ_s 来表示:

$$\bar\sigma - \sigma_s = 0 \qquad (2-11)$$

式中:$\bar\sigma$ 为等效应力,又称为应力强度。用应力分量表示为

$$\bar\sigma = \frac{\sqrt{2}}{2}[(\sigma_x - \sigma_y)^2 + (\sigma_y - \sigma_z)^2 + (\sigma_z - \sigma_x)^2 + 6(\tau_{xy}^2 + \tau_{yz}^2 + \tau_{zx}^2)]^{1/2}$$

$$(2-12)$$

在单拉情况 $(\sigma_1 \neq 0)$ 下,$\bar\sigma = \sigma_1$,这时

$$\bar\sigma = \sqrt{3J_2} \qquad \sigma_s = \sqrt{3}\tau_s \qquad (2-13)$$

2.2.2.2 Tresca 屈服准则

Tresca 屈服准则也称为最大剪应力准则。表示式为

$$F_0(S_{ij}) = \tau_{\max} - \tau_s = 0 \qquad (2-14)$$

在主应力状态下,已知 σ_1,σ_2,σ_3,但大小次序不定的情况下,则有

$$\left.\begin{aligned} F_{01} &= |\sigma_2 - \sigma_3| - 2\tau_s = 0 \\ F_{02} &= |\sigma_3 - \sigma_1| - 2\tau_s = 0 \\ F_{03} &= |\sigma_1 - \sigma_3| - 2\tau_s = 0 \end{aligned}\right\} \qquad (2-15)$$

或

$$[(\sigma_1 - \sigma_2)^2 - 4\tau_s^2][(\sigma_2 - \sigma_3)^2 - 4\tau_s^2][(\sigma_3 - \sigma_1)^2 - 4\tau_s^2] = 0 \qquad (2-16)$$

在给定主应力并已知大小次序的情况下,即 $\sigma_1 > \sigma_2 > \sigma_3$,有

$$F_0(S_{ij}) = \sigma_1 - \sigma_3 - 2\tau_s = 0 \qquad (2-17)$$

此时

$$\sigma_s = 2\tau_s \qquad (2-18)$$

该屈服准则还可用应力偏量的第二和第三不变量 J_2 和 J_3 表示的更为一般的形式:

$$4J_2^3 - 27J_3^2 - 36k^2J_2^2 + 96k^4J_2 - 64k^6 = 0 \qquad (2-19)$$

式中: k 为与材料性质有关的一个常数。

以上两个准则均与静水压力无关,通常适用于金属材料。Mises 准则给出的是光滑、正则(连续、可微函数)屈服面方程,而 Tresca 准则给出的是非光滑、非正则屈服面方程。

2.2.2.3 Mises 屈服准则和 Tresca 屈服准则在应力空间中的意义

1) 两个屈服准则的几何意义

如图 2.2 所示,首先定义 L 线是应力空间中的等应力线。Tresca 屈服函数在应力空间里是一个以 L 线为轴线的正六角棱柱体的六个面。Mises 屈服函数在应力空间里是外接于 Tresca 屈服函数的等直圆柱面。

两种屈服函数在应力空间里均为无限长的等直柱体。它们与轴线 L 无交点,即反映了屈服与静水压力无关的特性。了解屈服准则的几何意义,对于理解各种准则的力学意义,以至改进准则非常有帮助,如 Mises 屈服准则就是在 Tresca 屈服准则基础上提出来的。

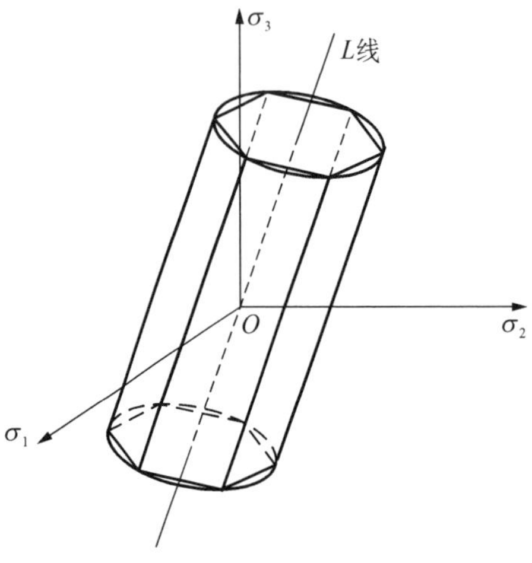

图 2.2　应力空间中 Mises 和 Tresca 屈服准则的几何意义

2) 应力空间的概念

任何一点的应力状态 σ_{ij} 都可表示为它的主应力状态和三个主方向,如不考虑它的方向性,则主应力为单纯的标量,假想一个空间是以三个主应力为坐标轴的直角坐标系,称为应力空间。它既不是一个物理空间又不是一个几何空间,而是人们用来描述一点应力状态而构造的,任何一点的应力状态都能在应力空间中找到相应点的位置。

3) 应力空间中的 L 线和 π 平面

如图 2.3 所示,L 线称为等应力线,是应力空间中一条相对于三个主应力坐标轴的等倾线。该等倾线的方程是 $\sigma_1 = \sigma_2 = \sigma_3$,所以在 L 线上平均应力无论多大均不产生塑性变形。π 平面是过原点垂直于 L 线的平面,即 $\sigma_1 + \sigma_2 + \sigma_3 = 0$ 的平面。在 π 平面上的平均应力处处为 0。设 L 线与三根坐标轴的夹角分别是 α,β,γ,且 $\alpha = \beta = \gamma$。由几何关系

$$\cos^2\alpha + \cos^2\beta + \cos^2\gamma = 3\cos^2\alpha = 1 \qquad (2-20)$$

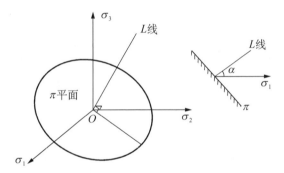

图 2.3 应力空间、L 线和 π 平面

可得

$$\alpha = \beta = \gamma = 67.7° \qquad (2-21)$$

4) 屈服轨迹

如图 2.4(a)所示,屈服面在 π 平面的投影称为屈服轨迹。它的重要性如下:

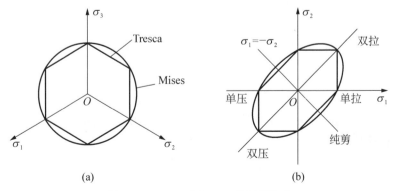

(a)   (b)

图 2.4 Tresca 和 Mises 的屈服轨迹

(a) 一般应力状态 (b) 平面应力状态

(1) 在力学上,因为上述两种屈服准则与静水压力无关,故只需在 π 平面上研究它的屈服轨迹。

(2) 在几何上,根据两种屈服准则在应力空间里是两个无限长等直柱体的几何特征,所以其大小形状仅取决于其横截面的形状即屈服轨迹的形状。

5) 平面应力状态下的屈服准则

如图 2.4(b) 所示,当 $\sigma_3 = 0$ 时,屈服面为过原点的切平面 $\sigma_1 - \sigma_2$。Tresca 准则为一个非正六角形。Mises 准则为一个长轴为 $\sqrt{2}\sigma_s$,短轴为 $\sigma_s/\sqrt{3}$ 外接于 Tresca 六角形的椭圆。并由图可知:

(1) 在双拉、双压和单拉、单压的六个点上两种屈服条件重合。

(2) 在纯剪时差别最大,为 11.5%,对于 Tresca 屈服准则有 $\tau_s = \sigma_s/2$;对于 Mises 屈服准则有 $\tau_s = \sqrt{3}\sigma_s/3$。

2.2.3　考虑静水压力影响的屈服准则

2.2.3.1　O.Mohr-C.Coulomb(M－C)屈服准则

如图 2.5 所示,由材料力学 Mohr 准则可知,一点处某一截面上的剪应力 τ_n 达到某一极限值时,材料沿该截面发生滑动,又由 Coulomb 摩擦定律知,与摩擦力相类似,剪应力 τ_n 并不是一个常数,而是与该截面上正应力成正比。即

$$F_0(\tau_n) = 0 \qquad 和 \qquad \tau_n = f(\sigma_n) \qquad (2-22)$$

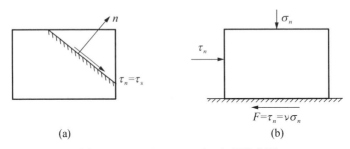

$$(a) \qquad\qquad\qquad\qquad (b)$$

图 2.5　O.Mohr-C.Coulomb 屈服准则

(a) O.Mohr 准则　(b) C.Coulomb 摩擦定律

在已知主应力次序的前提下,M－C 屈服准则一般表示为

$$F_0(\sigma_1, \sigma_2, \sigma_3) = \frac{1}{2}(\sigma_1 - \sigma_3) + f_1(\sigma_1 + \sigma_2 + \sigma_3) = 0 \qquad (2-23)$$

式中 $f_1(\sigma_1 + \sigma_2 + \sigma_3)$ 表示与平均应力有关。当主应力的大小次序给定时 $(\sigma_1 > \sigma_2 > \sigma_3)$,且中间应力 $\sigma_2 = 0$,则 M－C 屈服准则可表示成

$$\frac{1}{2}(\sigma_1 - \sigma_3) = C\cos\varphi - \frac{1}{2}(\sigma_1 + \sigma_3)\sin\varphi \qquad (2-24)$$

式中:C 为黏聚力;φ 为摩擦角。不同的岩土材料,可通过实验确定其 C 和 φ 值,并

在土力学中有表格可查。在主应力大小次序不确定情况下,则类似于 Tresca 准则有六个方程。

2.2.3.2　Drucker-Prager 屈服准则

上述 M - C 屈服准则在应力空间中为一个非正六角形棱锥柱体的六个面,且在应力空间中有一个奇异点即锥棱柱体的顶点。在 π 平面上的屈服轨迹是一个非正六角形。

Drucker 和 Prager 在 1952 年提出的是内切于 M - C 六棱锥面的圆锥面为屈服面,后来也有人采用外接于 M - C 屈服准则六棱锥面的圆锥面为屈服面。在 π 平面上都为一光滑的圆周线,如图 2.6 所示,其屈服函数为

$$F_0(\sigma_i) = \alpha I_1 + \sqrt{J_2} - k = 0 \qquad (2-25)$$

式中:α,k 为正的材料常数(与式(2-24)中 C 和 φ 有关);$I_1 = \sigma_{ii}$ 为应力全量的第一不变量。若不计静水压力的影响($I_1 = 0$),则得 $J_2 = k^2$,即上面所述的 Mises 屈服条件。关于用 C,φ 表示的 α,k 的三组公式在 Drucker 的专著中给出。

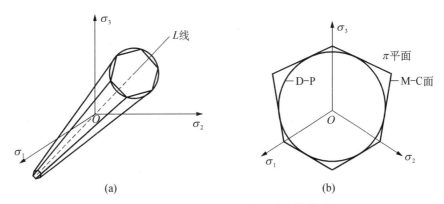

图 2.6　Drucker-Prager 屈服面和屈服轨迹
(a) 屈服面　(b) 屈服轨迹

2.3　塑性应力-应变关系的增量理论

经典的塑性应力-应变关系有全量理论和增量理论,它们都是在 19 世纪末建立起来的试验定理,在理论上是分散的和孤立的。直到 20 世纪中由 Prager 和 Drucker 提出了一套统一的理论,把经典的全量增量和增量理论统一起来,称为塑性流动法则,亦称塑性位势理论。

2.3.1　塑性流动法则

我们熟知的弹性变形能 U_0,按照 Hooke 定律可表示成应力或应变的函数

$$U_0 = \frac{1}{2}\sigma_{ij}\,\epsilon_{ij} = U_0(\sigma_{ij}) = U_0(\epsilon_{ij}) \qquad (2-26)$$

在弹性变形阶段,根据弹性位势理论,一点的应变状态可由 $U_0(\sigma_{ij})$ 对 σ_{ij} 求偏导数

而得

$$\epsilon_{ij} = \frac{\partial U_0(\sigma_{ij})}{\partial \sigma_{ij}} \tag{2-27}$$

该式表示了应变的大小和梯度(gradient)方向,即应变方向是指向应力空间中位势函数 U_0 的梯度方向。

Prager 和 Drucker 依据弹性位势理论提出了这样的设想:在塑性变形阶段同样也存在某一塑性势函数 g,并且建立了类似弹性位势理论的塑性位势理论。该理论指出:对于一般的稳定性材料,塑性应变矢量的方向与塑性势函数 $g(\sigma_{ij}, H)$ 的梯度方向一致(势函数式中 H 为材料的硬化函数),即

$$\mathrm{d}\epsilon_{ij}^{\mathrm{p}} = \mathrm{d}\lambda \frac{\partial g}{\partial \sigma_{ij}} \tag{2-28}$$

式中:$\mathrm{d}\lambda$ 是恒为正的塑性系数;g 为塑性势函数亦称加载函数。如果取塑性势函数为屈服函数时,即 $g = F$ 时,得到与屈服面相关联的塑性流动法则。试验证明有许多工程材料其塑性势函数可取为屈服函数。

如图 2.7(a)所示的正则屈服面,满足

$$\mathrm{d}\epsilon_{ij}^{\mathrm{p}} = \mathrm{d}\lambda \frac{\partial F}{\partial \sigma_{ij}} \tag{2-29}$$

如图2.7(b)所示具有 m 个屈服面的非正则屈服面的各条棱线和各个屈服面上,满足

$$\mathrm{d}\epsilon_{ij}^{\mathrm{p}} = \sum_{k=1}^{m} \mathrm{d}\lambda_k \frac{\partial F_k}{\partial \sigma_{ij}} \tag{2-30}$$

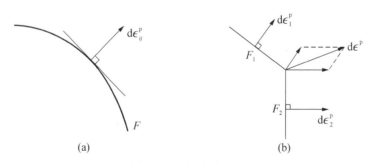

(a)　　　　　　　　　　　(b)

图 2.7　塑性流动法则

(a) 正则屈服面　(b) 非正则屈服面

2.3.2　增量理论的一般表达式

在弹塑性变形过程中,总的应变增量可分解为弹性应变增量 $\mathrm{d}\epsilon_{ij}^{\mathrm{e}}$ 和塑性应变增量 $\mathrm{d}\epsilon_{ij}^{\mathrm{p}}$ 两部分。总的应变增量为

$$\mathrm{d}\epsilon_{ij} = \mathrm{d}\epsilon_{ij}^{\mathrm{e}} + \mathrm{d}\epsilon_{ij}^{\mathrm{p}} \tag{2-31}$$

式中弹性应变增量

$$d\epsilon_{ij}^{e} = de_{ij} + d\epsilon_0 \delta_{ij} \qquad (2-32)$$

进一步可以写成

$$d\epsilon_{ij}^{e} = \frac{1}{2G}dS_{ij} + \frac{1-2\nu}{E}d\sigma_0 \delta_{ij} \qquad (2-33)$$

塑性应变增量

$$d\epsilon_{ij}^{p} = d\lambda \frac{\partial F}{\partial \sigma_{ij}} \qquad (2-34)$$

所以总的弹塑性应力-应变关系为

$$d\epsilon_{ij} = \frac{1}{2G}dS_{ij} + \frac{1-2\nu}{E}d\sigma_0 \delta_{ij} + d\lambda \frac{\partial F}{\partial \sigma_{ij}} \qquad (2-35)$$

也可写成矩阵形式

$$d\boldsymbol{\epsilon} = \boldsymbol{D}^{-1}d\boldsymbol{\sigma} + d\lambda \frac{\partial F}{\partial \boldsymbol{\sigma}} \qquad (2-36)$$

例如,服从 Mises 屈服准则的弹塑性材料的流动法则。

将 Mises 屈服准则

$$F = \bar{\sigma} - \sigma_s = 0 = \sqrt{3J_2} - \sigma_s \qquad (2-37)$$

代入式$(2-35)$中$\dfrac{\partial F}{\partial \sigma_{ij}}$得

$$\begin{aligned}
\frac{\partial F}{\partial \sigma_{ij}} &= \frac{\partial}{\partial \sigma_{ij}}(\sqrt{3J_2}) = \frac{\partial}{\partial S_{ij}}\left[\left(\frac{3}{2}S_{ij}S_{ij}\right)^{\frac{1}{2}}\right] \\
&= \frac{1}{2}\left[\left(\frac{3}{2}S_{ij}S_{ij}\right)^{-\frac{1}{2}}\right]\frac{3}{2}2S_{ij} = \frac{3}{2\bar{\sigma}}S_{ij}
\end{aligned} \qquad (2-38)$$

于是

$$d\epsilon_{ij}^{p} = d\lambda \frac{3}{2\bar{\sigma}}S_{ij} \qquad (2-39)$$

进而求塑性系数 $d\lambda$。将式$(2-39)$两边自乘得

$$d\epsilon_{ij}^{p}d\epsilon_{ij}^{p} = (d\lambda)^2 \frac{9}{4\bar{\sigma}^2}S_{ij}S_{ij} \qquad (2-40)$$

并将等效应力 $\bar{\sigma} = \sqrt{\dfrac{3}{2}S_{ij}S_{ij}}$ 和等效塑性应变增量 $d\bar{\epsilon}^{p} = \sqrt{\dfrac{2}{3}}\sqrt{d\epsilon_{ij}^{p}d\epsilon_{ij}^{p}}$ 代入式 $(2-40)$,则可确定塑性系数

$$\mathrm{d}\lambda = \mathrm{d}\bar{\epsilon}^{\mathrm{p}} \tag{2-41}$$

由此得出塑性应变增量

$$\mathrm{d}\epsilon_{ij}^{\mathrm{p}} = \frac{3\mathrm{d}\bar{\epsilon}^{\mathrm{p}}}{2\bar{\sigma}}S_{ij} \tag{2-42}$$

对于理想塑性材料 $\bar{\sigma} = \sigma_{\mathrm{s}}$，并忽略弹性变形可得

$$\mathrm{d}\epsilon_{ij} = \frac{3\mathrm{d}\bar{\epsilon}^{\mathrm{p}}}{2\sigma_{\mathrm{s}}}S_{ij} \tag{2-43}$$

如考虑弹性变形时，将式(2-42)代入式(2-35)，得

$$\mathrm{d}\epsilon_{ij} = \frac{1}{2G}\mathrm{d}S_{ij} + \frac{1-2\nu}{E}\mathrm{d}\sigma_0\delta_{ij} + \frac{3\mathrm{d}\bar{\epsilon}^{\mathrm{p}}}{2\bar{\sigma}}S_{ij} \tag{2-44}$$

即为经典塑性理论中的 Prandl-Ruess 理论(已推广到强化材料)，当忽略弹性变形且只考虑简单加载情况时可得 $\epsilon_{ij}^{\mathrm{p}} = \int \mathrm{d}\epsilon_{ij}^{\mathrm{p}}$，再根据单一曲线定理(在 2.4.2.1 节中给出)可改写成

$$\bar{\epsilon} = \int \mathrm{d}\bar{\epsilon}^{\mathrm{p}}$$

所以，流动法则又可以写成全量的形式

$$\epsilon_{ij} = \frac{3\bar{\epsilon}}{2\bar{\sigma}}S_{ij} \tag{2-45}$$

即伊留兴(ильющин)全量理论。

2.4　强化模型

实际材料的强化性质是比较复杂的，下面以各向同性材料的简单拉伸曲线引出两种强化(硬化)模型(hardening model)，如图 2.8(a) 的各向同性强化模型和图 2.8(b) 的随动强化模型。

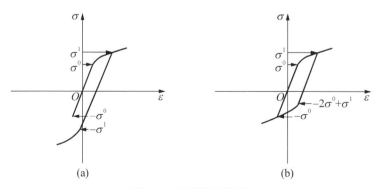

图 2.8　两种强化模型

(a) 各向同性强化　(b) 随动强化

2.4.1 强化模型的一般表达式

设 F 为相继屈服面方程,也称加载面方程(函数)。则考虑强化后的加载面方程

$$F[F_0(\sigma_{ij}),\ H(k)] = 0 \tag{2-46}$$

式中:$H(k)$ 为强化函数,取 $k = \displaystyle\int \mathrm{d}\epsilon_{ij}^{\mathrm{p}}$ 时,称为应变强化;取 $k = \displaystyle\int \mathrm{d}w^{\mathrm{p}}$ 时,称为塑性功强化。

2.4.2 各向同性强化模型

取塑性应变增量来表示各向同性强化(isotropic hardening),则加载面函数为

$$F = F_0(\sigma_{ij}) - H(\mathrm{d}\epsilon_{ij}^{\mathrm{p}}) = 0 \tag{2-47}$$

式中:$F_0(\sigma_{ij})$ 为初始屈服函数;$H(\mathrm{d}\epsilon_{ij}^{\mathrm{p}})$ 为用塑性应变增量表示的强化函数。

2.4.2.1 Mises 各向同性强化模型

将 Mises 屈服条件代入式(2-47)得

$$F = \bar{\sigma} - \sigma_{\mathrm{s}} - H\left(\int \mathrm{d}\epsilon_{ij}^{\mathrm{p}}\right) \tag{2-48}$$

在加载面上设

$$\sigma_{\mathrm{s}} - H(k) = \sigma_{\mathrm{s}}' \tag{2-49}$$

为了确定强化系数 H,首先引入塑性理论中的单一曲线定理。单一曲线定理指出对于一般的稳定性材料,在满足简单加载或微小偏离简单加载条件的过程中,物体内任意一点的等效应力和等效应变($\bar{\sigma}$ 和 $\bar{\epsilon}$)之间存在着一一对应的确定的函数关系,即

$$\bar{\sigma} = \Phi(\bar{\epsilon}) \tag{2-50}$$

据此,可以通过这种材料的单向拉伸曲线确定 Φ 函数的形式,如图 2.9 所示。在简单加载的单拉情况下,且做体积不可压缩假定(即 $\nu = \dfrac{1}{2}$),则式(2-48)成为

$$F = \bar{\sigma} - \sigma_{\mathrm{s}} - H(\epsilon_1^{\mathrm{p}}) = 0 \tag{2-51}$$

式(2-51)两边对 ϵ_1^{p} 求导数

$$\frac{\partial F}{\partial \epsilon_1^{\mathrm{p}}} = \frac{\partial \bar{\sigma}}{\partial \epsilon_1^{\mathrm{p}}} - H'(\epsilon_1^{\mathrm{p}}) = 0 \tag{2-52}$$

从而得

$$H' = \frac{\partial \bar{\sigma}}{\partial \epsilon_1^{\mathrm{p}}} = \frac{\partial \sigma_1}{\partial \epsilon_1^{\mathrm{p}}} \tag{2-53}$$

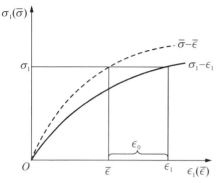

图 2.9　单向拉伸曲线和单一曲线

于是 Mises 各向同性强化模型的强化函数 $H\left(\int \mathrm{d}\epsilon_{ij}^{\mathrm{p}}\right)$ 就可通过单拉曲线确定。

图 2.9 给出了单拉曲线和单一曲线的关系。单向拉伸情况有 $\epsilon_1=\epsilon$，$\epsilon_2=\epsilon_3=-\nu\epsilon_1$，其等效应变为

$$\bar{\epsilon}=\sqrt{\frac{2}{3}}\ \sqrt{e_{ij}e_{ij}}=\frac{2}{3}(1+\nu)\epsilon_1=\epsilon_1-\epsilon_0 \tag{2-54}$$

式中 ϵ_0 为体积应变:

$$\epsilon_0=\frac{1}{3}\epsilon_{ii}=\frac{1}{3}(\epsilon_1-2\nu\epsilon_1)=\frac{1-2\nu}{3}\epsilon_1 \tag{2-55}$$

体积当作不可压缩时,取 $\nu=\frac{1}{2}$,则图 2.9 中两条曲线就重合了。实验证明对于一般的金属材料,在弹性变形阶段的泊松比通常为 $\nu=0.3$,而在塑性变形阶段体积基本上是不可压缩的。所以随着应力水平的提高,材料从弹性演变到塑性的过程中泊松比是从 0.3 变化到 0.5 的。

2.4.2.2　Tresca 各向同性强化模型

将 Tresca 屈服条件代入式(2-47),并采用塑性功来表示强化函数,得到 6 个屈服面方程,则有

$$\left.\begin{aligned}
F_1 &= \sigma_2-\sigma_3-\sigma_{\mathrm{s}}-H\left(\int \mathrm{d}w^{\mathrm{p}}\right)=0\\
F_2 &= \sigma_3-\sigma_2-\sigma_{\mathrm{s}}-H\left(\int \mathrm{d}w^{\mathrm{p}}\right)=0\\
&\cdots \quad \cdots\\
F_6 &= \sigma_2-\sigma_1-\sigma_{\mathrm{s}}-H\left(\int \mathrm{d}w^{\mathrm{p}}\right)=0
\end{aligned}\right\} \tag{2-56}$$

式(2-56)表示 Tresca 屈服面由 6 个面和 6 条棱线组成,但无论在面上和棱上的塑性功都可表示为

$$\mathrm{d}w^{\mathrm{p}}=\sigma_{ij}\mathrm{d}\epsilon_{ij}^{\mathrm{p}}=\sigma_1\mathrm{d}\epsilon_1^{\mathrm{p}}+\sigma_2\mathrm{d}\epsilon_2^{\mathrm{p}}+\sigma_3\mathrm{d}\epsilon_3^{\mathrm{p}} \tag{2-57}$$

下面根据塑性流动法则求各屈服面和棱线上塑性应变增量。

在 F_1 屈服面上

$$F_1=\sigma_2-\sigma_3-\sigma_{\mathrm{s}}-H\left(\int \mathrm{d}w\right)=0 \tag{2-58}$$

由式(2-29)可得塑性应变增量各分量为

$$\left.\begin{array}{l} \mathrm{d}\epsilon_1^{\mathrm{p}} = \mathrm{d}\lambda_1 \dfrac{\partial F_1}{\partial \sigma_1} = 0 \\[3mm] \mathrm{d}\epsilon_2^{\mathrm{p}} = \mathrm{d}\lambda_1 \dfrac{\partial F_1}{\partial \sigma_2} = \mathrm{d}\lambda_1 \\[3mm] \mathrm{d}\epsilon_3^{\mathrm{p}} = \mathrm{d}\lambda_1 \dfrac{\partial F_1}{\partial \sigma_3} = -\mathrm{d}\lambda_1 \end{array}\right\} \qquad (2-59)$$

由式(2-59)可得

$$\mathrm{d}\epsilon_3^{\mathrm{p}} = -\mathrm{d}\epsilon_2^{\mathrm{p}} \qquad (2-60)$$

代入式(2-57)得

$$\mathrm{d}w^{\mathrm{p}} = \sigma_2 \mathrm{d}\epsilon_2^{\mathrm{p}} + \sigma_3 \mathrm{d}\epsilon_3^{\mathrm{p}} = (\sigma_2 - \sigma_3)\mathrm{d}\epsilon_2^{\mathrm{p}} = \sigma_{\mathrm{s}} \mathrm{d}\epsilon_2^{\mathrm{p}} = \sigma_{\mathrm{s}} \mid \mathrm{d}\epsilon_i^{\mathrm{p}} \mid_{\max} \quad (2-61)$$

在 F_1 与 F_2 屈服面的交线上

$$\left.\begin{array}{l} F_1 = \sigma_2 - \sigma_3 - \sigma_{\mathrm{s}} - H\left(\displaystyle\int \mathrm{d}w^{\mathrm{p}}\right) = 0 \\[3mm] F_2 = \sigma_3 - \sigma_1 - \sigma_{\mathrm{s}} - H\left(\displaystyle\int \mathrm{d}w^{\mathrm{p}}\right) = 0 \end{array}\right\} \qquad (2-62)$$

可得

$$\left.\begin{array}{l} \mathrm{d}\epsilon_1^{\mathrm{p}} = \mathrm{d}\lambda_1 \dfrac{\partial F_1}{\partial \sigma_1} + \mathrm{d}\lambda_2 \dfrac{\partial F_2}{\partial \sigma_1} = \mathrm{d}\lambda_2 \\[3mm] \mathrm{d}\epsilon_2^{\mathrm{p}} = \mathrm{d}\lambda_1 \dfrac{\partial F_1}{\partial \sigma_2} + \mathrm{d}\lambda_2 \dfrac{\partial F_2}{\partial \sigma_2} = \mathrm{d}\lambda_1 \\[3mm] \mathrm{d}\epsilon_3^{\mathrm{p}} = -(\mathrm{d}\lambda_1 + \mathrm{d}\lambda_2) = \mid \mathrm{d}\epsilon_i^{\mathrm{p}} \mid_{\max} \end{array}\right\} \qquad (2-63)$$

代入式(2-57)得

$$\begin{aligned} \mathrm{d}w^{\mathrm{p}} &= \sigma_1 \mathrm{d}\lambda_2 + \sigma_2 \mathrm{d}\lambda_1 + \sigma_3(-\mathrm{d}\lambda_1 - \mathrm{d}\lambda_2) \\ &= \sigma_{\mathrm{s}}(\mathrm{d}\lambda_1 + \mathrm{d}\lambda_2) = \sigma_{\mathrm{s}} \mid \mathrm{d}\epsilon_i^{\mathrm{p}} \mid_{\max} \end{aligned} \qquad (2-64)$$

以此类推可以证明在 6 个面和 6 条棱线上的塑性功均为

$$\mathrm{d}w^{\mathrm{p}} = \sigma_{\mathrm{s}} \mid \mathrm{d}\epsilon_i^{\mathrm{p}} \mid_{\max} \qquad (2-65)$$

因此用塑性功表示的强化函数又归结到用塑性应变 $\mathrm{d}\epsilon_i^{\mathrm{p}}$ 表示,于是由式(2-46)得强化系数

$$H' = \frac{\partial F}{\partial \displaystyle\int \mathrm{d}w^{\mathrm{p}}} = \frac{\partial F}{\partial \mid \epsilon_i^{\mathrm{p}} \mid_{\max}} \qquad (2-66)$$

根据单一曲线定理同样可用单拉曲线来确定其 H':

$$\frac{\partial F}{\partial \mid \epsilon_i^{\mathrm{p}} \mid_{\max}} = \frac{\partial \sigma_1}{\partial \epsilon_1^{\mathrm{p}}} = H' \qquad (2-67)$$

2.4.3　随动强化模型

2.4.3.1　一般表达式

当塑性变形较大,特别是在反复加载过程中,等向强化模型与实验结果不相符合,主要是 Bauschinger 现象的影响。假定在加载过程中,初始屈服面只做刚体移动而大小形状不变,则称为随动强化(dynamic hardening)模型。设初始屈服面中心为 O,强化后的屈服面中心为 O',其随动强化材料的加载面方程的一般表达式为

$$F(\sigma_{ij}, H) = F(\sigma_{ij}, \alpha_{ij}) = 0 \qquad (2-68)$$

式中:α_{ij} 为强化函数,也称为移动张量。在初始屈服面上 $\alpha_{ij} = 0$,强化后的加载面由 α_{ij} 确定。而且 α_{ij} 依赖于塑性应变增量 $d\epsilon_i^p$。

2.4.3.2　Mises 屈服材料的线性强化模型

Mises 初始屈服面方程

$$F_0 = \bar{\sigma} - \sigma_s = 0 \qquad (2-69)$$

设线性强化函数 $\alpha_{ij} = C\epsilon_{ij}^p$,式中 C 为常数。由 $\bar{\sigma} = \sqrt{\dfrac{3}{2}S_{ij}S_{ij}}$,得强化后的等效应力为

$$\bar{\sigma} = \sqrt{\frac{3}{2}(S_{ij} - C\epsilon_{ij}^p)(S_{ij} - C\epsilon_{ij}^p)} \qquad (2-70)$$

于是,在主应力状态下的加载面方程为

$$F = \sqrt{\frac{3}{2}\big[(S_1 - C\epsilon_1^p)(S_1 - C\epsilon_1^p) + \cdots + (S_3 - C\epsilon_3^p)(S_3 - C\epsilon_3^p)\big]} - \sigma_s = 0$$
$$(2-71)$$

下面用单拉实验来确定 C 的值,单拉时:

$$\left.\begin{array}{l} \sigma_1 = \sigma \\ \sigma_2 = \sigma_3 = 0 \end{array}\right\} \qquad (2-72)$$

可得主应力偏量

$$\left.\begin{array}{l} S_1 = \sigma_1 - \sigma_0 = \dfrac{2}{3}\sigma \\ S_2 = S_3 = -\dfrac{1}{3}\sigma \end{array}\right\} \qquad (2-73)$$

假设 $\nu = \dfrac{1}{2}$,则塑性主应变 $\epsilon_1^p = \epsilon^p$,$\epsilon_2^p = \epsilon_3^p = -\dfrac{1}{2}\epsilon^p$。将上述各量代入式(2-71),可得

$$F = \sqrt{\frac{3}{2}} \sqrt{\left(\frac{2}{3}\sigma_1 - C\epsilon_1^{\mathrm{p}}\right)^2 + 2\left(\frac{1}{3}\sigma_1 - \frac{1}{2}C\epsilon_1^{\mathrm{p}}\right)^2} - \sigma_{\mathrm{s}} = 0 \qquad (2-74)$$

整理得

$$3\left(\frac{1}{3}\sigma_1 - \frac{1}{2}C\epsilon_1^{\mathrm{p}}\right) - \sigma_{\mathrm{s}} = 0 \qquad (2-75)$$

最后得

$$\sigma_1 = \sigma_{\mathrm{s}} + \frac{3}{2}C\epsilon_1^{\mathrm{p}} \qquad (2-76)$$

再用线性强化单拉曲线确定 C 值：

$$\sigma = \sigma_{\mathrm{s}} + H'\epsilon^{\mathrm{p}} \qquad (2-77)$$

对比式（2-76）和式（2-77）可得 $C = \frac{2}{3}H'$。于是加载面方程为

$$F = \sqrt{\frac{3}{2}\left(S_{ij} - \frac{2}{3}H'\epsilon_{ij}^{\mathrm{p}}\right)\left(S_{ij} - \frac{2}{3}H'\epsilon_{ij}^{\mathrm{p}}\right)} \qquad (2-78)$$

式中的强化系数 H' 由单拉曲线确定。

2.5 加载和卸载准则

2.5.1 加载、卸载和中性变载

从图 2.10(a) 的单向拉伸曲线可知，不能简单地用应力增量的正负号来判断加卸载，还需考虑当前的应力状态。通常按下式定义加、卸载：

$$\begin{cases} \sigma \mathrm{d}\sigma_1 \geqslant 0 & \text{加载} \\ \sigma \mathrm{d}\sigma_1 < 0 & \text{卸载} \end{cases} \qquad (2-79)$$

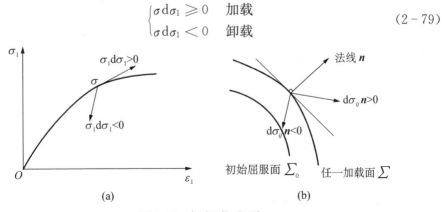

图 2.10 加 卸 载 准 则

(a) 简单拉伸情况 (b) 一般应力状态

加卸载准则的本质是判断有没有新的塑性变形产生。对于一般应力状态而言,如图 2.10(b),在应力空间中的任一加载面上如果应力增量的方向是指向屈服面外的,说明有新的塑性变形产生则为加载,反之是卸载,应力增量在屈服面上移动时为中性变载。即

$$dF = \frac{\partial F}{\partial \sigma_{ij}} d\sigma_{ij} = \boldsymbol{n} d\boldsymbol{\sigma} \begin{cases} > 0 & \text{加载} \\ = 0 & \text{中性变载} \\ < 0 & \text{卸载} \end{cases} \quad (2-80)$$

2.5.2　强化材料的加卸载准则

2.5.2.1　具有光滑屈服面的加卸载准则

设加载面方程

$$F = [\sigma_{ij}, H(k)] = 0 \quad (2-81)$$

式中物体内一点的应力状态为 σ_{ij},当 $F(\sigma_{ij}) = 0$ 时,则该点位于加载面上。而当 $F(\sigma_{ij}) < 0$ 时,说明该点位于加载面内,处于弹性状态。在塑性强化阶段的各个加载面上,用下式来判断加载、卸载和中性变载:

$$dF = \frac{\partial F}{\partial \sigma_{ij}} d\sigma_{ij} \begin{cases} > 0 & \text{加载} \\ = 0 & \text{中性变载} \\ < 0 & \text{卸载} \end{cases} \quad (2-82)$$

例如对于 Mises 各向同性强化材料,则将 Mises 屈服准则代入式(2-81),得

$$F[\sigma_{ij}, H(k)] = \bar{\sigma} - \sigma_s - H\left(\int d\epsilon_{ij}^{p}\right) = 0 \quad (2-83)$$

再代入式(2-82),得

$$\frac{\partial F}{\partial \sigma_{ij}} d\sigma_{ij} = d\bar{\sigma} \quad (2-84)$$

式(2-84)说明对于符合 Mises 屈服条件和各向同性强化模型的材料,只要判断在当前加载步内等效应力增量的正负号,就可以确定该载荷增量是加载、卸载还是中性变载。

2.5.2.2　具有非光滑屈服面的强化材料

对于具有 n 个平面组成的非光滑屈服面的强化材料,其加载面方程为

$$F_i(\sigma_{ij}, H) \geqslant 0 \ (i = 1, 2, \cdots, n) \quad (2-85)$$

这种材料的加、卸载方程要分别在加载平面上和两个屈服上的交线上来描写。

(1) 在第 j 个加载面上:

$F_i \geqslant 0, F_j = 0 \ (i \neq j, \ i, j = 1, 2, \cdots, n)$,且

$$\frac{\partial F_j}{\partial \sigma_{ij}} \, \mathrm{d}\sigma_{ij} \begin{cases} > 0 & \text{加载} \\ = 0 & \text{中性变载} \\ < 0 & \text{卸载} \end{cases} \qquad (2-86)$$

(2) 在第 j 和第 k 的两个屈服面交线上：

$F_i \geqslant 0$, $F_j = F_k = 0$ $(i \neq j, i \neq k, i, j, k = 1, 2, \cdots, n)$, 且

$$\max\left(\frac{\partial F_j}{\partial \sigma_{ij}} \mathrm{d}\sigma_{ij} \, , \, \frac{\partial F_k}{\partial \sigma_{ij}} \mathrm{d}\sigma_{ij}\right) \begin{cases} > 0 & \text{加载} \\ = 0 & \text{中性变载} \\ < 0 & \text{卸载} \end{cases} \qquad (2-87)$$

2.5.2.3　理想塑性材料

对于理想塑性材料,其初始屈服函数无论是正则的或非正则的,都不存在强化的情况,因为加载函数始终等于零。当应力状态在初始屈服面上变化(移动)时称为中性变载,有时也称为中性加载。

2.6　弹塑性矩阵的一般形式

2.6.1　一致性条件

强化材料加载面方程的全微分形式为

$$\mathrm{d}F(\boldsymbol{\sigma}, \, k) = 0 \qquad (2-88)$$

即

$$\mathrm{d}F = \left\{\frac{\partial F}{\partial \boldsymbol{\sigma}}\right\}^{\mathrm{T}} \mathrm{d}\boldsymbol{\sigma} + \frac{\partial F}{\partial k}\mathrm{d}k = 0 \qquad (2-89)$$

式(2-89)两边除以 $\mathrm{d}\lambda$,得

$$\frac{\mathrm{d}F}{\mathrm{d}\lambda} = \frac{1}{\mathrm{d}\lambda}\left\{\frac{\partial F}{\partial \boldsymbol{\sigma}}\right\}^{\mathrm{T}} \mathrm{d}\boldsymbol{\sigma} + \frac{1}{\mathrm{d}\lambda}\left\{\frac{\partial F}{\partial k}\right\}^{\mathrm{T}} \mathrm{d}k = 0 \qquad (2-90)$$

令

$$A = \frac{1}{\mathrm{d}\lambda}\left\{\frac{\partial F}{\partial \boldsymbol{\sigma}}\right\}^{\mathrm{T}} \mathrm{d}\boldsymbol{\sigma} \qquad (2-91)$$

即

$$A = -\frac{1}{\mathrm{d}\lambda}\left\{\frac{\partial F}{\partial k}\right\}^{\mathrm{T}} \mathrm{d}k \qquad (2-92)$$

式(2-91)和式(2-92)称为一致性条件。

2.6.2　增量形式的弹塑性矩阵 D_{ep}

假设增量形式的弹塑性本构关系

$$\mathrm{d}\boldsymbol{\sigma} = \boldsymbol{D}_{ep}\mathrm{d}\boldsymbol{\epsilon} \tag{2-93}$$

式中：$\boldsymbol{D}_{ep}$ 为弹塑性矩阵。下面进行推导。

将弹塑性本构关系的矩阵表示式(2-36)

$$\mathrm{d}\boldsymbol{\epsilon} = \boldsymbol{D}^{-1}\mathrm{d}\boldsymbol{\sigma} + \mathrm{d}\lambda\frac{\partial F}{\partial\boldsymbol{\sigma}} \tag{2-94}$$

两边左乘 $\left\{\dfrac{\partial F}{\partial\boldsymbol{\sigma}}\right\}^{\mathrm{T}}\boldsymbol{D}$ 得

$$\left\{\frac{\partial F}{\partial\boldsymbol{\sigma}}\right\}^{\mathrm{T}}\boldsymbol{D}\mathrm{d}\boldsymbol{\epsilon} = \left\{\frac{\partial F}{\partial\boldsymbol{\sigma}}\right\}^{\mathrm{T}}\boldsymbol{D}\boldsymbol{D}^{-1}\mathrm{d}\boldsymbol{\sigma} + \left\{\frac{\partial F}{\partial\boldsymbol{\sigma}}\right\}^{\mathrm{T}}\boldsymbol{D}\mathrm{d}\lambda\frac{\partial F}{\partial\boldsymbol{\sigma}} \tag{2-95}$$

利用一致性条件

$$\left\{\frac{\partial F}{\partial\boldsymbol{\sigma}}\right\}^{\mathrm{T}}\boldsymbol{D}\boldsymbol{D}^{-1}\mathrm{d}\boldsymbol{\sigma} = A\mathrm{d}\lambda \tag{2-96}$$

得

$$\left\{\frac{\partial F}{\partial\boldsymbol{\sigma}}\right\}^{\mathrm{T}}\boldsymbol{D}\mathrm{d}\boldsymbol{\epsilon} - \left(\left\{\frac{\partial F}{\partial\boldsymbol{\sigma}}\right\}^{\mathrm{T}}\boldsymbol{D}\frac{\partial F}{\partial\boldsymbol{\sigma}} + A\right)\mathrm{d}\lambda = 0 \tag{2-97}$$

由此得

$$\mathrm{d}\lambda = \frac{\left\{\dfrac{\partial F}{\partial\boldsymbol{\sigma}}\right\}^{\mathrm{T}}\boldsymbol{D}}{A + \left\{\dfrac{\partial F}{\partial\boldsymbol{\sigma}}\right\}^{\mathrm{T}}\boldsymbol{D}\dfrac{\partial F}{\partial\boldsymbol{\sigma}}}\mathrm{d}\boldsymbol{\epsilon} \tag{2-98}$$

再在式(2-94)两边同左乘 $\boldsymbol{D}$ 得到

$$\boldsymbol{D}\mathrm{d}\boldsymbol{\epsilon} = \mathrm{d}\boldsymbol{\sigma} + \boldsymbol{D}\mathrm{d}\lambda\frac{\partial F}{\partial\boldsymbol{\sigma}} \tag{2-99}$$

由式(2-98)和式(2-99)得到

$$\mathrm{d}\boldsymbol{\sigma} = \left[\boldsymbol{D} - \frac{\boldsymbol{D}\dfrac{\partial F}{\partial\boldsymbol{\sigma}}\left\{\dfrac{\partial F}{\partial\boldsymbol{\sigma}}\right\}^{\mathrm{T}}\boldsymbol{D}}{\left\{\dfrac{\partial F}{\partial\boldsymbol{\sigma}}\right\}^{\mathrm{T}}\boldsymbol{D}\dfrac{\partial F}{\partial\boldsymbol{\sigma}} + A}\right]\mathrm{d}\boldsymbol{\epsilon} = \boldsymbol{D}_{ep}\mathrm{d}\boldsymbol{\epsilon} \tag{2-100}$$

从而得到弹塑性矩阵的一般表达式为

$$\boldsymbol{D}_{ep} = \boldsymbol{D} - \frac{\boldsymbol{D}\dfrac{\partial F}{\partial\boldsymbol{\sigma}}\left\{\dfrac{\partial F}{\partial\boldsymbol{\sigma}}\right\}^{\mathrm{T}}\boldsymbol{D}}{A + \left\{\dfrac{\partial F}{\partial\boldsymbol{\sigma}}\right\}^{\mathrm{T}}\boldsymbol{D}\dfrac{\partial F}{\partial\boldsymbol{\sigma}}} \tag{2-101}$$

2.6.3 von Mises 各向同性强化材料的弹塑性矩阵

2.6.3.1 弹塑性矩阵的一般表达式

Mises 各向同性强化材料的屈服条件为

$$F = \bar{\sigma} - \sigma_s - H(k) \tag{2-102}$$

前面已给出了 Mises 各向同性强化材料的强化系数为式(2-53)，且由流动法则得到的塑性系数 $d\lambda = d\bar{\epsilon}^p$，将其代入一致性条件可得

$$A = H' \tag{2-103}$$

同时根据本章 2.6.5 中将要证明的两个公式

$$\boldsymbol{D}\frac{\partial F}{\partial \boldsymbol{\sigma}} = \frac{3G}{\bar{\sigma}}\boldsymbol{S} \tag{2-104}$$

$$\left\{\frac{\partial F}{\partial \boldsymbol{\sigma}}\right\}^{\mathrm{T}}\boldsymbol{D}\frac{\partial F}{\partial \boldsymbol{\sigma}} = 3G \tag{2-105}$$

再由式(2-103)、式(2-104)、式(2-105)最后得到

$$\boldsymbol{D}_{\mathrm{ep}} = \boldsymbol{D} - \frac{3G^2}{(3G+H')J_2}\boldsymbol{S}\boldsymbol{S}^{\mathrm{T}} \tag{2-106}$$

式中 $\boldsymbol{S}$ 为应力偏量矩阵。

2.6.3.2 弹塑性矩阵的显式表达式

对于三维问题。将 $\boldsymbol{D}$ 和 $\boldsymbol{S} = \{S_{11} \quad S_{22} \quad S_{33} \quad 2S_{12} \quad 2S_{23} \quad 2S_{31}\}^{\mathrm{T}}$ 代入，并且令

$$\left.\begin{aligned}
\alpha &= \frac{9G^2}{(3G+H')\bar{\sigma}^2} \\
\beta &= \frac{\alpha}{2G} \\
\nu_1 &= \frac{1-\nu}{1-2\nu} \\
\nu_2 &= \frac{\nu}{1-2\nu}
\end{aligned}\right\} \tag{2-107}$$

则弹塑性矩阵的显式表达式为

$$\boldsymbol{D}_{\mathrm{ep}} = \frac{E}{1+\nu}\begin{bmatrix}
\nu_1 - \beta S_{11}^2 & & & & & \\
\nu_2 - \beta S_{11}S_{22} & \nu_1 - \beta S_{22}^2 & & & \text{SYMM} & \\
\nu_2 - \beta S_{11}S_{33} & \nu_2 - \beta S_{22}S_{33} & \nu_1 - \beta S_{33}^2 & & & \\
-\beta S_{11}S_{12} & -\beta S_{22}S_{12} & -\beta S_{33}S_{12} & \frac{1}{2} - \beta S_{12}^2 & & \\
-\beta S_{11}S_{23} & -\beta S_{22}S_{23} & -\beta S_{33}S_{23} & -\beta S_{23}S_{12} & \frac{1}{2} - \beta S_{23}^2 & \\
-\beta S_{11}S_{31} & -\beta S_{22}S_{31} & -\beta S_{33}S_{31} & -\beta S_{31}S_{12} & -\beta S_{31}S_{23} & \frac{1}{2} - \beta S_{31}^2
\end{bmatrix}$$

$$\tag{2-108}$$

在直角坐标系下,上式中各量的下标 1, 2, 3 相应地分别由 x, y, z 代替。

2.6.4 平面问题的弹塑性矩阵

2.6.4.1 平面应变问题

在一般三维问题的弹塑性矩阵式(2-108)中去掉第 4, 5, 6 行和列,即为平面应变问题的弹塑性矩阵。

2.6.4.2 平面应力问题

在一般三维问题的弹塑性矩阵式(2-108)中首先去掉第 5, 6 行和列,再利用 $\mathrm{d}\sigma_{33}=0$ 建立用 $\mathrm{d}\epsilon_{11}$, $\mathrm{d}\epsilon_{22}$ 和 $\mathrm{d}\epsilon_{12}$ 表示 $\mathrm{d}\epsilon_{33}$ 的关系式。经推导可以证明:只要对平面应变问题弹塑性矩阵中的弹性系数 E 和 ν 做如下的置换,即可得到平面应力问题的弹塑性矩阵:

$$E \to \frac{E(1+2\nu)}{(1+\nu)^2} \qquad \nu \to \frac{\nu}{1+\nu} \tag{2-109}$$

同样,对平面应力问题弹塑性矩阵中的弹性系数 E 和 ν 做如下的置换,也可得到平面应变问题的弹塑性矩阵:

$$E \to \frac{E}{1-\nu^2} \qquad \nu \to \frac{\nu}{1-\nu} \tag{2-110}$$

这一结论与弹性力学中的结论相类似。

2.6.4.3 轴对称问题

对于轴对称问题(作为广义的平面应变问题)只要将三维问题的弹塑性矩阵式(2-108)中的第 5, 6 行和列去掉,下标 1, 2, 3 分别用柱坐标 r, θ, z 代替,则相应的应力和应变分量为

$$\begin{aligned} \mathrm{d}\boldsymbol{\sigma} &= \{\mathrm{d}\sigma_r \quad \mathrm{d}\sigma_\theta \quad \mathrm{d}\sigma_z \quad \mathrm{d}\tau_{zr}\} \\ \mathrm{d}\boldsymbol{\epsilon} &= \{\mathrm{d}\epsilon_r \quad \mathrm{d}\epsilon_\theta \quad \mathrm{d}\epsilon_z \quad \mathrm{d}\gamma_{zr}\} \end{aligned} \tag{2-111}$$

将轴对称问题的弹性阵式(1-12)代入,得轴对称问题的弹塑性矩阵为

$$\boldsymbol{D}_{\mathrm{ep}} = \frac{E}{1+\nu} \begin{bmatrix} \nu_1 - \beta S_{11}^2 & & & \\ \nu_2 - \beta S_{11}S_{22} & \nu_1 - \beta S_{22}^2 & \text{SYMM} & \\ \nu_2 - \beta S_{11}S_{33} & \nu_2 - \beta S_{22}S_{33} & \nu_1 - \beta S_{33}^2 & \\ -\beta S_{11}S_{12} & -\beta S_{22}S_{12} & -\beta S_{33}S_{12} & \frac{1}{2} - \beta S_{12}^2 \end{bmatrix} \tag{2-112}$$

2.6.5 两个公式的证明

1) 证明式(2-104)$\boldsymbol{D}\dfrac{\partial F}{\partial \boldsymbol{\sigma}} = \dfrac{3G}{\sigma}\boldsymbol{S}$

Mises 各向同性强化材料的加载面方程为

$$F = \bar{\sigma} - \sigma_s$$
$$= \frac{1}{\sqrt{2}} \big[(\sigma_x - \sigma_y)^2 + (\sigma_y - \sigma_z)^2 + (\sigma_z - \sigma_x)^2 + 6(\tau_{xy}^2 + \tau_{yz}^2 + \tau_{zx}^2)\big]^{\frac{1}{2}} - \sigma_s$$
$$= 0 \tag{2-113}$$

于是

$$\frac{\partial F}{\partial \boldsymbol{\sigma}} = \frac{\partial \bar{\sigma}}{\partial \boldsymbol{\sigma}} \tag{2-114}$$

第一个元素

$$\frac{\partial F}{\partial \sigma_x} = \frac{1}{2\sqrt{3J_2}} \big[2\sigma_x - \sigma_y - \sigma_z\big]$$
$$= \frac{\sqrt{3}}{2\sqrt{J_2}} \Big[\sigma_x - \frac{1}{3}(\sigma_x + \sigma_y + \sigma_z)\Big]$$
$$= \frac{\sqrt{3}}{2\sqrt{J_2}} \Big[\sigma_x - \frac{1}{3}(\sigma_x + \sigma_y + \sigma_z)\Big]$$
$$= \frac{\sqrt{3}}{2\sqrt{J_2}} S_{11} \tag{2-115}$$

式中

$$S_{11} = \sigma_x - \frac{1}{3}(\sigma_x + \sigma_y + \sigma_z) \tag{2-116}$$

同理有

$$\left.\begin{array}{l} \dfrac{\partial F}{\partial \sigma_y} = \dfrac{\sqrt{3}}{2\sqrt{J_2}} S_{22} \\[4mm] \dfrac{\partial F}{\partial \sigma_z} = \dfrac{\sqrt{3}}{2\sqrt{J_2}} S_{33} \end{array}\right\} \tag{2-117}$$

第四个元素

$$\frac{\partial F}{\partial \tau_{xy}} = \frac{\sqrt{3}}{\sqrt{J_2}} \tau_{xy} = \frac{\sqrt{3}}{\sqrt{J_2}} S_{12} \tag{2-118}$$

式中 $S_{12} = \tau_{xy}$。同理有

$$\left.\begin{array}{l} \dfrac{\partial F}{\partial \tau_{yz}} = \dfrac{\sqrt{3}}{\sqrt{J_2}} S_{23} \\[4mm] \dfrac{\partial F}{\partial \tau_{zx}} = \dfrac{\sqrt{3}}{\sqrt{J_2}} S_{31} \end{array}\right\} \tag{2-119}$$

于是得

$$\frac{\partial F}{\partial \boldsymbol{\sigma}} = \frac{\partial \bar{\sigma}}{\partial \boldsymbol{\sigma}} = \frac{\sqrt{3}}{2\sqrt{J_2}} \{ S_{11} \quad S_{22} \quad S_{33} \quad 2S_{12} \quad 2S_{23} \quad 2S_{31} \}^{\mathrm{T}} \qquad (2-120)$$

又根据三维问题的弹性矩阵

$$\boldsymbol{D} = \frac{E}{(1+\nu)(1-2\nu)} \begin{bmatrix} 1-\nu & \nu & \nu & 0 & 0 & 0 \\ \nu & 1-\nu & \nu & 0 & 0 & 0 \\ \nu & \nu & 1-\nu & 0 & 0 & 0 \\ 0 & 0 & 0 & \frac{1-2\nu}{2} & 0 & 0 \\ 0 & 0 & 0 & 0 & \frac{1-2\nu}{2} & 0 \\ 0 & 0 & 0 & 0 & 0 & \frac{1-2\nu}{2} \end{bmatrix}$$

$$(2-121)$$

和 $\qquad S_{11} + S_{22} + S_{33} = 0 \qquad G = \dfrac{E}{2(1+\nu)}$

$$\boldsymbol{D} \frac{\partial \bar{\sigma}}{\partial \boldsymbol{\sigma}} = \frac{2G}{1-2\nu} \frac{3}{2\sqrt{3J_2}} (1-2\nu) \{ S_{11} \quad S_{22} \quad S_{33} \quad 2S_{12} \quad 2S_{23} \quad 2S_{31} \}^{\mathrm{T}}$$

$$= \frac{3G}{\sqrt{3J_2}} \{ S_{11} \quad S_{22} \quad S_{33} \quad 2S_{12} \quad 2S_{23} \quad 2S_{31} \}^{\mathrm{T}}$$

$$= \frac{3G}{\bar{\sigma}} \{ S_{11} \quad S_{22} \quad S_{33} \quad 2S_{12} \quad 2S_{23} \quad 2S_{31} \}^{\mathrm{T}} \qquad (2-122)$$

最后得

$$\boldsymbol{D} \frac{\partial \bar{\sigma}}{\partial \boldsymbol{\sigma}} = \frac{3G}{\bar{\sigma}} \boldsymbol{S} \qquad (2-123)$$

证毕。

2) 证明式(2-105) $\left\{ \dfrac{\partial F}{\partial \boldsymbol{\sigma}} \right\}^{\mathrm{T}} \boldsymbol{D} \dfrac{\partial F}{\partial \boldsymbol{\sigma}} = 3G$

由上面证明的结果知

$$\left\{ \frac{\partial F}{\partial \boldsymbol{\sigma}} \right\}^{\mathrm{T}} \boldsymbol{D} \frac{\partial F}{\partial \boldsymbol{\sigma}} = \left\{ \frac{\partial F}{\partial \boldsymbol{\sigma}} \right\}^{\mathrm{T}} \frac{3G}{\bar{\sigma}} \boldsymbol{S}$$

$$= \frac{3}{2\sqrt{3J_2}} \{ S_{11} \quad S_{22} \quad S_{33} \quad 2S_{12} \quad 2S_{23} \quad S_{31} \} \frac{3G}{\sqrt{3J_2}} \boldsymbol{S} \qquad (2-124)$$

因为

$$J_2 = \frac{1}{2}(S_{11}^2 + S_{22}^2 + S_{33}^2) + S_{12}^2 + S_{23}^2 + S_{31}^2 \qquad (2-125)$$

所以得

$$\left\{\frac{\partial F}{\partial \boldsymbol{\sigma}}\right\}^{\mathrm{T}} \boldsymbol{D} \frac{\partial F}{\partial \boldsymbol{\sigma}} = \frac{3}{2} \frac{1}{\sqrt{3J_2}} \frac{3G}{\sqrt{3J_2}} 2J_2 = 3G \qquad (2-126)$$

证毕。

习题

1. 证明应力偏量第二不变量(J_2)的各种表示式：

(1) $J_2 = \frac{1}{2}S_{ij}S_{ij} = \frac{1}{2}(\sigma_{ij}\sigma_{ij} - 3\sigma_0^2)$。

(2) $J_2 = \frac{1}{6}\left[(\sigma_x - \sigma_y)^2 + (\sigma_y - \sigma_z)^2 + (\sigma_z - \sigma_x)^2 + 6(\tau_{xy}^2 + \tau_{yz}^2 + \tau_{zx}^2)\right]$。

(3) $J_2 = \frac{1}{6}\left[(\sigma_1 - \sigma_2)^2 + (\sigma_2 - \sigma_3)^2 + (\sigma_3 - \sigma_1)^2\right]$。

(4) $J_2 = -(S_x S_y + S_y S_z + S_z S_x) + S_{xy}^2 + S_{yz}^2 + S_{zx}^2$。

(5) $J_2 = \frac{1}{2}(S_1^2 + S_2^2 + S_3^2)$。

2. 证明应变偏量第二不变量(J_2')的各种表示式：

(1) $J_2' = \frac{1}{2}e_{ij}e_{ij}$

$\qquad = \frac{1}{6}\left[(e_x - e_y)^2 + (e_y - e_z)^2 + (e_z - e_x)^2 + 6(e_{xy}^2 + e_{yz}^2 + e_{zx}^2)\right]$。

(2) $J_2' = \frac{1}{6}\left[(\epsilon_x - \epsilon_y)^2 + (\epsilon_y - \epsilon_z)^2 + (\epsilon_z - \epsilon_x)^2 + \frac{3}{2}(\gamma_{xy}^2 + \gamma_{yz}^2 + \gamma_{zx}^2)\right]$。

提示：利用 $\gamma_{ij} = 2e_{ij}$。

3. 证明在单拉情况下有 $\bar{\sigma} = \sigma_1$ 和 $\bar{\epsilon} = \epsilon_1$。

提示：利用 $\bar{\sigma} = \sqrt{3J_2} = \sqrt{\frac{3}{2}S_{ij}S_{ij}}$，$\bar{\epsilon} = \sqrt{\frac{4}{3}J_2'} = \sqrt{\frac{2}{3}e_{ij}e_{ij}}$ 和体积不可压缩假定 $(\nu = \frac{1}{2})$。

4. 证明在弹塑性矩阵推导中的一些关系式：

(1) 在 Mises 屈服条件下证明塑性系数 $\mathrm{d}\lambda = \mathrm{d}\bar{\epsilon}^{\mathrm{p}}$。

(2) 用分量形式推导 $\frac{\partial \bar{\sigma}}{\partial \sigma_{ij}}\mathrm{d}\sigma_{ij} = \mathrm{d}\bar{\sigma}$。

(3) 将广义 Hooke 定律 $\mathrm{d}\epsilon_{ij} = \frac{1}{2G}\mathrm{d}S_{ij} + \frac{1-2\nu}{E}\mathrm{d}\sigma_0 \delta_{ij}$ 展开为弹性理论中的分量形式。

(4) 证明：$\boldsymbol{D}\dfrac{\partial\bar{\sigma}}{\partial\boldsymbol{\sigma}}=\dfrac{3G}{\bar{\sigma}}\boldsymbol{S}$，　其中 $\boldsymbol{S}=\{S_{11}\quad S_{22}\quad S_{33}\quad 2S_{12}\quad 2S_{23}\quad 2S_{31}\}^{\mathrm{T}}$。

(5) 推导：在 Tresca 屈服条件下，F_2 和 F_3 屈服面相交棱线上的塑性功表达式。

5. 推导平面应力问题的弹塑性矩阵显式。结论是只要在平面应变问题的弹塑性矩阵显式中将 E 替换成 $E(1+2\nu)/(1+\nu)^2$；ν 替换成 $\nu/(1+\nu)$，即为平面应力问题的弹塑性矩阵显式。

提示：推导过程中首先划去第 5，6 行和列，再利用 $\mathrm{d}\epsilon_{33}=0$ 建立用 $\mathrm{d}\epsilon_{11}$，$\mathrm{d}\epsilon_{22}$ 和 $\mathrm{d}\epsilon_{12}$ 表示 $\mathrm{d}\epsilon_{33}$ 的关系式，然后做归纳简化可得。

6. 推导轴对称单元的弹塑性矩阵显式。

7. 推导下面幂硬(强)化材料的强化系数。已知材料性质：当 $\sigma_1\leqslant\sigma_s$ 时有 $\sigma_1=E\epsilon_1$，当 $\sigma_1>\sigma_s$ 时有 $\sigma_1=A\epsilon_1^m$，其中：A 和 m 为已知材料常数。

参考文献

[1] 蒋泳秋,穆霞英. 塑性力学基础[M]. 北京:机械工业出版社,1982.

[2] 庄樊年,马晓士,蒋路. 工程塑性力学[M]. 北京:高等教育出版社,1985.

[3] 丁浩江,何福保,谢贻权,等. 弹性和塑性力学中的有限元法[M]. 北京:机械工业出版社,1989.

[4] 卡恰诺夫. 塑性理论基础[M]. 周承倜,唐照千,译. 北京:高等教育出版社,1959.

[5] 希尔·R. 塑性数学理论[M]. 王仁,译. 北京:科学出版社,1966.

[6] 孟凡中. 弹塑性有限变形理论和有限元方法[M]. 北京:清华大学出版社,1985.

[7] 郭乙木,陶伟明,庄苗. 线性与非线性有限元及其应用[M]. 北京:机械工业出版社,2004.

3 弹塑性有限元方法的实施

上一章中我们采用塑性流动理论得到了弹塑性应变增量和应力增量之间的关系,现在来讨论弹塑性问题的有限元求解方法。考虑材料非线性的有限元方法和线性有限元方法本质上是一样的,只是物理方程不同了,而小变形几何方程和平衡方程依然成立。物理方程随载荷递增而变化,因而必须采用增量法。

3.1 增量平衡方程和切线刚度矩阵

3.1.1 分段线性化的求解思想

塑性变形的特点决定了塑性本构关系的非线性和多值性,上面由塑性增量理论给出了增量型塑性应力-应变关系:

$$\mathrm{d}\boldsymbol{\sigma} = \boldsymbol{D}_{\mathrm{ep}}\mathrm{d}\boldsymbol{\epsilon} \tag{3-1}$$

式中

$$\boldsymbol{D}_{\mathrm{ep}} = \boldsymbol{D} - \frac{\boldsymbol{D}\dfrac{\partial F}{\partial \boldsymbol{\sigma}}\left\{\dfrac{\partial F}{\partial \boldsymbol{\sigma}}\right\}^{\mathrm{T}}\boldsymbol{D}}{A + \left\{\dfrac{\partial F}{\partial \boldsymbol{\sigma}}\right\}^{\mathrm{T}}\boldsymbol{D}\dfrac{\partial F}{\partial \boldsymbol{\sigma}}} \tag{3-2}$$

说明当前应力状态不仅与当前应变有关,而且与达到这一变形状态的路径(加载历史)有关。这里包含了屈服准则、强化条件和加卸载准则。

因此,对物理非线性问题,通常采用分段线性化的纯增量法求解。即将加载过程分成若干个增量步,在每个增量步内当作一个线性问题来求解,然后把各个增量步的解累加起来,作为该非线性问题的解。下面选择其中任意一个增量步建立它的线性平衡方程并求解,这对整个非线性过程的求解有着普遍意义。

3.1.2 增量平衡方程和切线刚度矩阵的推导

设 t 时刻(加载至 $i-1$ 步终),结构(单元)在当前载荷(广义体力 f^{v} 和表面力 f^{t})的作用下处于平衡状态,此时物体内一点的应力、应变状态为 $\boldsymbol{\sigma}$ 和 $\boldsymbol{\epsilon}$。在此基础上,施加一个载荷增量 Δf^{v} 和 Δf^{t}(从 $t \to t + \Delta t$ 时刻),则在体内必然引起一个位移增量 Δu 和相应的应变和应力增量 $\Delta \boldsymbol{\epsilon}$ 和 $\Delta \boldsymbol{\sigma}$,只要 Δf^{v} 和 Δf^{t} 足够小,就有这样一

个近似的线性关系 $\Delta\boldsymbol{\sigma} = \boldsymbol{D}_{\mathrm{ep}}\Delta\boldsymbol{\epsilon}$。

因为初始应力状态 $\boldsymbol{\sigma}$ 和加载过程已知,则 $\boldsymbol{D}_{\mathrm{ep}}$ 和 $\int\mathrm{d}\epsilon_{ij}^{\mathrm{p}}$ 就可以确定,并可以在其材料相应的硬化曲线上找到$\bar{\epsilon}_i^{\mathrm{p}}$ 所对应的硬化系数 H',于是上面的方程成为线性。在 $t{\rightarrow}t{+}\Delta t$ 这一增量过程中,应用虚功原理可得到如下虚功方程:

$$\int_{V_{\mathrm{e}}}\big[(\boldsymbol{\sigma}+\Delta\boldsymbol{\sigma})^{\mathrm{T}}\delta\Delta\boldsymbol{\epsilon} - (\boldsymbol{f}^{\mathrm{v}}+\Delta\boldsymbol{f}^{\mathrm{v}})^{\mathrm{T}}\delta\Delta\boldsymbol{u}\big]\mathrm{d}v - \int_{S_{\mathrm{e}}}(\boldsymbol{f}^{\mathrm{s}}+\Delta\boldsymbol{f}^{\mathrm{t}})^{\mathrm{T}}\delta\Delta\boldsymbol{u}\mathrm{d}s = 0$$

$$(3-3)$$

式中:V_{e} 为在单元体积内;S_{e} 为在单元表面上。

由位移插值和小变形几何关系:$\Delta\boldsymbol{u}=\boldsymbol{N}\Delta\boldsymbol{q}$ 和 $\Delta\boldsymbol{\epsilon}=\boldsymbol{B}\Delta\boldsymbol{q}$,再根据虚位移 $\delta(\Delta\boldsymbol{q})$ 的任意性,得

$$\boldsymbol{P}+\Delta\boldsymbol{P} = \int_{V_{\mathrm{e}}}\boldsymbol{N}^{\mathrm{T}}(\boldsymbol{f}^{\mathrm{v}}+\Delta\boldsymbol{f}^{\mathrm{v}})\mathrm{d}v + \int_{S_{\mathrm{e}}}\boldsymbol{N}^{\mathrm{T}}(\boldsymbol{f}^{\mathrm{s}}+\Delta\boldsymbol{f}^{\mathrm{t}})\mathrm{d}s \qquad (3-4)$$

式中

$$\boldsymbol{P} = \int_{V_{\mathrm{e}}}\boldsymbol{N}^{\mathrm{T}}\boldsymbol{f}^{\mathrm{v}}\mathrm{d}v + \int_{S_{\mathrm{e}}}\boldsymbol{N}^{\mathrm{T}}\boldsymbol{f}^{\mathrm{t}}\mathrm{d}s \qquad (3-5)$$

$\boldsymbol{P}$ 是该单元在 t 时刻外载荷的等效结点力。代入方程(3-3)可得

$$\int_{V_{\mathrm{e}}}\boldsymbol{B}^{\mathrm{T}}(\boldsymbol{\sigma}+\Delta\boldsymbol{\sigma})\mathrm{d}v = \boldsymbol{P}+\Delta\boldsymbol{P} \qquad (3-6)$$

则在 $t{+}\Delta t$ 时刻的平衡方程为

$$\boldsymbol{F}_{t+\Delta t} = \int_{V_{\mathrm{e}}}\boldsymbol{B}^{\mathrm{T}}\boldsymbol{\sigma}\,\mathrm{d}v + \int_{V_{\mathrm{e}}}\boldsymbol{B}^{\mathrm{T}}\Delta\boldsymbol{\sigma}\,\mathrm{d}v - (\boldsymbol{P}+\Delta\boldsymbol{P}) = 0 \qquad (3-7)$$

因为在 t 时刻结构处于平衡状态,所以

$$\boldsymbol{F}_t = \boldsymbol{P} - \int_{V_{\mathrm{e}}}\boldsymbol{B}^{\mathrm{T}}\boldsymbol{\sigma}\,\mathrm{d}v = 0 \qquad (3-8)$$

把式(3-8)代入式(3-6)成为

$$\Delta\boldsymbol{P} = \int_{V_{\mathrm{e}}}\boldsymbol{B}^{\mathrm{T}}\Delta\boldsymbol{\sigma}\mathrm{d}v \qquad (3-9)$$

即

$$\Delta\boldsymbol{F} = \int_{V_{\mathrm{e}}}\boldsymbol{B}^{\mathrm{T}}\Delta\boldsymbol{\sigma}\mathrm{d}v - \Delta\boldsymbol{P} = 0 \qquad (3-10)$$

将 $\mathrm{d}\boldsymbol{\sigma}=\boldsymbol{D}_{\mathrm{ep}}\mathrm{d}\boldsymbol{\epsilon}$ 和 $\Delta\boldsymbol{\epsilon}=\boldsymbol{B}\Delta\boldsymbol{q}$ 代入式(3-10),于是得 Δt 时间步内单元的增量平衡方程为

$$\Delta\boldsymbol{F} = \int_{V_{\mathrm{e}}}\boldsymbol{B}^{\mathrm{T}}\boldsymbol{D}_{\mathrm{ep}}\boldsymbol{B}\mathrm{d}v\ \Delta\boldsymbol{q} - \Delta\boldsymbol{P} \qquad (3-11)$$

把式(3-11)对位移增量求导

$$\frac{\mathrm{d}(\Delta\boldsymbol{F})}{\mathrm{d}(\Delta\boldsymbol{q})} = \int_{V_e} \boldsymbol{B}^{\mathrm{T}} \boldsymbol{D}_{\mathrm{ep}} \boldsymbol{B} \mathrm{d}v \qquad (3-12)$$

令上式右边 $\displaystyle\int_{V_e} \boldsymbol{B}^{\mathrm{T}} \boldsymbol{D}_{\mathrm{ep}} \boldsymbol{B} \mathrm{d}v = \boldsymbol{K}_{\mathrm{t}}^{\mathrm{e}}$

由式(3-11)得

$$\boldsymbol{K}_{\mathrm{T}}^{\mathrm{e}} \Delta\boldsymbol{q}^{\mathrm{e}} = \Delta\boldsymbol{P}^{\mathrm{e}} \qquad (3-13)$$

式中: $\boldsymbol{K}_{\mathrm{T}}^{\mathrm{e}}$ 为单元切线刚度矩阵。集合所有单元刚度矩阵后得到结构总的增量平衡方程

$$\boldsymbol{K}_{\mathrm{T}} \Delta\boldsymbol{q} = \Delta\boldsymbol{P} \qquad (3-14)$$

方程(3-14)是线性的,可以直接求解。

3.2　强化系数 H' 的数值表示

单一曲线定理指出,对于一般的稳定性硬化材料,在其简单加载过程中, $\bar{\sigma}$ 和 $\bar{\epsilon}$ 之间存在着一一对应的确定函数关系 $\bar{\sigma}=\Phi(\bar{\epsilon})$,这一关系可用单向拉伸实验来确定。例如,对于 Mises 各向同性硬化材料,式(2-54)已经得到

$$H' = \frac{\mathrm{d}\bar{\sigma}}{\mathrm{d}\bar{\epsilon}^{\mathrm{p}}} \qquad (3-15)$$

在有限元分析中,强化系数 H' 应作为初始参数用函数或数字的形式输入。在加载过程中根据当前的应力和应变值的变化计算相应的等效应力 $\bar{\sigma}$ 和等效塑性应变 $\bar{\epsilon}^{\mathrm{p}}$,再从硬化曲线上查到对应的硬化系数 H' ,然后就可以计算当前的弹塑性矩阵。目前,硬化曲线的输入有两种格式,分述如下。

3.2.1　解析表达式

根据单一曲线定理,由单向拉伸试验曲线直接得出硬化曲线的解析式。

3.2.1.1　Mises 各向同性线性强化材料

对于服从 Mises 屈服条件和各向同性强化模型的线性强化材料,其单向拉伸曲线:当 $\sigma_1 \leqslant \sigma_{\mathrm{s}}$ 时, $\sigma = E\epsilon_1$;当 $\sigma_1 > \sigma_{\mathrm{s}}$ 时, $\sigma_1 = \sigma_{\mathrm{s}} + (\epsilon_1 - \epsilon_{\mathrm{s}})E_{\mathrm{t}}$,则有

$$H' = \frac{\mathrm{d}\bar{\sigma}}{\mathrm{d}\bar{\epsilon}^{\mathrm{p}}} = \frac{\mathrm{d}\sigma_1}{\mathrm{d}\epsilon_1^{\mathrm{p}}} = \frac{\mathrm{d}\sigma_1}{\mathrm{d}\epsilon_1 - \mathrm{d}\epsilon_1^{\mathrm{e}}}$$

$$= \frac{1}{\dfrac{1}{E_{\mathrm{t}}} - \dfrac{1}{E}} = \frac{EE_{\mathrm{t}}}{E - E_{\mathrm{t}}} \qquad (3-16)$$

3.2.1.2　Mises 各向同性幂强化材料

对于服从 Mises 屈服条件和各向同性强化模型的幂强化材料,其单向拉伸曲

线:当 $\sigma_1 \leqslant \sigma_s$ 时,$\sigma_1 = E\epsilon_1$;当 $\sigma_1 > \sigma_s$ 时,$\sigma_1 = A\epsilon^m$。

由屈服点条件 $E\epsilon_s = A\epsilon_s^m$ 得

$$A = E\epsilon^{1-m} \qquad\qquad (3-17)$$

据式(3-15)得

$$H' = \frac{\mathrm{d}\bar{\sigma}}{\mathrm{d}\bar{\epsilon}^p} = \frac{\mathrm{d}\sigma_1}{\mathrm{d}\epsilon_1 - \mathrm{d}\epsilon_1^e} = \frac{1}{\left(\dfrac{\mathrm{d}\sigma_1}{\mathrm{d}\epsilon_1}\right)^{-1} + \left(\dfrac{\mathrm{d}\sigma_1}{\mathrm{d}\epsilon^e}\right)^{-1}} = \frac{1}{\dfrac{1}{AEm\,\epsilon_1^{m-1}} - \dfrac{1}{E}} = \frac{EB}{E-B}$$

$$(3-18)$$

式中:$B = Am\,\epsilon_1^{m-1} = Em(\epsilon_1/\epsilon_s)^{m-1}$。

3.2.1.3　一般材料硬化曲线的求法

根据等效应力的定义,单拉应力就是等效应力,即 $\sigma_1 = \bar{\sigma}$。并且在上一章中已经证明在体积不可压缩假定下,单拉应变等于塑性等效应变:

$$\epsilon_1 = \bar{\epsilon}^p \qquad\qquad (3-19)$$

因为在单拉情况下

$$\bar{\epsilon} = \sqrt{\frac{2}{3}}\ \sqrt{\epsilon_{ij}\epsilon_{ij}} = \frac{2}{3}(1+\nu)\epsilon_1 \qquad \epsilon_0 = \frac{1}{3}(1-2\nu)\epsilon_1$$

所以

$$\epsilon_1 = \bar{\epsilon} = \bar{\epsilon}^p$$

这样,从一条已知的如图 3.1(a)的单拉曲线就可以方便地作出相应的如图

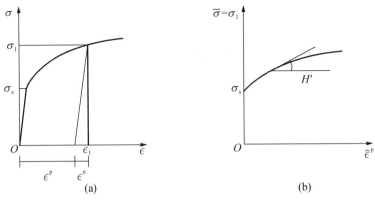

(a)　　　　　　　　　　(b)

图 3.1　一般硬化材料的单拉曲线和硬化曲线

(a) 单拉曲线　(b) 硬化曲线

3.1(b)的硬化曲线。从硬化曲线上求出各点的硬化系数 H'。再由单一曲线定理推广到一般硬化材料。

3.2.2　实验方法

参看孟凡中编著的《弹塑性有限变形理论和有限元方法》(北京：清华大学出版社,1985)。

3.3　过渡单元弹塑性矩阵的确定

一般来说,物体在逐步加载过程中塑性区域不断扩大。因此,有些单元当前虽处于弹性状态,但它们与塑性区相邻,因而在施加下一个增量载荷过程中有可能进入塑性区域。在这一过程中对这些单元简单地按弹性关系形成切线刚度矩阵就会产生较大的误差。同样,对于卸载后再加载的过程中也会出现这样的单元。我们称这种类型的单元为过渡单元。

3.3.1　三种变形状态

对弹塑性变形体中的某一单元,在一个加载步内可能出现三种变形状态,则材料的应力-应变关系也有所不同。

(1) **弹性状态**：加载前后均处于弹性状态,故采用的弹性阵不变。

(2) **塑性状态**：加载前后均处于塑性状态,其弹塑性矩阵 $\boldsymbol{D}_{\mathrm{ep}}$ 由塑性增量理论确定(与当前应力水平 σ_{ij} 和塑性变形增量的总量 $\int \mathrm{d}\epsilon_{ij}^{\mathrm{p}}$ 有关)。

(3) **过渡状态**：加载前处于弹性状态,加载后进入塑性状态。在这一过程中采用弹性矩阵 $\boldsymbol{D}$ 或后来的 $\boldsymbol{D}_{\mathrm{ep}}$ 都不合适,而必须寻找一个合适的弹塑性矩阵,称为加权平均的弹塑性矩阵 $\overline{\boldsymbol{D}}_{\mathrm{ep}}$。

3.3.2　加权平均的弹塑性矩阵 $\overline{\boldsymbol{D}}_{\mathrm{ep}}$

3.3.2.1　过渡单元在加载后的应力计算

以单拉状态为例,在 Δt 时间步内施加一个增量载荷后,讨论某单元的应力应变状态。如图 3.2 所示,设某单元加(卸)载前的应力状态 σ_0,相应的应变 ϵ_0 (A 点)处于弹性状态(在弹性区间 $O'C$ 内)。加载后,按弹性计算得到应变增量 $\Delta\epsilon$,到达 B 点。显然 B 点不是实际的应力状态,因为已经超过了 C 点,进入了塑性变形阶段,假设实际变形应到达 D 点。而该增量步的弹塑性矩阵 $\overline{\boldsymbol{D}}_{\mathrm{ep}}$ 是未知的,它的大小应该与该增量步内弹性和塑性性应变(ϵ^{e} 和 ϵ^{p})所占的比例有关,故只能经过迭代试算得出。因为

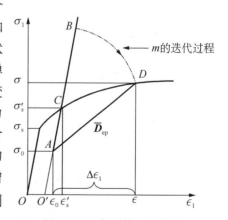

图 3.2　比例系数 m 的确定

$$\Delta\epsilon_1 = \Delta\epsilon_1^{\mathrm{e}} + \Delta\epsilon_1^{\mathrm{p}} \tag{3-20}$$

且设

$$\Delta\epsilon_1^{\mathrm{p}} = m\Delta\epsilon_1 \tag{3-21}$$

则

$$\Delta\epsilon_1^{\mathrm{e}} = (1-m)\Delta\epsilon_1 \tag{3-22}$$

显然,$0 \leqslant m \leqslant 1$,且 $m = 0$ 时是全弹性的状态,$m = 1$ 时是全塑性的状态。

实际应力增量为

$$\Delta\sigma_1 = \Delta\sigma_1^{\mathrm{e}} + \Delta\sigma_1^{\mathrm{p}} = \Delta\sigma_1^{AC} + \Delta\sigma_1^{CD} = D(1-m)\Delta\epsilon_1 + D_{\mathrm{ep}}m\Delta\epsilon_1$$
$$= [(1-m)D + mD_{\mathrm{ep}}]\Delta\epsilon_1 = \overline{D}_{\mathrm{ep}}\Delta\epsilon_1 \tag{3-23}$$

推广到一般的应力状态 $\Delta\bar{\sigma}$,$\Delta\bar{\epsilon}$ 有

$$\Delta\bar{\sigma} = [(1-m)\boldsymbol{D} + m\boldsymbol{D}_{\mathrm{ep}}]\Delta\bar{\epsilon} = \overline{\boldsymbol{D}}_{\mathrm{ep}}\Delta\bar{\epsilon} \tag{3-24}$$

$$\overline{\boldsymbol{D}}_{\mathrm{ep}} = (1-m)\boldsymbol{D} + m\boldsymbol{D}_{\mathrm{ep}} \tag{3-25}$$

式中:$\overline{\boldsymbol{D}}_{\mathrm{ep}}$ 为加权平均弹塑性矩阵;m 为弹塑性比例系数。

3.3.2.2　弹塑性比例系数 m 的迭代

由到达 A 点的路径确定 σ_0 和 ϵ_0。假设当前的弹性极限应力和极限应变为 σ_{s}' 和 ϵ_{s}',有

$$\Delta\bar{\epsilon}^{\mathrm{p}} = \bar{\epsilon}_0 + \Delta\bar{\epsilon} - \epsilon_{\mathrm{s}}' \tag{3-26}$$

由定义得

$$m = \frac{\Delta\bar{\epsilon}^{\mathrm{p}}}{\Delta\bar{\epsilon}} = \frac{\bar{\epsilon}_0 + \Delta\bar{\epsilon} - \epsilon_{\mathrm{s}}'}{\Delta\bar{\epsilon}} = 1 + \frac{\bar{\epsilon}_0 - \epsilon_{\mathrm{s}}'}{\Delta\bar{\epsilon}} \tag{3-27}$$

3.3.3　过渡单元 m 值的确定

3.3.3.1　确定过渡单元

假定在第 $i-1$ 个增量步终某单元是弹性的,其应力和应变状态为 $\bar{\sigma}_0$ 和 $\bar{\epsilon}_0$,且 $\bar{\sigma}_0 \leqslant \sigma_{\mathrm{s}}'$(或 $\bar{\epsilon}_0 \leqslant \epsilon_{\mathrm{s}}'$),进入第 i 个增量步(Δt 时间步内载荷增量 ΔP_i),按弹性计算到达 B 点,其应力 $\bar{\sigma} > \sigma_{\mathrm{s}}'$,应变 $\bar{\epsilon} > \bar{\epsilon}_{\mathrm{s}}$,则可以确定该单元在第 i 个增量步内是过渡单元。

3.3.3.2　m 值的迭代过程

在 i 步增量载荷作用之前,首先要记录下各单元的弹性极限应力和应变 σ_{s}' 和 ϵ_{s}'。对过渡单元先按弹性矩阵 $\boldsymbol{D}$ 计算该单元的切线刚度矩阵 $\boldsymbol{K}_{\mathrm{T}}^{\mathrm{e}}$,并与其他单元集合成

结构总刚度矩阵 $\boldsymbol{K}_{\mathrm{T}}$，求解结构的增量平衡方程，得总位移向量 $\Delta\boldsymbol{Q}_i^{(1)}$。从 $\Delta\boldsymbol{Q}_i^{(1)}$ 中提取该单元的位移向量 $\Delta\boldsymbol{q}_1^{(1)}$，并求出相应的 $\Delta\boldsymbol{\epsilon}_1^{(1)}$，$\Delta\boldsymbol{\sigma}_1^{(1)}$ 及 $\Delta\overline{\boldsymbol{\epsilon}}_i^{(1)}$。然后代入式(3-27)计算出 $m_i^{(1)}$，再将 $m_i^{(1)}$ 代入式(3-25)得 $\overline{\boldsymbol{D}}_{\mathrm{ep}}^{(1)}$，其中的 $\boldsymbol{D}_{\mathrm{ep}}$ 与当前应力和应变状态有关。当前应力为

$$\left.\begin{array}{l}\boldsymbol{\sigma}_i^{(1)} = \boldsymbol{\sigma}_{i-1} + \Delta\boldsymbol{\sigma}_i^{(1)}\\[2mm]\boldsymbol{\epsilon}_i^{(1)} = \boldsymbol{\epsilon}_{i-1} + \Delta\boldsymbol{\epsilon}_i^{(1)}\end{array}\right\} \tag{3-28}$$

迭代过程如下：

（1）按第1次迭代的计算值 $\overline{\boldsymbol{D}}_{\mathrm{ep}}^{(1)}$ 计算该单元的切线刚度矩阵，并与其他单元集合组装求解总的增量方程得 $\Delta\boldsymbol{Q}_i^{(2)}$，并从中提取该单元的 $\Delta\boldsymbol{q}_i^{(2)}$ 及相应的 $\Delta\boldsymbol{\epsilon}_i^{(2)}$。此时 $\overline{\epsilon}_0$ 和 ϵ_s' 没有改变。再代入式(3-27)计算 $m_i^{(2)}$，将 $m_i^{(2)}$ 和 $\boldsymbol{\sigma}_i^{(2)}$（若是硬化材料，还要根据当时塑性应变总量确定 H' 的值）代入计算 $\overline{\boldsymbol{D}}_{\mathrm{ep}}^{(2)}$。

（2）依次类推，求出 $\overline{\boldsymbol{D}}_{\mathrm{ep}}^{(3)}$，$\overline{\boldsymbol{D}}_{\mathrm{ep}}^{(4)}$，……直至前后两次的 m 值十分接近时（到达给定的允许误差范围）停止迭代。

（3）假设迭代 n 次之后达到收敛，则将迭代终止时的 $\overline{\boldsymbol{D}}_{\mathrm{ep}}^{(n)}$ 作为该单元的弹塑性矩阵，计算单刚并集合，再解方程组，求出 $\Delta\boldsymbol{Q}_i^{(n)}$ 及相应的 $\Delta\boldsymbol{\epsilon}_i^{(n)}$，$\Delta\boldsymbol{\sigma}_i^{(n)}$，将其累加到上一增量步的终值上，作为下一增量步的初值。总位移

$$\boldsymbol{q} = \boldsymbol{q}_{i-1} + \Delta\boldsymbol{q}_i^{(n)} \tag{3-29}$$

第 i 步各单元的应力和应变为

$$\left.\begin{array}{l}\boldsymbol{\epsilon} = \boldsymbol{\epsilon}_{i-1} + \Delta\boldsymbol{\epsilon}_i^{(n)}\\[2mm]\boldsymbol{\sigma} = \boldsymbol{\sigma}_{i-1} + \Delta\boldsymbol{\sigma}_i^{(n)}\end{array}\right\} \tag{3-30}$$

以此作为 $i+1$ 步的初始状态，进入下一个增量步的计算。

3.3.3.3 讨论

以上是采用纯增量法，在一个增量步（i 步）内确定某过渡单元弹塑性比例系数 m 值的迭代过程。

1）采用加权平均的弹塑性矩阵 $\overline{\boldsymbol{D}}_{\mathrm{ep}}$ 的优点

在同一增量步内，对某过渡单元 m 值的确定往往要迭代若干次，而每次迭代都要重新计算单元的切线刚度矩阵，并重新组装总刚和求解方程。显然，其求解过程比较复杂烦琐，由此增加了许多工作量，但从提高精度和加速收敛两方面是大有好处的。

数值试验证明，即使加载步长比较大，在这一步内新进入屈服的单元（过渡元）比较多，然而采用对 m 迭代计算出比较准确的 $\overline{\boldsymbol{D}}_{\mathrm{ep}}$ 后，仍能获得比较满意的结果。如果不采用对过渡单元迭代的办法，则为了保证解的精度，必须控制每个增量步的

大小,以保证每一步内新增加的塑性单元较少,否则将越来越偏离正确解,使求解失真,甚至发散。

2)迭代收敛准则

关于 m 值的迭代求解从理论上讲要求两次迭代值相等时方可结束。而大量数值试验说明,一般迭代 2～3 次就可以,所以往往用迭代次数来控制即可。这是对一个过渡单元而言,而从整个结构来看,还要求前后两次迭代中不再有新的塑性单元产生,综合考虑后决定是否可进入下一增量步的计算。

3.4　采用纯增量法做弹塑性有限元分析的步骤

以下步骤仅限于简单加载过程(无反复加、卸载过程),并只适应于 Mises 各向同性强化材料。

(1)开始,输入初始参数(材料的几何和物理性质 σ_s^0,H',边界条件,外载荷 P 等)。

(2)将外载荷一次加上做线弹性分析,得 $q \rightarrow \epsilon \rightarrow \sigma \rightarrow \bar{\sigma}_{max}$(采用 Mises 条件)。如果 $\bar{\sigma}_{max} \leqslant \sigma_s^0$,不存在塑性区则为弹性问题,直接输出结果后结束;否则 $\bar{\sigma}_{max} > \sigma_s^0$,需要做弹塑性分析。

(3)计算弹性极限 P_e,设 $\alpha = \bar{\sigma}_{max}/\sigma_s^0$,则 $P_e = P/\alpha$。并可输出弹性极限载荷 P_e 下的位移,应变和应力 q_e,ϵ_e,σ_e。

(4)对剩余载荷 $P_r = P - P_e$ 做弹塑性分析,如果采用等增量步格式,则将 P_r 等分为 N 个增量步,即每一增量步载荷为 $\Delta P = P_r/N$。

(5)对 N 个增量步循环,在 i 步上施加一个增量载荷 ΔP_i,已知当前状态下($i-1$ 步终),由各单元的(高斯点)$\bar{\sigma}$,$\bar{\epsilon}$,σ_s,判断弹性、塑性、过渡单元这三种单元类型。对本增量步内所有过渡单元经过 2～3 次迭代得到合适的 $\overline{D}_{ep}$ 后计算各单元的 K_T^e,并集合所有单元,形成总刚 K_T,求解 $K_T \Delta q = \Delta P$ 得 Δq_i,即第 i 步的解。同时记录下各单元当前的位移,应力和应变状态。$q_i = q_{i-1} + \Delta q_i$ 和 $\epsilon_i = \epsilon_{i-1} + \Delta \epsilon_i$,$\sigma_i = \sigma_{i-1} + \Delta \sigma_i$。

(6)直至全部载荷施加完毕,输出结果,结束。

说明:在 $\Delta t(\Delta P)$ 增量步内方程是线性的,因为只要当前状态 σ,ϵ 已知,D_{ep} 是可确定的,每一步内的增量平衡方程 $K_T \Delta q = \Delta P$ 是线性的。但对整个加载过程而言,方程 $K(q)q = P$ 仍是非线性的,这就是用分段线性化求解非线性问题的思想。

下面图 3.3 给出考虑过渡单元修正动纯增量法流程图。

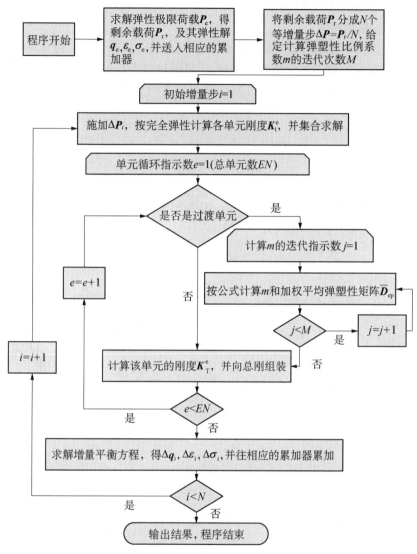

图 3.3   考虑过渡单元修正的纯增量法流程图

3.5   受均匀内压作用厚壁筒的弹塑性分析

3.5.1   程序设计框图

本书附录 B.1 中的弹塑性分析源程序(AXIMN. FOR)是采用了增量法和 Newton-Raphson 迭代法相结合的混合法,并考虑了过渡单元弹塑性矩阵的修正而编制的。程序能否正确地实现所采用的理论和方法并执行正确的计算,流程(框图)设计是关键。因为至此我们还没介绍混合法,其程序设计框图要在图 3.3 基础上进行修改,这一工作将留给读者以后做练习用。

3.5.2　屈服条件和弹塑性矩阵

3.5.2.1　屈服条件

通常,金属材料结构的弹塑性分析大都采用 Mises 屈服条件。对于一些受载荷情况单一,内部应力状态比较简单的结构,还可通过应力分析使屈服方程得到简化。

由厚壁筒受内压的理论解,可知筒内各点应力处于二维主应力状态,且近似于纯剪应力状态,即

$$\sigma_r = -\sigma_\theta \tag{3-31}$$

$$\sigma_z = \frac{1}{2}(\sigma_r + \sigma_\theta) = 0 \tag{3-32}$$

对于纯剪应力状态,剪应力达到一定值时,材料开始进入塑性状态,即只有最大和最小应力对屈服有影响,参看图 3.4(b)。

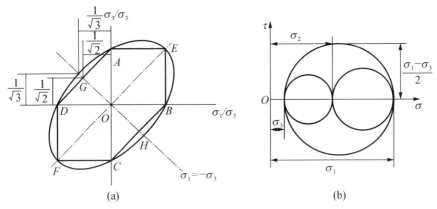

图 3.4　平面应力的屈服轨迹和应力莫尔圆

(a) 屈服面轨迹　(b) 应力莫尔圆

图 3.4(a)表示两种屈服条件的屈服轨迹,在 A,B,C,D,E,F 点,各点上两种屈服条件完全相同。

$$\sigma_{s(\text{Mises})} = \sigma_{s(\text{Tresca})} \tag{3-33}$$

在纯剪时 G,H 点处,有

$$\sigma_{s(\text{Mises})} = \frac{2}{\sqrt{3}}\sigma_{s(\text{Tresca})} \approx 1.15\sigma_{s(\text{Tresca})} \tag{3-34}$$

而在其余各点上,有

$$\sigma_{s(\text{Mises})} = \beta\sigma_{s(\text{Tresca})} \quad 1 \leqslant \beta \leqslant 1.15 \tag{3-35}$$

当厚壁筒采用 Mises 屈服条件时有

$$F = \sigma_\theta - \sigma_r - \frac{2}{\sqrt{3}}\sigma_s = 0 \tag{3-36}$$

3.5.2.2　弹塑性矩阵显式

轴对称问题作为一种广义的平面应变问题,其应力和应变向量分别为

$$\begin{aligned} \mathrm{d}\boldsymbol{\sigma} &= \{ \mathrm{d}\sigma_r \quad \mathrm{d}\sigma_\theta \quad \mathrm{d}\sigma_z \quad \mathrm{d}\tau_{zr} \} \\ \mathrm{d}\boldsymbol{\epsilon} &= \{ \mathrm{d}\epsilon_r \quad \mathrm{d}\epsilon_\theta \quad \mathrm{d}\epsilon_z \quad \mathrm{d}\gamma_{zr} \} \end{aligned} \right\} \tag{3-37}$$

则弹性矩阵为

$$\boldsymbol{D} = \frac{E(1-\nu)}{(1+\nu)(1-2\nu)} \begin{bmatrix} 1 & \dfrac{\nu}{1-\nu} & \dfrac{\nu}{1-\nu} & 0 \\[2mm] & 1 & \dfrac{\nu}{1-\nu} & 0 \\[2mm] \mathrm{SYMM} & & 1 & 0 \\[2mm] & & & \dfrac{1-2\nu}{2(1-\nu)} \end{bmatrix} \tag{3-38}$$

其弹塑性矩阵只要在三维问题的弹塑性矩阵显式(2-108)中删去第4,5行和列,并将下脚标1,2,3用相应的柱坐标 r, θ, z 来代替。即

$$\boldsymbol{D}_{\mathrm{ep}} = \frac{E}{1+\nu} \begin{bmatrix} \nu_1 - \beta S_{11}^2 & & & \\ \nu_2 - \beta S_{11}S_{22} & \nu_1 - \beta S_{22}^2 & \mathrm{SYMM} & \\ \nu_2 - \beta S_{11}S_{33} & \nu_2 - \beta S_{22}S_{33} & \nu_1 - \beta S_{33}^2 & \\ -\beta S_{11}S_{12} & -\beta S_{22}S_{12} & -\beta S_{33}S_{12} & \dfrac{1}{2} - \beta S_{12}^2 \end{bmatrix} \tag{3-39}$$

3.5.3　受均匀内压作用厚壁筒的解析解

本节内容引自庄樊年,马晓士,蒋路编著的《工程塑性力学》(北京:高等教育出版社,1985)。

在均匀内压 p 作用下理想弹塑性材料元厚壁筒,内外半径分别为 r_i 和 r_e,假设圆筒很长,可作为广义平面应变问题来处理。弹、塑性解析解的求解结果如下:

3.5.3.1　弹性极限状态($p_i = p_i^e$)

图3.5(a)表示厚壁筒横截面上径向应力 σ_r 和周向应力 σ_θ 沿径向 r 的分布曲线。按照Mises屈服条件,屈服首先在截面的内壁发生,随着内压 p_i 的增加逐渐向外部扩展。当内壁刚刚进入屈服时的载荷称为弹性极限状态,此时的载荷称为弹性极限载荷 p_i^e 如图3.5(b)所示。

1) 弹性极限载荷

$$p_i^e = \frac{1}{2}\left(1 - \frac{r_i^2}{r_e^2}\right)\sigma_s' \tag{3-40}$$

2) 弹性极限应力

$$\left.\begin{aligned}\sigma_r = \left(1 - \frac{r_e^2}{r^2}\right)\widetilde{p}_i^e \\[2mm] \sigma_\theta = \left(1 + \frac{r_e^2}{r^2}\right)\widetilde{p}_i^e\end{aligned}\right\} \tag{3-41}$$

式中：$\widetilde{p}_i^e = \frac{r_i^2}{r_e^2 - r_i^2}p_i^2$；$\sigma_s' = \sigma_\theta - \sigma_r = 1.15\sigma_s$。因 $\sigma_z = \frac{1}{2}(\sigma_r + \sigma_\theta)$ 很小，可近似看作纯剪状态。

3) 径向位移

$$u = \frac{1+\nu}{E}\left[(1-2\nu)r + \frac{r_i^2}{r}\right]\widetilde{p}_i^e \tag{3-42}$$

3.5.3.2 弹塑性状态($p^e \leqslant p_i \leqslant p^p$)

外载荷超过弹性极限载荷 p_i^e 之后随着内压的增加在筒内形成了弹性区和塑性区，由于轴对称的特征又称为塑性内核和弹性外壳。这两个区的分界层称为弹塑性分界层，即 $r = \rho$。如图 3.5(c)所示。

1) 弹塑性分界层方程

$$\frac{p}{\sigma_s'} = \ln\frac{\rho}{r_i} + \frac{1}{2}\left(1 - \frac{\rho^2}{r_e^2}\right) \tag{3-43}$$

这是一个对数超越方程，其中 ρ 为弹塑性分界层的位置。

2) 应力状态

弹性区 $\rho \leqslant r \leqslant r_e$

$$\left.\begin{aligned}\sigma_r = \left(1 - \frac{r_e^2}{r^2}\right)\widetilde{p}_\rho^e \\[2mm] \sigma_\theta = \left(1 + \frac{r_e^2}{r^2}\right)\widetilde{p}_\rho^e\end{aligned}\right\} \tag{3-44}$$

式中 $\widetilde{p}_\rho^e = \frac{\rho^2}{2r_e^2}\sigma_s'$。

塑性区 $r_i \leqslant r \leqslant \rho$

$$\left.\begin{aligned}\sigma_r = \sigma_s'\left[\ln\frac{r}{r_e} - \frac{1}{2}\left(1 - \frac{\rho^2}{r_e^2}\right)\right] \\[2mm] \sigma_\theta = \sigma_s'\left[\ln\frac{r}{r_e} + \frac{1}{2}\left(1 + \frac{\rho^2}{r_e^2}\right)\right]\end{aligned}\right\} \tag{3-45}$$

3) 弹塑性状态下径向位移

弹性区

$$u = \frac{\sigma'_s \rho^2}{2Er_e^2}(1+\nu)\left[(1-2\nu)r + \frac{r_e^2}{r}\right] \qquad (3-46)$$

塑性区

$$u = \frac{(1-2\nu)(1+\nu)}{2Er_e^2}\sigma'_s\left[r\ln r - \frac{r}{2}\left(1+2\ln\rho - \frac{\rho^2}{r_e^2}\right)\right] + \frac{1-\nu^2}{E\nu}\sigma'_s\rho^2 \quad (3-47)$$

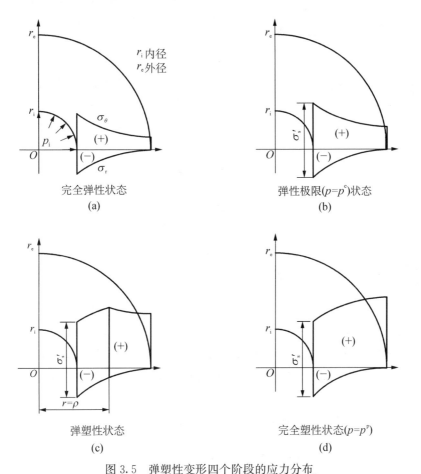

图 3.5　弹塑性变形四个阶段的应力分布

（a）全弹性阶段　（b）弹性极限　（c）弹塑性阶段　（d）全塑性

3.5.3.3　塑性极限状态（$p_i = p_i^p$）

随着外载荷的继续增加,塑性不断扩大,当圆筒全部进入塑性区时称为塑性极限状态。相应的外载荷称为塑性极限载荷 p_i^p。

$$p_i^p = \sigma_s \ln \frac{r_e}{r_i} \qquad (3-48)$$

3.5.3.4 受内压厚壁筒的自强现象

受内压的厚壁筒,当内压增大时内壁首先进入屈服,随后塑性区逐渐向外发展,形成一个塑性内核和一个弹性外壳,以 $r = \rho$ 的分界层为界。这时如果卸载至零,由于材料在塑性变形阶段的加卸载规律不同,结构内部会产生一个自相平衡的残余应

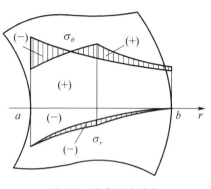

图 3.6 残余应力分布

力场,分布如图 3.6 所示。原来在内壁 σ_θ 为正,卸载后为负,所以再次加载时,首先要抵消掉这部分残余应力,然后再产生正应力,所以无形中提高了厚壁筒的承载能力。这种通过加载至弹性极限状态然后卸载,利用所产生的残余应力来提高结构承载能力的现象称为自强现象。受内压厚壁筒的自强现象是塑性理论应用于工程中最成功的范例之一。塑性理论对金属材料飞机结构的稳定性设计也有着重要的意义,这方面将在本书第 8 章加以简单的论述。

对于现代飞机结构采用的先进复合材料,大都是以层压板(壳)的形式出现。层合复合材料是由多种材料组成的结构型材料,因此不能当作一种简单材料破坏,而应该将其视为一种结构型的破坏。实际上复合材料结构的物理非线性效应就是由内部的损伤积累引起的。相关内容将在本书第 7,8 章详述。

习题

1. 写出考虑加卸载准则后弹塑性有限元分析的实施步骤。

2. 采用本书附录 B.1 中的轴对称弹塑性分析程序(AXIMN. FOR)计算如图 3.7 所示的厚壁筒问题。数据文件见附录 B.2 中示例(AXIMN. IN)。

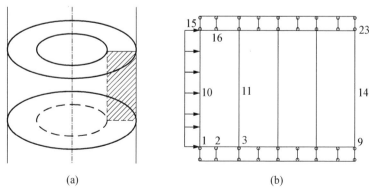

(a)   (b)

图 3.7 厚壁筒结构及计算模型图

(a)结构简图　(b)计算模型

初始条件

受均匀内压（$p_i = 12.5\,\text{N/mm}$）作用的厚壁圆筒。其几何参数：内径 $R_i = 100\,\text{mm}$，外径 $R_e = 200\,\text{mm}$，筒壁厚 $h = 100\,\text{mm}$，材料参数：$E = 8666.67\,\text{MPa}$，$\nu = 0.3$，$\sigma_s = 17.32\,\text{MPa}$，材料符合 Mises 屈服条件。

本例参数摘自参考文献：常明亮. 弹塑性有限元分析的有效数值方案[J]. 固体力学学报，1984(1)：37。文章中采用 SAP 程序系统计算，结果仅给出了理想塑性材料厚壁圆筒外壁的径向位移沿 r 的变化曲线。

计算要求

（1）求理想塑性材料（$H' = 0$）的解，给出应力 σ_r 和 σ_θ 沿径向 r 的分布曲线，并求完全卸载后圆筒内的残余应力分布。

（2）求线性强化材料（$E_t = 0.6E$ 和 $E_t = 0.7E$）的解，给出应力 σ_r 和 σ_θ 沿径向 r 的分布曲线。

（3）求幂硬化材料的解，并绘出当弹塑性比例系数为 $m = 0$，$1/4$，$1/2$，$2/3$ 和 $m = 1.0$ 时，σ_r 和 σ_θ 沿径向 r 的分布曲线。

计算模型建议

该厚壁筒的计算模型长度可取 $H = 100\,\text{mm}$，在子午面上沿径向划分 4 个以上的 8 结点平面应变等参单元，总载荷应分成 4 个以上增量步。

3. 说明等效应力和等效应变的力学意义，并从屈服准则、硬化条件、加卸载准则等方面说明单一曲线定理在塑性理论推导中的意义。

参考文献

[1] 丁浩江，何福保，谢贻权，等. 弹性和塑性力学中的有限元法[M]. 北京：机械工业出版社，1989.

[2] 庄樊年，马晓士，蒋路. 工程塑性力学[M]. 北京：高等教育出版社，1985.

[3] 龚尧南，王寿梅. 结构分析中的非线性有限元法[M]. 北京：北京航空学院出版社，1988.

4 非线性方程组的解法

4.1 非线性方程组的一般形式

上面两章中,我们研究了离散化结构中任一单元,假定 t 时刻的状态(力学量)已知,则在 $t \to (t+\Delta t)$ 微小的时间增量步内,由材料非线性引起的单元切线刚度矩阵是可确定的。也就是说在 Δt 时间增量步内所得的增量平衡方程是线性的,由此集合而成结构的增量平衡方程也是线性的,$\boldsymbol{K}_{\mathrm{T}} \Delta \boldsymbol{q} = \Delta \boldsymbol{P}$,这就使求解整个非线性过程成为可能。因此只要确定每一增量步内的切线刚度,通过求解一系列的线性代数方程组,将所有的增量解累加起来,就得到了非线性解的全过程。

设结构在整个受力变形过程中的非线性平衡方程是

$$\boldsymbol{K}_{\mathrm{C}}(\boldsymbol{q}) \boldsymbol{q} = \boldsymbol{P} \qquad (4-1)$$

即

$$\boldsymbol{q} = \boldsymbol{K}_{\mathrm{C}}^{-1}(\boldsymbol{q}) \boldsymbol{P} \qquad (4-2)$$

令

$$\boldsymbol{R} = \boldsymbol{K}_{\mathrm{C}}(\boldsymbol{q}) \boldsymbol{q} \qquad (4-3)$$

由式(4-1)得平衡方程

$$\boldsymbol{F} = \boldsymbol{P} - \boldsymbol{R}(\boldsymbol{q}) = 0 \qquad (4-4)$$

对于相应的增量平衡方程

$$\boldsymbol{K}_{\mathrm{T}}(\boldsymbol{q}) \Delta \boldsymbol{q} = \Delta \boldsymbol{P} \qquad (4-5)$$

上述公式中 $\boldsymbol{K}_{\mathrm{T}}(\boldsymbol{q})$ 为切线刚度矩阵;$\boldsymbol{K}_{\mathrm{C}}(\boldsymbol{q})$ 为割线刚度矩阵。如图 4.1 所示。

分段线性化是求解非线性问题的一个普遍有效的技术,但作为具体的解法还有许多种,主要的有如下:

(1)增量法——指纯增量法。

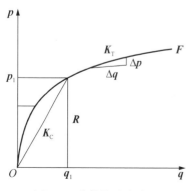

图 4.1 非线性平衡路径

（2）迭代法——主要有直接迭代法（也称割线刚度法）和 Newton-Raphson 迭代法（简称 N - R 迭代法，也称切线刚度法）。

（3）混合法——指增量/迭代型方法。

（4）弧长法——适用于材料软化和有极值型失稳的非线性问题的求解方法。

4.2 载荷增量法（纯增量法）

基本思想

将一个非线性的全过程分成若干段，每一段用一个线性问题去近似，然后将其累加起来就得到总的解。从理论上讲，如将每一段取得足够小，总可以逼近真实的非线性过程。若将外载荷分成 N 个增量步，每个增量载荷为 $\Delta \boldsymbol{P}_i = \Delta \lambda_i \boldsymbol{P}_0$，其中：$\Delta \lambda_i$ 为载荷系数（或称载荷因子）；$\boldsymbol{P}_0$ 为基准载荷，则总载荷 $\boldsymbol{P} = \lambda \boldsymbol{P}_0$，$\lambda = \sum\limits_{i=1}^{N} \Delta \lambda_i$。由上面结构平衡方程（4 - 4）得

$$F(\boldsymbol{q}) = \lambda \boldsymbol{P}_0 - \boldsymbol{R}(\boldsymbol{q}) = 0 \qquad (4 - 6)$$

上式对 λ 求微分得

$$\boldsymbol{P}_0 - \frac{\partial \boldsymbol{R}}{\partial \lambda} = 0 \qquad (4 - 7)$$

即

$$\boldsymbol{P}_0 - \boldsymbol{K}_{\mathrm{T}}(\boldsymbol{q}) \frac{\mathrm{d}\boldsymbol{q}}{\mathrm{d}\lambda} = 0 \qquad (4 - 8)$$

假如是比例加载（力的大小和方向不变），则有 $\mathrm{d}\boldsymbol{P} = \mathrm{d}\lambda \boldsymbol{P}_0$，并代入式（4 - 8）得

$$\mathrm{d}\boldsymbol{q} = \boldsymbol{K}_{\mathrm{T}}^{-1}(\boldsymbol{q}) \mathrm{d}\lambda \boldsymbol{P}_0 = \boldsymbol{K}_{\mathrm{T}}^{-1}(\boldsymbol{q}) \mathrm{d}\boldsymbol{P} \qquad (4 - 9)$$

将式（4 - 9）写成增量形式，便有以下求解格式：

$$\left. \begin{array}{l} \Delta \boldsymbol{P}_i = \Delta \lambda_i \boldsymbol{P}_0 \\ \Delta \boldsymbol{q}_i = \left[\boldsymbol{K}_{\mathrm{T}}(\boldsymbol{q}_{i-1}) \right]^{-1} \Delta \boldsymbol{P}_i \\ \boldsymbol{q}_i = \boldsymbol{q}_{i-1} + \Delta \boldsymbol{q}_i \end{array} \right\} \qquad (4 - 10)$$

求解步骤

（1）将载荷分成 N 个增量步 $\boldsymbol{P} = \sum\limits_{i=1}^{N} \Delta \lambda_i \boldsymbol{P}_0$，准备总位移向量累加器 Q 并置零。

（2）施加第 1 个载荷增量 $\Delta \boldsymbol{P}_1 = \Delta \lambda_1 \boldsymbol{P}_0$，按线弹性理论计算各单元切线刚度矩阵 $\boldsymbol{K}_{\mathrm{T}}(\boldsymbol{q}_0) = \dfrac{\partial \boldsymbol{R}}{\partial \boldsymbol{q}}$，（此时取 $\boldsymbol{q}_0 = 0$，$\boldsymbol{D}_{\mathrm{ep}} = \boldsymbol{D}$），再组装成总刚度矩阵 $\boldsymbol{K}_{\mathrm{T}}(\boldsymbol{q}_0)$ 并求解增量平衡方程 $\Delta \boldsymbol{q}_1 = \left[\boldsymbol{K}_{\mathrm{T}}(\boldsymbol{q}_0) \right]^{-1} \Delta \boldsymbol{P}_1$，得 $\Delta \boldsymbol{q}_1$ 并送入位移量累加器 Q。

（3）施加第 2 个增量步 $\Delta \boldsymbol{P}_2 = \Delta \lambda_2 \boldsymbol{P}_0$，用已知 $\boldsymbol{q}_1$ 求出 $\boldsymbol{K}_{\mathrm{T}}(\boldsymbol{q}_1)$，即结构在 $\boldsymbol{q}_1$ 处的

切线刚度矩阵,这里就要考虑非线性的影响。求解 $\Delta\boldsymbol{q}_2 = \left[\boldsymbol{K}_{\mathrm{T}}(\boldsymbol{q}_1)\right]^{-1}\Delta\boldsymbol{P}_2$,得 $\Delta\boldsymbol{q}_2$,并送入位移量累加器 Q 中累加。

(4) 重复第(3)步的过程直至载荷施加完毕,在累加器 Q 中得到总位移 $\boldsymbol{q} = \sum_{i=1}^{N}\Delta\boldsymbol{q}_i$。

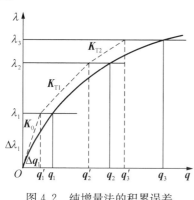

图 4.2　纯增量法的积累误差

优缺点

优点是能了解加载全过程,如当增量载荷 $\Delta\boldsymbol{P}_i$ 取得足够小的时候总能收敛到真实解。缺点是实际增量步不可能无限小,因此积累误差有可能很大且无法估计,可能造成极大偏离而使解失真。如图 4.2 所示,图中 $\boldsymbol{q}_1$,$\boldsymbol{q}_2$,$\boldsymbol{q}_3$ 和 $\boldsymbol{q}_1'$,$\boldsymbol{q}_2'$,$\boldsymbol{q}_3'$ 分别为第 1,2,3 增量步的真实解和近似解。可见随着逐步加载过程,解的积累误差在不断扩大。另外,当平衡路径中存在极值点时,切线刚度矩阵将为零,方程无解。

4.3　迭代法

4.3.1　直接迭代法

基本思想

将载荷一次加上,并假设一个位移的初始解 $\boldsymbol{q}^0$,求出各单元的割线刚度矩阵 $\boldsymbol{K}_{\mathrm{C}}^e$,再组装成结构总的割线刚度矩阵 $\boldsymbol{K}_{\mathrm{C}}$,然后求解总的平衡方程求出第一次近似解 $\boldsymbol{q}^{(1)}$,将其再代回原方程组求解得出第二次近似解 $\boldsymbol{q}^{(2)}$,通过反复迭代,逐次修正其割线刚度矩阵并求解,直至满足方程(4-1)。

求解步骤

(1) 假设近似解 $\boldsymbol{q}^{(0)}$。

(2) 代入方程(4-2)得

$$\boldsymbol{q}^{(1)} = \left[\boldsymbol{K}_{\mathrm{C}}(\boldsymbol{q}^{(0)})\right]^{-1}\boldsymbol{p} \qquad (4-11)$$

(3) 依次类推得

$$\boldsymbol{q}^{(k)} = \left[\boldsymbol{K}_{\mathrm{C}}(\boldsymbol{q}^{(k-1)})\right]^{-1}\boldsymbol{p} \qquad (4-12)$$

注意在割线刚度矩阵的计算中已经考虑了非线性的影响。

几何意义

上述迭代过程是调整其平衡路径上给定载荷点的割线刚度的过程,如图 4.3(a)所示。

优缺点

优点是求解方法简单,对原有弹性分析程序稍加修改即可,比较适用于非线性弹性材料的结构分析,如图 4.3(a)的情况。缺点是迭代效率低,如图 4.3(b)的情况。对一些问题的求解不收敛,如图 4.3(c)和图 4.3(d)的情况。所以,这种方法一般不适合几何非线性分析。

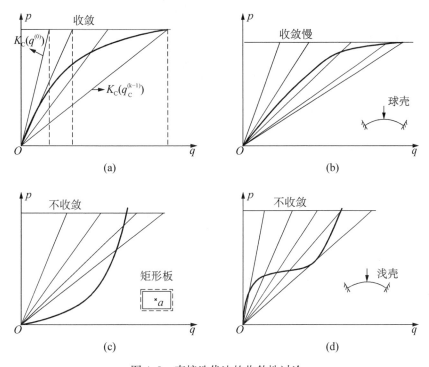

图 4.3　直接迭代法的收敛性讨论

4.3.2　Newton‑Raphson(N‑R)迭代法

基本思想

对非线性方程(4‑4)中函数 $F(\boldsymbol{q})$ 在某一近似解处 $\boldsymbol{q}^{(j)}$ 做泰勒展开:

$$F(\boldsymbol{q}) = F(\boldsymbol{q}^{(j)}) + \left(\frac{\partial F(\boldsymbol{q})}{\partial \boldsymbol{q}}\right)_{q^{(j)}} (\boldsymbol{q} - \boldsymbol{q}^{(j)}) + \frac{1}{2}\left(\frac{\partial^2 F(\boldsymbol{q})}{\partial \boldsymbol{q}^2}\right)_{q^{(j)}} (\boldsymbol{q} - \boldsymbol{q}^{(j)})^2 + O(\boldsymbol{q}^3)_{q^{(j)}}$$
$$= 0 \tag{4-13}$$

取一阶泰勒展开,并设

$$\Delta \boldsymbol{q}^{(j+1)} = \boldsymbol{q} - \boldsymbol{q}^{(j)} \tag{4-14}$$

为当前迭代解 $\boldsymbol{q}^{(j)}$ 与准确解 $\boldsymbol{q}$ 之间的差值。由式(4‑13)得

$$\Delta \boldsymbol{q}^{(j+1)} = -\left(\frac{\partial F(\boldsymbol{q})}{\partial \boldsymbol{q}}\right)^{-1} F(\boldsymbol{q}^{(j)}) \tag{4-15}$$

代入式(4‑4)得

$$F(\boldsymbol{q}^{(j)}) = \boldsymbol{P} - R(\boldsymbol{q}^{(j)}) \neq 0 \tag{4-16}$$

两边对位移求导得

$$\left(\frac{\partial F(\boldsymbol{q})}{\partial \boldsymbol{q}}\right)_{q=q^{(j)}} \approx \left(\frac{\partial (\boldsymbol{P} - \boldsymbol{R})}{\partial \boldsymbol{q}}\right)_{q=q^{(j)}} \tag{4-17}$$

设外力的大小、方向与位移无关,则

$$\boldsymbol{K}_{\mathrm{T}}(\boldsymbol{q}^{(j)}) = -\left(\frac{\partial \boldsymbol{R}}{\partial \boldsymbol{q}}\right)_{q=q^{(j)}} \tag{4-18}$$

式(4-18)代回式(4-15)和式(4-13)得

$$\Delta \boldsymbol{q}^{(j+1)} = (\boldsymbol{K}_{\mathrm{T}}(\boldsymbol{q}^{(j)}))^{-1}(\boldsymbol{P} - \boldsymbol{R}(\boldsymbol{q}^{(j)})) \tag{4-19}$$

于是得到 N-R 方法的迭代公式:

$$\left.\begin{array}{l} \boldsymbol{q}^{(j+1)} = \boldsymbol{q}^{(j)} + \Delta \boldsymbol{q}^{(j+1)} \\ \boldsymbol{q}^{(k)} = \sum_{j=1}^{k} \Delta \boldsymbol{q}^{(j)} \end{array}\right\} \tag{4-20}$$

迭代步骤

(1) 取初始状态 $\boldsymbol{q}^{(0)} = \boldsymbol{0}$,故 $\boldsymbol{R}(\boldsymbol{q}^{(0)}) = \boldsymbol{0}$,计算 $\boldsymbol{K}_{\mathrm{T}}(\boldsymbol{q}^{(0)}) = \boldsymbol{K}_{\mathrm{T}}^{0}$,即线弹性刚度矩阵(与当前位移无关)。求解方程(4-13):

$$\Delta \boldsymbol{q}^{(1)} = \boldsymbol{K}_{\mathrm{T}}^{0}(\boldsymbol{q}^{(0)})^{-1}(\boldsymbol{P} - \boldsymbol{R}^{0}(\boldsymbol{q}^{(0)})) = (\boldsymbol{K}_{\mathrm{T}}^{0})^{-1}\boldsymbol{P} \tag{4-21}$$

代入式(4-19)得

$$\boldsymbol{q}^{(1)} = \boldsymbol{q}^{(0)} + \Delta \boldsymbol{q}^{(1)} \tag{4-22}$$

即线弹性解。

(2) 重复第(1)步的做法,反复迭代直至满足给定的迭代准则:

$$\Delta \boldsymbol{q}^{(j)} = (\boldsymbol{K}_{\mathrm{T}}(\boldsymbol{q}^{(j-1)}))^{-1}(\boldsymbol{P} - \boldsymbol{R}(\boldsymbol{q}^{(j-1)})) = (\boldsymbol{K}_{\mathrm{T}}(\boldsymbol{q}^{(j-1)}))^{-1}\boldsymbol{Z}(\boldsymbol{q}^{(j-1)}) \tag{4-23}$$

记式(4-23)中

$$\boldsymbol{P} - \boldsymbol{R}(\boldsymbol{q}^{(j-1)}) = \boldsymbol{Z}(\boldsymbol{q}^{(j-1)}) \tag{4-24}$$

并称 $\boldsymbol{Z}$ 为不平衡力向量。经 j 次迭代后的解为

$$\boldsymbol{q}^{(j)} = \boldsymbol{q}^{(j-1)} + \Delta \boldsymbol{q}^{(j)} = \boldsymbol{q}^{(0)} + \sum_{j} \Delta \boldsymbol{q}^{(j)} \tag{4-25}$$

几何意义

以一维问题为例,按基本式(4-18)、式(4-19)和式(4-20),并参看图 4.4(a)可知:

(1) $\boldsymbol{K}_{\mathrm{T}}^{(j)} = \dfrac{\partial \boldsymbol{R}(\boldsymbol{q}^{(j)})}{\partial \boldsymbol{q}}$ 为 $\boldsymbol{p}$-$\boldsymbol{q}$ 曲线上,对应位移 $\boldsymbol{q}^{(j)}$ 点的斜率,也就是该点处的切

线刚度,P 为当前状态下的外载向量。

(2) $R(q^{(j)}) = K_C(q^{(j)})q^{(j)} = \int B^T \overline{DB} \mathrm{d}vq^{(j)}$,$R$ 称为结构对当前位移的抵抗力,简称结构反力。$P - R = Z$ 称为结构在当前位移 $q^{(j)}$ 下的不平衡力。所以,每一次迭代都是在上一次迭代终,即在当前的变形和应力状态下,形成新的切线刚度矩阵。以此作为求下一次迭代解的切线刚度,再在当前的不平衡力下求解,作为对上一次解的修正。通过反复修正使不平衡力越来越小,最后使结构达到给定精度下的平衡状态。

优缺点及适用范围

从上面迭代原理可知:该方法是一种变刚度法。每次迭代都要重新计算结构的切线刚度和不平衡力,重新求解以不断地校正平衡解,所以收敛速度比较快,收敛性也能得到保证。缺点是计算工作量较大,而且对一些特殊问题还是不能保证其解的收敛。为了改进 N-R 迭代法,克服计算量大的缺点,产生了等刚度法。

4.3.3 修正的 N-R 迭代法

修正的 N-R 迭代法也称等刚度迭代法。顾名思义,等刚度就是在迭代过程中取同一个切线刚度矩阵,如初始刚度 $K_T^{(0)}$ 或任一个 (j) 次迭代步上的刚度 $K_T^{(j)}$。如图 4.4(b)取初始刚度 $K_T^{(0)}$,则

$$\left.\begin{array}{l} K_T^{(j)} = K_T^{(0)} = K_T(q) \qquad (j = 1,\ 2,\ 3,\ \cdots) \\ \Delta q^{(j+1)} = K_T^{(0)}(q^j)^{-1}[P - R(q^{(j)})] \end{array}\right\} \qquad (4-26)$$

做了这一改进之后,只需在开始某一次迭代之前计算各单元的刚度矩阵,组装一次总刚度矩阵后,作为以后每一次迭代的总刚度矩阵而无须每次重新计算、重新组装,只需计算由当前位移引起的结构反力 $R(q^{(j)})$,然后回代求解相应的位移增量。

这一改进明显减少了计算工作量,但收敛速度必然会放慢,总的效果有时是好的。以后又有人做了进一步的改进,在等刚度迭代几次以后,改用一次变刚度,形成新的刚度矩阵再做等刚度迭代。其几何意义如图 4.4(c)所示。

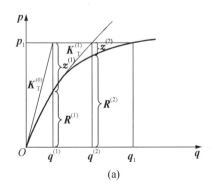

(a)

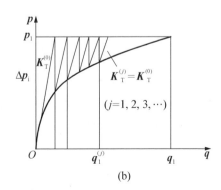

(b)

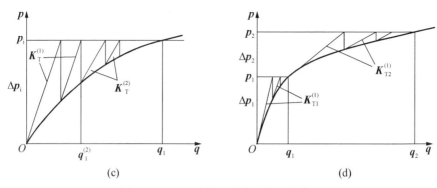

图 4.4　N-R 迭代和混合法的几何意义

(a) N-R 迭代　(b) 等刚度迭代　(c) 分段等刚度迭代　(d) 混合法

4.4　混合法

基本思想

结合增量法能保证解的收敛性的优点和 N-R 迭代法具有收敛速度快优点的方法称为混合法。实践证明混合法对于求解一般的几何非线性问题可以取得很好的效果。混合法首先将总载荷分成若干个增量步,在每个增量步内采用 N-R 迭代,如图 4.4(d)所示。在一个增量步内达到平衡之后,再进入下一个增量步迭代。下面以第 i 个增量步内的迭代为例说明混合法求解的全过程。

求解步骤

(1) 开始把总载荷分成若干个增量步。施加第一个增量载荷,按 N-R 迭代法求解。设 $q^{(0)} = 0$,则 $R(q^{(0)}) = 0$。求线性刚度矩阵 $K_T(q^0)$,解方程

$$\Delta q_1^{(1)} = (K_T(q^{(0)}))^{-1}(P_1 - R(q^{(0)})) \tag{4-27}$$

得 $q_1^{(1)} = \Delta q_1^{(1)}$,以 $q_1^{(1)}$ 为初位移,计算 $K_T(q_1^{(1)})$,再求解方程

$$\Delta q_1^{(2)} = (K_T(q_1^{(1)}))^{-1}(P_1 - R(q_1^{(1)}))$$

得 $\Delta q_1^{(2)}$,以此类推可得 $\Delta q_1^{(3)}$,$\Delta q_1^{(4)}$,…,假如在给定精度下迭代了 k 次收敛,则

$$q_1 = \sum_{j=1}^{k} \Delta q_1^{(j)} \tag{4-28}$$

(2) 在第 i($i \geqslant 2$) 个增量步内的迭代,可代表各个增量步内的迭代过程相同,已知第($i-1$)步终达到平衡状态,则 q_{i-1},$\boldsymbol{\epsilon}_{i-1}$,$\boldsymbol{\sigma}_{i-1}$ 为已知量。

a. 以 q_{i-1} 为 i 增量步的初位移 $q_i^{(0)}$,求 $K_T(q_i^{(0)})$,$R(q_i^{(0)})$,解方程

$$\Delta q_i^{(1)} = (K_T(q_i^{(0)}))^{-1}(P_i - R(q_i^{(0)})) \tag{4-29}$$

求得　　　　　　　　　$\Delta q_i^{(1)}$ 和 $q_i^{(1)} = q_{i-1} + \Delta q_i^{(1)}$

b. 以 $q_i^{(1)}$ 求 $K_T(q_i^{(1)})$，$R(q_i^{(1)})$，解方程

$$\Delta q_i^{(2)} = (K_T(q_i^{(1)}))^{-1}(P_i - R(q_i^{(1)})) \qquad (4-30)$$

得 $\qquad\qquad \Delta q_i^{(2)}$ 和 $q_i^{(2)} = q_{i-1} + \Delta q_i^{(1)} + \Delta q_i^{(2)}$

c. 以此类推，求出 $\Delta q_i^{(3)}$，$\Delta q_i^{(4)}$，$\cdots$，即 $q_i^{(3)}$，$q_i^{(4)}$，$\cdots$，如迭代了 k 次收敛，最终达到平衡时

$$q_i^{(k)} = q_i = q_{i-1} + \sum_{j=1}^{k} \Delta q_i^j \qquad (4-31)$$

（3）以第 i 步终达到平衡状态时的 q_i，ϵ_i 和 σ_i 作为初始状态，进入第 $i+1$ 步的迭代。

（4）直至所有增量载荷步施加完毕。

优缺点

混合法的优点是通常情况下能保证解的收敛性，且收敛速度快，是目前在非线性有限元程序中应用最广泛的一种方法。缺点是对一些特殊问题的求解会失效，主要表现在软化材料的非线性问题和有极值型失稳的问题。

4.5 等弧长法及其改进

当采用离散化的数值方法研究结构的非线性力学响应时，最终都归结为求解一组非线性代数方程组。以上介绍的几种求解非线性方程组的方法，都不能求解具有复杂平衡路径的问题。近二三十年来，国内外有不少学者都致力于非线性过程的跟踪技术研究，并提出了许多的方法。其中各种类型的弧长法（见图 4.5）由于概念简单明了、计算方便可靠而得到了广泛的应用。弧长法的主要思想是将结构的平衡路径描述在 N 维空间，而增量载荷的控制参数不作为整体变量，仅在原有结构平衡方程的基础上，追加一约束条件。各类弧长法名称的不同就缘于所加约束条件的不同，然后通过增量迭代过程求解出每一步对应的平衡点。

弧长法的难点就在于对结构几何非线性变形全过程的跟踪，寻找的是一条未知的平衡路径，且平衡路径中有可能包含若干个极值点。因此，在求解中每个增量步长的大小、正负号（加载或卸载）和方向等是不确定的，都需要在力学分析的基础上，通过判断来确定。

目前，采用非线性有限元分析方法求解结构非线性稳定性问题（后屈曲路径）时，普遍采用的是 1979 年由 Riks 和 Wempner 提出，后经 Crisfield 和 Roma 等人改进的各种弧长法，这一方法为结构载荷-位移全过程跟踪提出了最有效的方法，从而满足了工程结构分析和设计中求解结构承载能力的需要，并有可能了解结构从初始状态开始，逐渐加载直至破坏的变形全过程。下面主要介绍的是最基本的等弧长法。

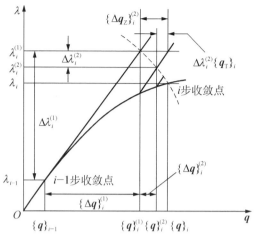

图 4.5　弧长法示意图

4.5.1　等弧长法

结构非线性静力分析中增量形式的平衡方程为

$$K_{\mathrm{T}} \Delta q = \Delta \lambda P_0 - \Delta Z \tag{4-32}$$

式中：K_{T} 为平衡路径上某一点的切线刚度矩阵；Δq 为位移增量向量；$\Delta \lambda$ 为载荷增量控制参数；P_0 为参考(基准)载荷向量；ΔZ 为不平衡力向量。

式(4-32)中有 Δq 及 $\Delta \lambda$ 共 $N+1$ 个未知数，但只有 N 个平衡方程，需补充一个约束方程

$$C(\Delta q, \Delta \lambda) = 0 \tag{4-33}$$

不同的弧长法均具有相同的约束方程形式：

$$((q_{\mathrm{a}})_i^{(j)})^{\mathrm{T}} (q_{\mathrm{a}})_i^{(j)} + \alpha^2 (\lambda_i^{(j)} - \lambda_{i-1})^2 P_0^{\mathrm{T}} P_0 = l_i^2 \tag{4-34}$$

其中：α^2 在柱面弧长法(等弧长法)中取 0，在椭球面弧长法中取结构刚度参数 S_{p}，其他方法中取 1；$(q_{\mathrm{a}})_i^{(j)}$ 的括号下标 a 表示累积量，即第 i 增量步内(j)次迭代前的累积位移。

$$(q_{\mathrm{a}})_i^{(j)} = (q)_i^{(j)} - (q_{\mathrm{a}})_{i-1} \tag{4-35}$$

不同方法均涉及 4 个部分：
(1) 参数控制(约束)方程 C。
(2) 弧长增量 l_i 的控制。
(3) 每一步中初始载荷增量控制参数符号的确定。
(4) 载荷增量控制参数 $\Delta \lambda_i^j$ 的求解。

4.5.1.1 迭代求解过程

(1)（$i=1$，$j=1$）从初始状态（$\boldsymbol{\sigma}_0=\boldsymbol{0}$，$\boldsymbol{q}_0=\boldsymbol{0}$）开始，用一个初始载荷 $\boldsymbol{P}_1=\Delta\lambda_1^{(j)}\boldsymbol{P}_0$（其中 $\Delta\lambda_1^{(j)}$ 由经验确定）做一线性解，由方程 $\boldsymbol{K}_{\mathrm{T}}(\boldsymbol{q}_0)_1^{(j)}\Delta\boldsymbol{q}_1^{(j)}=\Delta\lambda_1^{(j)}\boldsymbol{P}_0$（此时 $\lambda_1^{(j)}=\Delta\lambda_1^{(j)}$，$\Delta\boldsymbol{Z}_1^{(j-1)}=0$）解得 $\boldsymbol{q}_1^{(j)}=\Delta\boldsymbol{q}_1^{(j)}$。

(2)（$i=1$，$j\geqslant 2$）求 $\Delta\boldsymbol{q}_1^{(2)}$，$\Delta\lambda_1^{(2)}$，按以下公式计算

$$(\boldsymbol{K}_{\mathrm{T}})_1^{(1)}\Delta\boldsymbol{q}_1^{(2)}=\Delta\lambda_1^{(2)}\boldsymbol{P}_0-\Delta\boldsymbol{Z}_1^{(1)} \tag{4-36}$$

式中：$(\boldsymbol{K}_{\mathrm{T}})_1^{(1)}=(\boldsymbol{K}_{\mathrm{T}})_1^{(0)}$（在同一个增量步内采用等刚度迭代）；$\Delta\boldsymbol{Z}_1^{(1)}$ 为第 1 次迭代结束时结构的不平衡力；$\Delta\lambda_1^{(2)}$ 参见 4.5.1.2 节中的计算方法。

迭代结束时判断是否满足收敛准则，如果不满足收敛精度要求，则在原增量步内计算 $\Delta\lambda_1^{(3)}$，$\Delta\lambda_1^{(4)}$，……，直至满足收敛条件，再进入到下一个增量步的迭代计算。

第一增量步内迭代 k 次结束时的总载荷及总位移分别为

$$\lambda_1=\sum_{j=1}^{k}\Delta\lambda_1^{(j)} \qquad \boldsymbol{q}_1=\sum_{j=1}^{k}\Delta\boldsymbol{q}_1^{(j)} \tag{4-37}$$

(3)（$i\geqslant 2$，$j=1$）按照 4.5.1.4 节中的方法计算 $\Delta\lambda_i^{(1)}$。然后重复上一步中的计算，只是此时切线刚度矩阵为

$$(\boldsymbol{K}_{\mathrm{T}})_2=\boldsymbol{K}_{\mathrm{T}}(\boldsymbol{q}_1)=(\boldsymbol{K}_{\mathrm{T}})_2^{(1)}=(\boldsymbol{K}_{\mathrm{T}})_2^{(j)} \tag{4-38}$$

(4)（$i\geqslant 2$，$j\geqslant 2$）由下式解出增量位移 $(\Delta\boldsymbol{q})_i^{(j)}$：

$$(\boldsymbol{K}_{\mathrm{T}})_i(\Delta\boldsymbol{q})_i^{(j)}=(\Delta\lambda)_i^{(j)}\boldsymbol{P}_0-(\Delta\boldsymbol{Z})_i^{(j-1)} \tag{4-39}$$

式中：$(\Delta\boldsymbol{Z})_i^{(j-1)}$ 为上次迭代结束时的不平衡力，即 $(\Delta\boldsymbol{Z})_i^{(j-1)}=(\boldsymbol{F}_{\mathrm{int}})_i^{(j-1)}-(\boldsymbol{F}_{\mathrm{ext}})_i^{(j-1)}$。

式中：$(\boldsymbol{F}_{\mathrm{int}})_i^{(j-1)}=\int_v(\boldsymbol{B}_i^{(j-1)})^{\mathrm{T}}\boldsymbol{\sigma}^{(j-1)}\mathrm{d}v$ 为结构的反力；$\boldsymbol{\sigma}_i^{(j-1)}$ 为结构的当前应力水平；$(\boldsymbol{F}_{\mathrm{ext}})_i^{(j-1)}=\lambda_i^{(j-1)}\boldsymbol{P}_0$ 为上次迭代结束时外载荷。

由于在同一增量步中采用等刚度迭代，所以 $(\Delta\boldsymbol{q})_i^{(j)}$ 可写成

$$(\Delta\boldsymbol{q})_i^{(j)}=\Delta\lambda_i^{(j)}(\boldsymbol{q}_{\mathrm{T}})_i+(\Delta\boldsymbol{q}_Z)_i^{(j)} \tag{4-40}$$

式中：$(\Delta\boldsymbol{q}_Z)_i^{(j)}=(\boldsymbol{K}_{\mathrm{T}})_i^{-1}(\Delta\boldsymbol{Z})_i^{(j-1)}$；$(\boldsymbol{q}_{\mathrm{T}})_i$ 为切线位移，也称参考位移向量，即在单位参考载荷作用下位移的方向，而其大小是没有意义的；$\Delta\boldsymbol{q}_Z$ 为由当前不平衡力引起的位移；载荷参数的改变 $\Delta\lambda_i^{(j)}$ 参见下一节中的方法。

这样，经过 j 次迭代后，总位移和总载荷参数变为

$$\boldsymbol{q}_i^{(j)}=\boldsymbol{q}_i^{(j-1)}+\Delta\boldsymbol{q}_i^{(j)} \tag{4-41}$$

$$\lambda_i^{(j)}=\lambda_i^{(j-1)}+\Delta\lambda_i^{(j)} \tag{4-42}$$

如此重复迭代，直到满足收敛准则。

4.5.1.2　约束方程及荷载增量控制参数($\Delta\lambda_i^{(j)}$)的求解

一般工程结构中,往往载荷比较大而位移却很小,在式(4-34)中,位移的改变对载荷的影响非常小,使得式中左端第二项处于支配地位,载荷近于不变,接近于通常的改进的 N-R 迭代。

为此,M. A. Crisfield 将式(4-34)改为下式:

$$((\boldsymbol{q}_a)_i^{(j)})^{\mathrm{T}}(\boldsymbol{q}_a)_i^{(j)} = l_i^2 \tag{4-43}$$

由此得到的弧长法实际上是控制本增量步内 N 维位移向量的模保持不变,因此称为等弧长法,也称为柱面弧长法。由式(4-40)得

$$(\boldsymbol{q}_a)_i^{(j)} = (\boldsymbol{q}_a)_i^{(j-1)} + \Delta\lambda_i^{(j)}(\boldsymbol{q}_{\mathrm{T}})_i + (\Delta\boldsymbol{q}_Z)_i^{(j)} \tag{4-44}$$

这样式(4-43)可表示为

$$((\boldsymbol{q}_a)_i^{(j-1)} + (\Delta\boldsymbol{q}_Z)_i^{(j)} + \Delta\lambda_i^{(j)}(\boldsymbol{q}_{\mathrm{T}})_i)^{\mathrm{T}}((\boldsymbol{q}_a)_i^{(j-1)} + (\Delta\boldsymbol{q}_Z)_i^{(j)} + \Delta\lambda_i^{(j)}(\boldsymbol{q}_{\mathrm{T}})_i) = l_i^2 \tag{4-45}$$

得到一个以 $\Delta\lambda_i^j$ 为未知数的一元二次方程

$$A(\Delta\lambda_i^{(j)})^2 + B(\Delta\lambda_i^{(j)}) + C = 0 \tag{4-46}$$

式中

$$\left.\begin{array}{l} A = (\boldsymbol{q}_{\mathrm{T}})_i^{\mathrm{T}}(\boldsymbol{q}_{\mathrm{T}})_i \\ B = 2((\boldsymbol{q}_a)_i^{(j-1)} + (\Delta\boldsymbol{q}_Z)_i^{(j)})^{\mathrm{T}}(\boldsymbol{q}_{\mathrm{T}})_i \\ C = ((\boldsymbol{q}_a)_i^{(j-1)} + (\Delta\boldsymbol{q}_Z)_i^{(j)})^{\mathrm{T}}((\boldsymbol{q}_a)_i^{(j-1)} + (\Delta\boldsymbol{q}_Z)_i^{(j)}) - l_i^2 \end{array}\right\} \tag{4-47}$$

若方程(4-46)的两个根为$(\Delta\lambda_i^{(j)})_1$ 和$(\Delta\lambda_i^{(j)})_2$,而所要选取的根应使得载荷-位移曲线继续向前"延伸",而不能"按原路返回"。为此要使本增量步内相邻两次积累位移向量$(\Delta\boldsymbol{q}_a)_i^{(j)}$ 和$(\Delta\boldsymbol{q}_a)_i^{(j-1)}$ 夹角 θ 的余弦为正值。

$$\cos\theta_{1,2} = ((\boldsymbol{q}_a)_i^{(j-1)} + (\Delta\lambda_i^{(j)})_{1,2}(\boldsymbol{q}_{\mathrm{T}})_i + (\Delta\boldsymbol{q}_Z)_i^{(j)})^{\mathrm{T}}(\boldsymbol{q}_a)_i^{(j-1)} \tag{4-48}$$

上式中取 $\cos\theta > 0$ 时的 $\Delta\lambda_i^{(j)}$ 作为(j)次迭代的载荷增量因子。

4.5.1.3　弧长增量控制

在非线性跟踪分析中,适当选取(调整)每增量步中弧长增量非常重要,要做到这一点,就必须对上一步收敛后的一些信息进行分析,一般采用的弧长增量控制方式是由 Bellini 提出的方法:

$$l_i = l_{i-1}(J_d/J_{i-1})^{1/2} \tag{4-49}$$

式中:l_i 为第 i 增量步的弧长;J_d 为期望迭代次数,下标 d 表示期望值;J_{i-1} 为第$(i-1)$步增量步内满足收敛时所经过的迭代次数。如果在规定的最大迭代次数内不能满足收敛准则,则可将 l_i 减半,从而减小载荷增量步,从第$(i-1)$步的收敛状态

重新计算。初始弧长 l_1 则由经验来定。

4.5.1.4 初始载荷增量控制参数($\Delta\lambda_i^{(1)}$)的确定

由式(4-43)得

$$l_i^2 = ((\boldsymbol{q}_a)_i^{(1)})^T (\boldsymbol{q}_a)_i^{(1)} = (\Delta\lambda_i^{(1)})^2 (\boldsymbol{q}_T)_i^T (\boldsymbol{q}_T)_i \qquad (4-50)$$

所以有

$$\Delta\lambda_i^{(1)} = \pm \frac{l_i}{\sqrt{(\boldsymbol{q}_T)_i^T (\boldsymbol{q}_T)_i}} \qquad (4-51)$$

$\Delta\lambda_i^1$ 的符号决定了载荷值是增加或是减小,根据 Berganetal 增量功方法判断

$$\Delta W_i = (\boldsymbol{q}_T)_i^T (\boldsymbol{P}_0)_i \qquad (4-52)$$

式中:ΔW_i 为参考载荷在当前位移上做的功。若 $\Delta W_i > 0$,表示结构处于强化阶段,能够继续加载,取 $\Delta\lambda_i^{(j)} > 0$;反之 $\Delta W_i < 0$,结构处于软化阶段,取 $\Delta\lambda_i^{(j)} < 0$,即卸载。

4.5.2 弧长法的改进

随着现代结构朝着大型化、复杂化方向发展,工程设计给力学分析提出了更多的要求。比如要确定结构某些预定载荷下的变形状态和各种力学响应,即求解能收敛到某些预定载荷值。但是,在完成这一任务过程中往往会增加许多增量步,使求解效率大大降低。因此,为了扩大弧长法的适用范围,需要合理地选择增量步和加快迭代速度,提高求解的效率仍然是关键。

改进弧长法的研究一直很活跃,这里介绍两种修正弧长的方法,一是根据结构刚度参数的变化去加权修正弧长,二是利用已知平衡点的信息去外插修正弧长。同时,利用改进弧长法实现了对板/壳结构在任一指定载荷下的求解。一些算例说明改进弧长法不仅对结构后屈曲路径全过程的跟踪;而且对获得指定载荷点的收敛解,在求解效率上都有了明显的提高。

4.5.2.1 加权修正弧长

为了提高计算效率,需要针对具体问题(如结构形状、载荷作用方式、大小等)合理地选择步长($\Delta\lambda$ 和 Δ_d),根据式(4-49)可知首先要合理地控制弧长 l_i 和 l_d。一般的弧长法由式(4-49)确定弧长,即仅仅考虑了上一增量步的迭代次数 J_{i-1} 和人为主观上的期望迭代次数 J_d。而可以反映结构当前非线性变形状态的参数还有其他一些,如 Bergan 提出的用结构刚度参数的变化值来描述结构当前所处的非线性状态。于是我们对式(4-49)作用一个权系数 α。

$$l_{i0} = \alpha l_{i-1} (J_d / J_{i-1})^{1/2} \qquad (4-53)$$

α 是以结构刚度参数变化为主的权系数。令 $\alpha = \alpha_1 \alpha_2$,式中:$\alpha_2 = \Delta\bar{S} / |S_{i-1} - S_{i-2}|$ 为结构刚度参数的变化;S_i 为第 i 增量步的无量纲刚度参数;$\Delta\bar{S}$ 为预定的刚度参数增

量,关于刚度参数的定义由本章 4.6.2 节给出;α_1 为可反映其他因素影响的权系数,一般可根据经验确定。

4.5.2.2　外插修正弧长

采用弧长法求解能够实现跟踪结构非线性变形平衡路径,一般情况下(除分支屈曲外)结构变形的平衡路径随载荷步的增加是逐渐缓慢地向前延伸的,因此有可能通过对平衡路径上最近一些点的插值,外推出下一个平衡点的大致位置,然后在新的位置上开始迭代,往往能很快收敛到真正的平衡点,根据这一思想提出了外插弧长法。如图 4.6 所示,O 点为上一步(第 $i-1$ 步)收敛点,利用已知的前 $m+1$ 个点的位置进行插值,外推到 O' 点作为下一步的初始位置,很显然 O' 点要比 O 点能更靠近平衡点 A。它的插值表达式是

$$\left[\boldsymbol{G}(\boldsymbol{q},\ \lambda)\right]_i^0 = \sum_{k=i-m-1}^{i-1} \left(\prod_{l=i-m-1,\ l\neq k}^{i-1} \frac{x-x_l}{x_k-x_l}\right)\left[\boldsymbol{G}(\boldsymbol{q},\ \lambda)\right]_k \qquad (4-54)$$

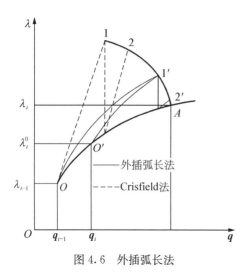

图 4.6　外插弧长法

式中:$\left[\boldsymbol{G}(\boldsymbol{q},\ \lambda)\right]_i^0$ 和 $\left[\boldsymbol{G}(\boldsymbol{q},\ \lambda)\right]_k$ 分别为已知第 i 个增量步的收敛值向量和第 k 步预测点的初值向量($N+1$ 维,包括结点位移 q 及载荷因子 λ),($k=i-m-1,\cdots,i-1$),以下简写为 $\left[\boldsymbol{G}\right]_i^0$ 和 $\left[\boldsymbol{G}\right]_k$;$x_k$,$x$ 分别为路径上已知平衡点 k 和预测点 i 的 $N+1$ 维空间位置坐标,将第 $(i-m-1)$ 步平衡点作为计算始点 $x_{i-m-1}=0.0$,则后面 m 个点($i-m,\cdots,i-1$)以及预测点的位置坐标可由已知平衡点的 G_k 计算得出,外插弧长修正中通常采用三点抛物线插值。

$$x_k = x_{k-1} + |\left[\boldsymbol{G}_k\right] - \left[\boldsymbol{G}\right]_{k-1}|$$
$$(k=i-m,\cdots,i-1),\ x=x_{i-1}+l_i$$

式中:l_i 为给定的弧长值,计算方法见式(4-53)。

然后利用 $\left[\boldsymbol{G}\right]_i^0$ 计算预测点 l_i',并重新计算弧长:

$$l_i' = |\left[\boldsymbol{G}\right]_i^0 - \left[\boldsymbol{G}\right]_{i-1}| \qquad (4-55)$$

在以后的迭代过程中有关弧长约束、迭代步骤等与通常的弧长法相同。

4.5.3　收敛到某些预定载荷值的弧长法

4.5.3.1　累加弧长的概念

在用等弧长法分析非线性分支型问题时曾提出过累加弧长的概念,设第 i 增量步的累加弧长是前面所有增量步内弧长之和(其中包括第 i 步的),即

$$L_i = \sum_{k=1}^{i} l_k \qquad (4-56)$$

式中：l_k 为第 k 增量步的弧长。参数 L 代表结构当前的状态，它不仅取决于结构本身的几何、物理性质和载荷作用方式，还依赖于载荷的施加过程。

4.5.3.2 期望弧长的控制

为了计算期望弧长 L_d，首先定义累加弧长是载荷因子 λ 的函数，$L = L(\lambda)$ 在第 $(i-1)$ 步收敛时，将对应于 λ_d 的期望累加弧长 L_d 在 L_{i-1} 处展开：

$$L_d = L(\lambda_d) = L(\lambda_{i-1} + \Delta\lambda_d) = L_{i-1} + \frac{dL_{i-1}}{d\lambda}\Delta\lambda_d + \frac{1}{2}\frac{d^2 L_{i-1}}{d\lambda^2}\Delta\lambda_d^2 + \cdots \quad (4-57)$$

式中 $\Delta\lambda_d = \lambda_d - \lambda_{i-1}$。如果只保留式（4-57）中的一阶和二阶项就可得到第 i 步期望弧长的二次近似表达式：

$$l_d = |L_d - L_{i-1}| = \left| \frac{dL_{i-1}}{d\lambda}\Delta\lambda_d + \frac{1}{2}\frac{d^2 L_{i-1}}{d\lambda^2}\Delta\lambda_d^2 \right| \qquad (4-58)$$

式中 L 对 λ 的导数可以通过以下的有限差分公式得到：

$$\frac{dL_{i-1}}{d\lambda} = \frac{L_{i-1} - L_{i-2}}{\lambda_{i-1} - \lambda_{i-2}} \qquad (4-59)$$

$$\frac{d^2 L_{i-1}}{d\lambda^2} = \frac{dL_{i-1}/d\lambda - dL_{i-2}/d\lambda}{\lambda_{i-1} - \lambda_{i-2}} \qquad (4-60)$$

如果只考虑线性项，则可得线性近似的结果。在计算过程中，要将式（4-55）和式（4-58）算得的弧长进行比较，取其较小者作为迭代需要的弧长。大量算例说明，对期望弧长一般可采用线性近似，较复杂的非线性问题可采用二次近似。

4.5.3.3 程序实现框图

综合上述对弧长法的改进和收敛到某些预定值的技术，图 4.7 为其程序实现流程图（框图）。

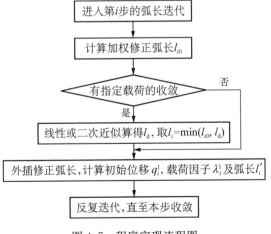

图 4.7 程序实现流程图

尽管现有的各种弧长法已成为跟踪结构载荷-位移全过程路径最有效的方法，但现有的各种弧长法对求解的问题都有一定的局限性，因此为了求解各种实际问题，至今改进弧长法的工作还在继续。

4.6　迭代收敛准则和增量步的选取

4.6.1　收敛准则

用迭代法求解非线性方程时，给出一个合理的收敛准则(convergent criterion)是非常必要的，否则迭代将无法终止。数值试验证明，收敛准则将直接影响求解精度和速度，如果准则选得不合适将导致计算失效。目前常用的有下面三种判据。

4.6.1.1　位移准则

1）取相对位移增量的算术平均数 ε_1

$$\varepsilon_1 = \frac{1}{N}\sum_{k=1}^{N}\left|\frac{\Delta q_k}{q_{k,\,\text{ref}}}\right| \leqslant \varepsilon \qquad (k=1,\,\cdots,\,N) \qquad (4-61)$$

2）取相对位移增量的几何平均数 ε_2

$$\varepsilon_2 = \left(\frac{1}{N}\sum_{k=1}^{N}\left|\frac{\Delta q_k}{q_{k,\,\text{ref}}}\right|^2\right)^{\frac{1}{2}} \leqslant \varepsilon \qquad (k=1,\,\cdots,\,N) \qquad (4-62)$$

3）取相对位移增量的零范数 ε_3

$$\varepsilon_3 = \max_k\left|\frac{\Delta q_k}{q_{k,\,\text{ref}}}\right| \leqslant \varepsilon \qquad (k=1,\,\cdots,\,N) \qquad (4-63)$$

上述式(4-61)、式(4-62)、式(4-63)中：N 为结点自由度个数；ε 为指定的允许误差；$q_{k,\,\text{ref}}$ 为当前载荷下结构第 k 个自由度上的总位移大小，并以此作为参考值。

目前最常用的是位移收敛准则，允许误差 ϵ 通常取 $10^{-2}\sim10^{-5}$，只有当结构出现严重硬化时，位移增量的微小变化会引起不平衡力的很大变化，这一准则不予收敛。如图 4.8(a)所示。

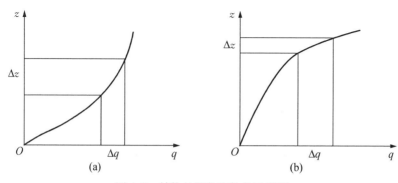

图 4.8　结构的硬化和软化示意图

(a) 硬化结构　(b) 软化结构

4.6.1.2 不平衡力准则

$$| \mathbf{Z}_i^{(j)} | = | \mathbf{p}_i - \mathbf{R}(\mathbf{q}_i^{(j-1)}) | \leqslant \varepsilon | \mathbf{p} | \tag{4-64}$$

当结构刚度严重软化时或材料接近于理想塑性时,不平衡力的微小变化又将引起位移增量的很大偏差,这时又不宜用不平衡力准则。如图 4.8(b)所示。

4.6.1.3 能量准则

能量准则同时考虑了位移和不平衡力的影响,所以该准则的适应性比较强。它是把每次迭代后的内能增量(不平衡力在位移增量上做功)与初始能量增量做比较。即

$$(\Delta \mathbf{q}_i^{(j)})^{\mathrm{T}}(\mathbf{P} - \mathbf{R}(\mathbf{q}_i^{(j)})) \leqslant \varepsilon (\Delta \mathbf{q}_i^{(1)})^{\mathrm{T}}(\mathbf{P} - \mathbf{R}(\mathbf{q}_i^0)) \tag{4-65}$$

采用等弧长法时可取为

$$\frac{\Delta \lambda_i^{(j)} \mathbf{p}_0^{\mathrm{T}} \Delta \mathbf{q}_i^{(j)}}{(\lambda_i^{(j)} - \lambda_{i-1}) \mathbf{p}_0^{\mathrm{T}} \mathbf{q}_{ai}^{(j)}} \leqslant \varepsilon \tag{4-66}$$

4.6.2 增量步长的选择

求解非线性方程组时要合理选择增量步长,步长过大会使计算结果不收敛或不可靠,步长过小使计算时间太长,因此要根据具体问题的非线性程度来选择步长,不同结构形式的非线性形态不同,同一结构随加载方式、载荷大小等因素的变化,其非线性形态也相应发生变化。

下面介绍的是由 P. G. Bergan 等人提出的方法,它是根据结构刚度的变化趋势来调整并确定增量步长。设第 i 步刚度度量

$$S_i^* = \frac{\Delta \mathbf{p}_i^{\mathrm{T}} \Delta \mathbf{p}_i}{\Delta \mathbf{q}_i^{\mathrm{T}} \Delta \mathbf{p}_i} \qquad (i = 1, 2, \cdots) \tag{4-67}$$

则初始刚度

$$S_0^* = \frac{\Delta \mathbf{p}_1^{\mathrm{T}} \Delta \mathbf{p}_1}{\Delta \mathbf{q}_1^{\mathrm{T}} \Delta \mathbf{p}_1} \tag{4-68}$$

$\Delta \mathbf{p}_1 = \mathbf{p}_1$,$\Delta \mathbf{q}_1 = \mathbf{q}_1$。于是,第 i 增量步的刚度参数用下面无量纲的参数定义:

$$S_i = \frac{S_i^*}{S_0^*} \tag{4-69}$$

由于 $\mathbf{p}_1 = \lambda_1 \mathbf{p}_0$,$\Delta \mathbf{p}_i = \Delta \lambda_i \mathbf{p}_0$,则

$$\begin{aligned} S_i &= \frac{\Delta \mathbf{p}_i^{\mathrm{T}} \Delta \mathbf{p}_i \Delta \mathbf{q}_1^{\mathrm{T}} \Delta \mathbf{p}_1}{\Delta \mathbf{q}_i^{\mathrm{T}} \Delta \mathbf{p}_i \Delta \mathbf{p}_1^{\mathrm{T}} \Delta \mathbf{p}_1} \\ &= \frac{\Delta \lambda_i}{\lambda_1} \frac{\mathbf{q}_1^{\mathrm{T}} \mathbf{p}_0}{\Delta \mathbf{q}_i^{\mathrm{T}} \mathbf{p}_0} \end{aligned} \tag{4-70}$$

同理可得

$$
\left.
\begin{aligned}
S_{i-1} &= \frac{\Delta\lambda_{i-1}}{\lambda_1}\frac{\boldsymbol{q}_1^{\mathrm{T}}\boldsymbol{p}_0}{\Delta\boldsymbol{q}_{i-1}^{\mathrm{T}}\boldsymbol{p}_0}\\
S_{i-2} &= \frac{\Delta\lambda_{i-2}}{\lambda_1}\frac{\boldsymbol{q}_1^{\mathrm{T}}\boldsymbol{p}_0}{\Delta\boldsymbol{q}_{i-2}^{\mathrm{T}}\boldsymbol{p}_0}
\end{aligned}
\right\}
\tag{4-71}
$$

若给定第一个载荷增量因子为 $\Delta\lambda_1$ 和允许的刚度参数变化值 $\Delta\overline{S}=(0.05\sim 0.2$，根据经验确定)，则下一步增量步长为

$$
\Delta\lambda_i = \Delta\lambda_{i-1}\frac{\Delta\overline{S}}{|S_{i-2}-S_{i-1}|}
\tag{4-72}
$$

再根据前两步信息 S_{i-1} 和 S_{i-2}，以及初始步长 $\Delta\lambda_1$ 和允许变化值 $\Delta\overline{S}$ 去求出下一步载荷增量步长 $\Delta\lambda_i$。

习题

写出采用混合法(增量/N-R迭代型)求解弹塑性问题的流程。

参考文献

[1] ARTHUR L W. A review of laminated composite plate buckling [J]. Appl. Mech. Rev., 1987,40(5):575-591.

[2] ZIENKIEWICZ O C, TAYLOR R L. The finite elements method [M]. New York: McGraw-Hill, 1991.

[3] CRISFIELD M A. Fast incremental/iterative solution procedure that handles "snapthrough" [J]. Computers and Structures, 1981,13:55-62.

[4] CRISFIELD M A. An arc-length method including line searches and accelerations [J]. International Journal for Numerical Methods in Engineering, 1983,19:1269-1289.

[5] CRISFIED M A. Non-linear finite element analysis of solid and Structures Vol. 1 [M]. New York: Wiley, 1991.

[6] MURRAY C J, GREGORY H J. A study of incremental iterative strategies for non-linear analysis [J]. Int. J. Num. Meth. in Eng, 1990,29(7):1365-1391.

[7] KWEON J H, HONG C S. An improved arc-length method for postbuckling analysis of composite cylindrical panels [J]. Computers and Structures, 1994,53(3):541-549.

[8] TENG J G, ROTTER J M. Elastic-plastic large deflection analysis of axisymmetric shells [J]. Computers and Structures, 1989,31:211-233.

[9] MURRAY C J, GREGORY H J. A study of incremental-iterative strategies for non-linear analyses [J]. International Journal for Numerical Methods in Engineering, 1990,29:1365-1391.

[10] TENG G, LUO Y F. A user-controlled arc-length method for convergence to predefined deformation states [J]. Communications in Numerical Methods in Engineering, 1998,14:51-58.

[11] RAGON S A, GURDAL Z. A comparison of three algorithms for tracing non-linear equilibrium paths of structural systems [R]. NASA Report, 2004.

[12] ZHU J F, YANG H P. A study of postbuckling and failure for laminated composite plate structures. The Third World Congress on Computational Mechanics [C]. Japan August 1–5, 1994.

[13] ZHU J F, CHU X T. An improved arc-length method and application in the post-buckling analysis for composite structures [J]. Appl. Math. & Mech, 2002,23(9):1072–1081.

5 大变形问题的基本方程和 Lagrange 表示法

5.1 物体的运动分析和应变度量

严格来说任何一个物体的变形过程都是非线性的,因为每一个平衡状态和当前的变形有关。但在小变形情况下,物体变形的平衡方程可始终建立在初始构形上,而与实际情况相差不大,能足够满足工程要求。如果研究大变形物体的运动(变形)过程,就必须在变形之后的物体构形(configuration)上建立平衡方程。其研究方法是把连续的变形过程分为若干个增量步,在每个增量步内建立它的增量运动方程,用以反映变形体内质点的运动规律。因此就要选取某一坐标系作为参考坐标系。常用的参考坐标系有初始(initial)坐标系;相邻(adjacent 或 neighboring)坐标系;瞬时(current)坐标系。下面举两个典型例子来说明。

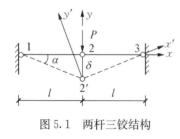

图 5.1 两杆三铰结构

例 5.1 如图 5.1 所示的两杆三铰结构,且三铰位于同一条直线上。

从小变形的观点,平衡方程始终相对于初始坐标建立。所以,因结构无法抵挡外力 P 而成为结构力学中的瞬变机构。而实际上,平衡状态是客观存在的,如图 5.1 所示,当铰 2 有了一定的微小法向位移 δ 之后,杆中轴力为 N,其中有一部分就可以抵抗外力 P,此时的平衡状态就和变形有关。所以,平衡方程应该相对于物体变形后的构形作为参考构形的坐标系来建立。

设结构达到平衡时结点 2 的垂直位移为 δ,两杆分别向下的转动角为 α,杆中轴力为 $N_{x'}$。而 $\alpha = \alpha(\delta)$,$N_{x'} = N_{x'}(\delta)$。则相对于变形后结构的坐标系 $O'x'y'$,其 y' 方向的平衡方程为

$$2N_{x'}\sin\alpha - P = 0 \qquad (5-1)$$

显然,式(5-1)是一个关于位移 δ 的非线性方程,必须采用非线性方法求解。

例 5.2　如图 5.2 所示的物体做平面刚体
转动。

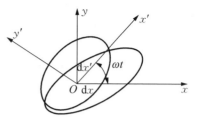

设物体做平面转动的角速度为 ω_3，t 时间内
转动量为 $\omega_3 t$。按小变形理论，x 方向线元 $\mathrm{d}x$，经
转动后成为 $\mathrm{d}x'$，则

$$\epsilon_{11} = \frac{\mathrm{d}\boldsymbol{u}}{\mathrm{d}x} = \frac{\mathrm{d}x' - \mathrm{d}x}{\mathrm{d}x} = \frac{\mathrm{d}x\cos(\omega_3 t) - \mathrm{d}x}{\mathrm{d}x}$$

$$= \cos(\omega_3 t) - 1 \qquad (5-2)$$

图 5.2　平面刚体转动

当 $\omega_3 t$ 较大时，$\epsilon_{11} \neq 0$，这显然是不真实的错误解。只有当 $\omega_3 t \rightarrow 0$ 时才有 $\epsilon_{11} = 0$。
因此，线性应变理论不适用于大变形状态。

5.1.1　物体运动方程

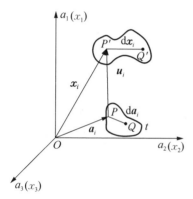

图 5.3　物体内一点的运动

如图 5.3 所示，选取两个固定坐标系：以 t 时
刻物体构形作为参考构形的坐标系 $\boldsymbol{a}_i$ 和以 $t + \Delta t$
时刻物体构形作为参考构形的坐标系 $\boldsymbol{x}_i$。研究物
体内任意一点 P 在 $\Delta t(t \rightarrow t + \Delta t)$ 时间步内的运动
对物体运动（变形）的全过程具有普遍意义。而且
最简便的办法是将两个坐标系重合在一起。

t 时刻 P 点的位置坐标为 $P(\boldsymbol{a}_i)$，$t + \Delta t$ 时刻
P 点运动（变形）到 P' 点，这时它的位置坐标为
$P'(\boldsymbol{x}_i)$。Δt 增量步内，P 点的位移为

$$\boldsymbol{u}_i = \boldsymbol{x}_i - \boldsymbol{a}_i \qquad (5-3)$$

5.1.2　Almansi 应变和 Green 应变

下面研究 P 点附近线素 $\overline{PQ}$ 的变形。设在 Δt 时间步内，若 $\overline{PQ}$ 变形到 $\overline{P'Q'}$，则
线素位移为

$$\mathrm{d}\boldsymbol{u}_i = \mathrm{d}\boldsymbol{x}_i - \mathrm{d}\boldsymbol{a}_i \qquad (5-4)$$

若位移 $\mathrm{d}\boldsymbol{u}_i$ 是坐标 a_i 的单值连续函数，则可在 a_i 空间中的 P 点处做一阶泰勒
展开并取一阶项

$$\mathrm{d}\boldsymbol{u}_i = (\mathrm{d}\boldsymbol{u}_i)_P + \left(\frac{\partial u_i}{\partial a_1}\mathrm{d}a_1 + \frac{\partial u_i}{\partial a_2}\mathrm{d}a_2 + \frac{\partial u_i}{\partial a_3}\mathrm{d}a_3 \right)$$

$$= (\mathrm{d}\boldsymbol{u}_i)_P + \frac{\partial \boldsymbol{u}_i}{\partial a_j}\mathrm{d}a_j \qquad (5-5)$$

即

$$du_1 = (du_1)_P + \left(\frac{\partial u_1}{\partial a_1}da_1 + \frac{\partial u_1}{\partial a_2}da_2 + \frac{\partial u_1}{\partial a_3}da_3\right) \left.\begin{array}{c} \\ \\ \end{array}\right\}$$

$$du_2 = (du_2)_P + \left(\frac{\partial u_2}{\partial a_1}da_1 + \frac{\partial u_2}{\partial a_2}da_2 + \frac{\partial u_2}{\partial a_3}da_3\right) \quad\quad (5-6)$$

$$du_3 = (du_3)_P + \left(\frac{\partial u_3}{\partial a_1}da_1 + \frac{\partial u_3}{\partial a_2}da_2 + \frac{\partial u_3}{\partial a_3}da_3\right)$$

代入式(5-4)并写成张量形式得

$$dx_i = \left(\delta_{ij} + \frac{\partial u_i}{\partial a_j}\right)da_j \quad\quad (5-7)$$

同理若将位移 du_i 在 x_i 坐标系中的 P' 点处展成泰勒级数并取一阶项

$$du_i = (du_i)_{P'} + \left(\frac{\partial u_i}{\partial x_1}dx_1 + \frac{\partial u_i}{\partial x_2}dx_2 + \frac{\partial u_i}{\partial x_3}dx_3\right) = (du_i)_{P'} + \frac{\partial u_i}{\partial x_j}dx_j \quad (5-8)$$

代入式(5-4)得

$$da_i = \left(\delta_{ij} - \frac{\partial u_i}{\partial x_j}\right)dx_j \quad\quad (5-9)$$

式(5-8)和式(5-9)中 $du_i = \frac{\partial u_i}{\partial a_j}da_j$，$du_i = \frac{\partial u_i}{\partial x_j}dx_j$，其中 $\frac{\partial u_i}{\partial a_j}$ 和 $\frac{\partial u_i}{\partial x_j}$ 可分别记为 $u_{i,j}$ 和 $\underline{u}_{i,j}$，称为相对位移张量，它们是一个不对称张量。因而，可将 $u_{i,j}$ 分解成对称部分和反对称部分。即

$$u_{i,j} = \frac{\partial u_i}{\partial a_j} = \boldsymbol{\epsilon}_{ij} + \boldsymbol{\omega}_{ij} \quad\quad (5-10)$$

式中

$$\boldsymbol{\epsilon}_{ij} = \frac{1}{2}\left(\frac{\partial u_i}{\partial a_j} + \frac{\partial u_j}{\partial a_i}\right) \left.\begin{array}{c} \\ \\ \end{array}\right\}$$
$$\boldsymbol{\omega}_{ij} = \frac{1}{2}\left(\frac{\partial u_i}{\partial a_j} - \frac{\partial u_j}{\partial a_i}\right) \quad\quad (5-11)$$

同理

$$\underline{u}_{i,j} = \frac{\partial u_i}{\partial x_j} = \underline{\boldsymbol{\epsilon}}_{ij} + \underline{\boldsymbol{\omega}}_{ij} \quad\quad (5-12)$$

式中

$$\underline{\boldsymbol{\epsilon}}_{ij} = \frac{1}{2}\left(\frac{\partial u_i}{\partial x_j} + \frac{\partial u_j}{\partial x_i}\right) \left.\begin{array}{c} \\ \\ \end{array}\right\}$$
$$\underline{\boldsymbol{\omega}}_{ij} = \frac{1}{2}\left(\frac{\partial u_i}{\partial x_j} - \frac{\partial u_j}{\partial x_i}\right) \quad\quad (5-13)$$

式(5-11)和式(5-13)中的 $\boldsymbol{\epsilon}_{ij}$ 和 $\underline{\boldsymbol{\epsilon}}_{ij}$ 为从相对位移张量中分解出的对称部分,称为应变张量;$\boldsymbol{\omega}_{ij}$ 和 $\underline{\boldsymbol{\omega}}_{ij}$ 为反对称部分,称为刚体转动张量。

式(5-11)中 ϵ_{ij} 和 $\boldsymbol{\omega}_{ij}$ 的分量表示式为

$$\boldsymbol{\epsilon}_{ij} = \begin{bmatrix} \epsilon_{11} & \epsilon_{12} & \epsilon_{13} \\ \epsilon_{21} & \epsilon_{22} & \epsilon_{23} \\ \epsilon_{31} & \epsilon_{32} & \epsilon_{33} \end{bmatrix} = \begin{bmatrix} \epsilon_{11} & \dfrac{1}{2}\gamma_{12} & \dfrac{1}{2}\gamma_{13} \\ \dfrac{1}{2}\gamma_{21} & \epsilon_{22} & \dfrac{1}{2}\gamma_{23} \\ \dfrac{1}{2}\gamma_{31} & \dfrac{1}{2}\gamma_{32} & \epsilon_{33} \end{bmatrix} \qquad (5-14)$$

$$\boldsymbol{\omega}_{ij} = \begin{bmatrix} 0 & -\omega_{12} & -\omega_{13} \\ \omega_{21} & 0 & -\omega_{23} \\ \omega_{31} & \omega_{32} & 0 \end{bmatrix} \qquad (5-15)$$

同理式(5-13)中 $\underline{\boldsymbol{\epsilon}}_{ij}$ 和 $\underline{\boldsymbol{\omega}}_{ij}$ 也有类似的分量形式。

因为工程应变 $\boldsymbol{\gamma}_{ij} = \boldsymbol{\gamma}_{ji} = \dfrac{\partial \boldsymbol{u}_i}{\partial \boldsymbol{a}_j} + \dfrac{\partial \boldsymbol{u}_j}{\partial \boldsymbol{a}_i}$,从式(5-14)可知相对位移张量可写为

$$\boldsymbol{u}_{i,\,j} = \frac{1}{2}\boldsymbol{\gamma}_{ij} + \boldsymbol{\omega}_{ij} \qquad (5-16)$$

可见应变张量的正应变分量等于工程应变的正应变分量,而应变张量的剪应变分量等于工程剪应变分量的二分之一。图 5.4 给出了二维情况下相对位移张量分解示意图。

分别将式(5-10)、式(5-11)代入式(5-9)以及将式(5-12)、式(5-13)代入式(5-7),得到线素在变形前、后的向量表示式

$$\left.\begin{aligned} \mathrm{d}\boldsymbol{a}_i &= (\boldsymbol{\delta}_{ij} - \boldsymbol{\epsilon}_{ij} - \boldsymbol{\omega}_{ij})\mathrm{d}\boldsymbol{x}_i \\ \mathrm{d}\boldsymbol{x}_i &= (\boldsymbol{\delta}_{ij} + \underline{\boldsymbol{\epsilon}}_{ij} + \underline{\boldsymbol{\omega}}_{ij})\mathrm{d}\boldsymbol{a}_i \end{aligned}\right\} \qquad (5-17)$$

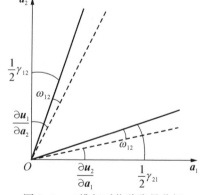

图 5.4　二维相对位移张量分解

为了定义线素 $\overline{PQ}$ 变形后的应变量,需要计算线素长度的变化。设 t 时刻(变形前)和 $t+\Delta t$ 时刻(变形后)线素的长度分别为 $\mathrm{d}s_0$ 和 $\mathrm{d}s$,有

$$\left.\begin{aligned} (\mathrm{d}s_0)^2 &= \boldsymbol{\delta}_{ij}\,\mathrm{d}\boldsymbol{a}_i\,\mathrm{d}\boldsymbol{a}_j \\ (\mathrm{d}s)^2 &= \boldsymbol{\delta}_{ij}\,\mathrm{d}\boldsymbol{x}_i\,\mathrm{d}\boldsymbol{x}_j \end{aligned}\right\} \qquad (5-18)$$

注意到 $\boldsymbol{a}_i$ 和 $\boldsymbol{x}_i$ 两坐标系互为函数,即 $\mathrm{d}\boldsymbol{a}_i = \dfrac{\partial \boldsymbol{a}_i}{\partial \boldsymbol{x}_j}\mathrm{d}\boldsymbol{x}_j$,$\mathrm{d}\boldsymbol{x}_i = \dfrac{\partial \boldsymbol{x}_i}{\partial \boldsymbol{a}_j}\mathrm{d}\boldsymbol{a}_j$,其中 $\dfrac{\partial \boldsymbol{x}_i}{\partial \boldsymbol{a}_j}$ 为变形梯度。式(5-18)可写成

$$\left.\begin{array}{l} \mathrm{d}s_0^2 = \boldsymbol{\delta}_{ij} \dfrac{\partial \boldsymbol{a}_i}{\partial \boldsymbol{x}_l} \dfrac{\partial \boldsymbol{a}_j}{\partial \boldsymbol{x}_m} \mathrm{d}\boldsymbol{x}_l \mathrm{d}\boldsymbol{x}_m \\[3mm] \mathrm{d}s^2 = \boldsymbol{\delta}_{ij} \dfrac{\partial \boldsymbol{x}_i}{\partial \boldsymbol{a}_l} \dfrac{\partial \boldsymbol{x}_j}{\partial \boldsymbol{a}_m} \mathrm{d}\boldsymbol{a}_l \mathrm{d}\boldsymbol{a}_m \end{array}\right\} \tag{5-19}$$

通过哑标变换，可以得到分别用 $\boldsymbol{a}_i$ 和 $\boldsymbol{x}_i$ 坐标系表示的线素 $\overline{PQ}$ 在变形前、后长度的平方差为

$$\left.\begin{array}{l} \mathrm{d}s^2 - \mathrm{d}s_0^2 = \left(\boldsymbol{\delta}_{lm} \dfrac{\partial \boldsymbol{x}_l}{\partial \boldsymbol{a}_i} \dfrac{\partial \boldsymbol{x}_m}{\partial \boldsymbol{a}_j} - \boldsymbol{\delta}_{ij} \right) \mathrm{d}\boldsymbol{a}_i \mathrm{d}\boldsymbol{a}_j \\[3mm] \mathrm{d}s^2 - \mathrm{d}s_0^2 = \left(\boldsymbol{\delta}_{ij} - \boldsymbol{\delta}_{lm} \dfrac{\partial \boldsymbol{a}_l}{\partial \boldsymbol{x}_i} \dfrac{\partial \boldsymbol{a}_m}{\partial \boldsymbol{x}_j} \right) \mathrm{d}\boldsymbol{x}_i \mathrm{d}\boldsymbol{x}_j \end{array}\right\} \tag{5-20}$$

定义 Green 应变张量和 Almansi 应变张量为 $\boldsymbol{E}_{ij}$ 和 $\boldsymbol{e}_{ij}$，则

$$\left.\begin{array}{l} \mathrm{d}s^2 - \mathrm{d}s_0^2 = 2\boldsymbol{E}_{ij} \mathrm{d}\boldsymbol{a}_i \mathrm{d}\boldsymbol{a}_j \\[3mm] \mathrm{d}s^2 - \mathrm{d}s_0^2 = 2\boldsymbol{e}_{ij} \mathrm{d}\boldsymbol{x}_i \mathrm{d}\boldsymbol{x}_j \end{array}\right\} \tag{5-21}$$

将式(5-21)的第 1 式代入式(5-20)的第 1 式，将式(5-21)的第 2 式代入式(5-20)的第 2 式，可得

$$\left.\begin{array}{l} \left(\boldsymbol{\delta}_{lm} \dfrac{\partial \boldsymbol{x}_l}{\partial \boldsymbol{a}_i} \dfrac{\partial \boldsymbol{x}_m}{\partial \boldsymbol{a}_j} - \boldsymbol{\delta}_{ij} - 2\boldsymbol{E}_{ij} \right) \mathrm{d}\boldsymbol{a}_i \mathrm{d}\boldsymbol{a}_j = 0 \\[3mm] \left(\boldsymbol{\delta}_{ij} - \boldsymbol{\delta}_{lm} \dfrac{\partial \boldsymbol{a}_i}{\partial \boldsymbol{x}_l} \dfrac{\partial \boldsymbol{a}_j}{\partial \boldsymbol{x}_m} - 2\boldsymbol{e}_{lm} \right) \mathrm{d}\boldsymbol{x}_l \mathrm{d}\boldsymbol{x}_m = 0 \end{array}\right\} \tag{5-22}$$

对于任意线素 $\mathrm{d}\boldsymbol{a}_i$ 和 $\mathrm{d}\boldsymbol{x}_i$，经整理后得

$$\left.\begin{array}{l} \boldsymbol{E}_{ij} = \dfrac{1}{2} \left(\boldsymbol{\delta}_{lm} \dfrac{\partial \boldsymbol{x}_l}{\partial \boldsymbol{a}_i} \dfrac{\partial \boldsymbol{x}_m}{\partial \boldsymbol{a}_j} - \boldsymbol{\delta}_{ij} \right) \\[3mm] \boldsymbol{e}_{ij} = \dfrac{1}{2} \left(\boldsymbol{\delta}_{ij} - \boldsymbol{\delta}_{lm} \dfrac{\partial \boldsymbol{a}_l}{\partial \boldsymbol{x}_i} \dfrac{\partial \boldsymbol{a}_m}{\partial \boldsymbol{x}_j} \right) \end{array}\right\} \tag{5-23}$$

分别将式(5-7)代入式(5-23)第 1 式和将式(5-9)代入式(5-23)第 2 式，得 Green 应变($\boldsymbol{E}_{ij}$)和 Almansi 应变($\boldsymbol{e}_{ij}$)的表达式为

$$\left.\begin{array}{l} \boldsymbol{E}_{ij} = \dfrac{1}{2} \left(\dfrac{\partial \boldsymbol{u}_i}{\partial \boldsymbol{a}_j} + \dfrac{\partial \boldsymbol{u}_j}{\partial \boldsymbol{a}_i} + \dfrac{\partial \boldsymbol{u}_k}{\partial \boldsymbol{a}_i} \dfrac{\partial \boldsymbol{u}_k}{\partial \boldsymbol{a}_j} \right) \\[3mm] \boldsymbol{e}_{ij} = \dfrac{1}{2} \left(\dfrac{\partial \boldsymbol{u}_i}{\partial \boldsymbol{x}_j} + \dfrac{\partial \boldsymbol{u}_j}{\partial \boldsymbol{x}_i} + \dfrac{\partial \boldsymbol{u}_k}{\partial \boldsymbol{x}_i} \dfrac{\partial \boldsymbol{u}_k}{\partial \boldsymbol{x}_j} \right) \end{array}\right\} \tag{5-24}$$

Green 应变($\boldsymbol{E}_{ij}$)也称格林-拉格朗日应变(Green-Lagrange)，由式(5-20)第 1 式可知它是参照变形前的坐标系 $\boldsymbol{a}_i$ 来描述的，这种参照系的描述方法称为拉格朗日坐标(Lagrange coordinate)描述法。我们研究的是变形后的应变，只是

其参考系选在变形前物体构形上。Almansi 应变(e_{ij})同样是研究变形后的应变,而将参考系选在当前的物体构形上,由式(5-20)第 2 式可知它是参照变形后的坐标系 x_i 来描述的,这种参照系的描述方法称为欧拉坐标(Euler coordinate)描述法。

在式(5-24)中,如果 u_i 的分量以及它的一阶偏导数是小量,那么两式右端 u_i 的偏导数的平方项可以忽略,则式(5-24)成为

$$E_{ij} = e_{ij} = \frac{1}{2}\left(\frac{\partial u_i}{\partial x_j} + \frac{\partial u_j}{\partial x_i}\right) \tag{5-25}$$

式(5-25)就是小变形的情况,也就是经典的线性理论中位移与应变之间的几何关系。

设 ϵ 为线素 $\overline{PQ}$ 的小应变,则

$$\epsilon = \frac{\mathrm{d}x - \mathrm{d}a}{\mathrm{d}a} \tag{5-26}$$

ϵ 就是通常的工程应变或称柯西(Cauchy)应变。

5.2　物体内一点的应力度量

就应力的概念而言,是定义在变形物体所处平衡状态的一点位置上的,也就是定义在某一时刻的物体位形(构形)上。由于上面应变是定义在不同构形所相应的参考坐标系下,所以应力在不同坐标系下也有多种表示。设力向量 dP 表示作用在物体处于某一平衡位形下,微面积 ds 上的合力,在直角坐标系下 dP 的各分量为 d$P_i(i=1,2,3)$,微面积 ds 的外法线方向的单位向量为 n,各分量 l_i 为外法线的三个方向余弦。该点应力向量定义为

$$\boldsymbol{\sigma} = \lim_{\mathrm{d}s \to 0} \frac{\mathrm{d}\boldsymbol{P}}{\mathrm{d}s} \tag{5-27}$$

5.2.1　Cauchy 应力

Cauchy 应力又称真应力(true stress)。该应力定义在变形后的物体微面积 ds 上,用 $\boldsymbol{\sigma}_{ij}$ 表示,如图 5.5 所示。则由 Cauchy 公式得

$$\mathrm{d}P_i = \boldsymbol{\sigma}_{ij} l_j \mathrm{d}s \tag{5-28}$$

该应力和 Almansi 应变相对应,$\boldsymbol{\sigma}_{ij}$ 各分量形式为

$$\left.\begin{aligned}
\mathrm{d}P_1 &= (\sigma_{11}l_1 + \sigma_{12}l_2 + \sigma_{13}l_3)\,\mathrm{d}s \\
\mathrm{d}P_2 &= (\sigma_{21}l_1 + \sigma_{22}l_2 + \sigma_{23}l_3)\,\mathrm{d}s \\
\mathrm{d}P_3 &= (\sigma_{31}l_1 + \sigma_{32}l_2 + \sigma_{33}l_3)\,\mathrm{d}s
\end{aligned}\right\} \tag{5-29}$$

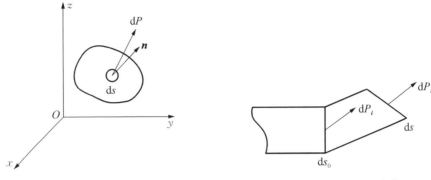

图 5.5　Cauchy 应力　　　　　　　　　图 5.6　Lagrange 应力

5.2.2　Lagrange 应力

Lagrange 应力(1st Piola-Kirchhoff stress)。把物体变形后微面积 ds 上的合力定义在变形前的微面积 ds_0 上,即用初始坐标系来表示。将 ds 上的力 dP_i 转移到初始位形相应的微面积 ds_0 上时,保持力的大小和方向不变,如图 5.6 所示。将力 dP_i 平移

$$dP_{0i} = dP_i \tag{5-30}$$

并在初始微面积上定义应力 T_{ij},有

$$dP_{0i} = T_{ij} l_{0j} ds_0 \tag{5-31}$$

将物体变形后微面积 ds 的应力用初始位形下相应微面积 ds_0 上平移过来的力表示。该应力记为 T_{ij},称为 Lagrange 应力。

5.2.3　Kirchhoff 应力

Kirchhoff 应力(2nd Piola-Kirchhoff stress)。将变形后物体微面积 ds 上的合力 dP_i 按照张量变换法则转换到初始位形的相应微面积 ds_0 上,而不是平移。则

$$dP_{0i} = l_{ij} dP_j \tag{5-32}$$

式中方向余弦 l_{ij} 为两微面积上坐标轴 a_j 和 x_i 夹角的余弦:

$$l_{ij} = \cos(x_i, a_j) = \left| \frac{\partial a_i}{\partial x_j} \right| \tag{5-33}$$

这时在初始构形的微面积上,定义的应力 S_{ij}^{k} 称为 Kirchhoff 应力

$$dP_{0i}^{\mathrm{k}} = S_{ij}^{\mathrm{k}} l_{0j} ds_0 \tag{5-34}$$

下面为简便起见,将 S_{ij}^{k} 记为 S_{ij}。

5.2.4　三种应力之间的关系

为了实现上述 Cauchy 应力、Lagrange 应力和 Kirchhoff 应力之间的相互转换,下面推导它们之间的关系。

将式(5-31)和式(5-32)代入式(5-34)得

$$S_{ij} l_{0j} ds_0 = l_{ij} T_{jk} l_{0k} ds_0 \tag{5-35}$$

得

$$S_{ik} = l_{ij} T_{jk} \tag{5-36}$$

由变形过程中微元的质量不变条件

$$\rho l_i ds = \rho_0 \frac{\partial a_i}{\partial x_j} l_{0j} ds_0 \tag{5-37}$$

式中：ρ_0 和 ρ 分别为微元在初始和变形后的密度。将式(5-37)代入式(5-28)和式(5-30)，由式(5-28)右端等于式(5-31)右端可得

$$\sigma_{ij} l_j ds = T_{ij} l_{0j} ds_0 \tag{5-38}$$

由式(5-37)知

$$l_j ds = \frac{\rho_0}{\rho} \frac{\partial a_j}{\partial x_k} l_{0k} ds_0 \tag{5-39}$$

将式(5-39)代入式(5-38)得

$$\sigma_{ij} \frac{\rho_0}{\rho} \frac{\partial a_j}{\partial x_k} = T_{ik} \tag{5-40}$$

将式(5-40)代入式(5-35)得

$$S_{ij} l_{0j} ds_0 = l_{ik} \sigma_{kl} \frac{\rho_0}{\rho} l_{ij} l_{0j} ds_0 \tag{5-41}$$

整理得

$$S_{ij} = \frac{\rho_0}{\rho} l_{ik} l_{jl} \sigma_{kl} \tag{5-42}$$

以上式(5-36)、式(5-40)和式(5-42)给出了三种应力之间的关系,很明显 σ_{ij} 为对称应力张量；T_{ij} 为不对称应力张量,因为力是通过向量平移过来的；S_{ij} 也是对称应力张量,因为力是通过张量转换得来的。

5.3 大变形过程的弹性本构方程

这里仅讨论单纯的几何非线性问题,而材料本构方程仍为弹性的。需要注意的是在不同的坐标系下,需要采用相应的应变和应力来表示。即在 Euler 坐标系下,采用 Cauchy 应力和 Almansi 应变,在相对(参考)构形的坐标系下采用 Lagrange 应力和 Green 应变,或采用 Kirchhoff 应力和 Green 应变。

设变形体在无热交换的保守系统中,物体处于平衡状态下,有本构关系

$$\sigma_{ij} = D_{ijkl} e_{kl} \qquad (5-43)$$

式中:弹性矩阵 D_{ijkl} 为对称矩阵,且有 81 个系数。上面式(5-24)、式(5-40)和式(5-42)分别给出了 E_{ij} 和 e_{ij} , T_{ij} 和 σ_{ij} 以及 S_{ij} 和 σ_{ij} 之间的关系。依次代入式(5-43)可得

$$T_{mn} = D^0_{mnpq} E_{pq} \qquad (5-44)$$

式中

$$D^0_{mnpq} = \frac{\rho_0}{\rho} \frac{\partial x_m}{\partial a_i} D_{ijkl} \frac{\partial x_p}{\partial a_k} \frac{\partial x_q}{\partial a_l} \qquad (5-45)$$

而 D^0_{mnpq} 为不对称弹性矩阵。

$$S_{mn} = \overline{D}^0_{mnpg} E_{pq} \qquad (5-46)$$

式中

$$\overline{D}^0_{mnpg} = \frac{\rho_0}{\rho} \frac{\partial x_m}{\partial a_i} \frac{\partial x_n}{\partial a_j} D_{ijkl} \frac{\partial x_p}{\partial a_k} \frac{\partial x_q}{\partial a_l} \qquad (5-47)$$

$\overline{D}^0_{mnpg}$ 为对称弹性矩阵。

5.4   Lagrange 坐标系下有限元列式推导

在几何非线性有限元方法中,有 Euler 描述和 Lagrange 描述两种描述物体运动和变形的方法。现在非线性分析中的主流是参考当前构型的 Lagrange 描述,根据所选取的参考构形不同,Lagrange 描述又可分为两种方式。若以初始构形为参考构形来表示物体的变形则称为 Total-Lagrange 法,简称 T. L. 方法。若以前一个相邻构形(也称当前构型)为参考构形,则称为修正的 Updated-Lagrange 法,简称 U. L. 方法。在本质上,T. L. 方法和 U. L. 方法都是参考某一已知构形求解的方法。

5.4.1   T. L. 方法

已知变形体在 t 时刻的状态(力学量),即相对于初始坐标系下的位移 u_i ,Green 应变 E_{ij} 和 Kichhoff 应力 S_{ij} ,要求的解是在 Δt 时间步内,在增量载荷 Δp 作用下,物体内各点的增量位移、增量应变和增量应力,即 Δu_i , ΔE_{ij} 和 ΔS_{ij} 。

5.4.1.1   增量形式的几何关系

设 t 时刻和 $t+\Delta t$ 时刻的 Green 应变为 E_{ij} 和 $\overline{E}_{ij}$,根据式(5-24)可计算其应变增量 ΔE_{ij} 。

$$\overline{E}_{ij} = \frac{1}{2}\left[\frac{\partial}{\partial x_j}(u_i + \Delta u_i) + \frac{\partial}{\partial x_i}(u_j + \Delta u_j) + \frac{\partial}{\partial x_i}(u_k + \Delta u_k)\frac{\partial}{\partial x_j}(u_k + \Delta u_k)\right]$$
$$(5-48)$$

因为
$$E_{ij} = \frac{1}{2}\left(\frac{\partial u_i}{\partial x_j} + \frac{\partial u_j}{\partial x_i} + \frac{\partial u_k}{\partial x_i}\frac{\partial u_k}{\partial x_j}\right) \qquad (5-49)$$

所以

$$\Delta E_{ij} = \overline{E}_{ij} - E_{ij} = \frac{1}{2}\left(\frac{\partial \Delta u_i}{\partial x_j} + \frac{\partial \Delta u_j}{\partial x_i} + \frac{\partial u_k \partial \Delta u_k}{\partial x_i \partial x_j} + \frac{\partial \Delta u_k \partial u_k}{\partial x_i \partial x_j} + \frac{\partial \Delta u_k \partial \Delta u_k}{\partial x_i \partial x_j}\right)$$

$$(5 - 50)$$

设

$$\Delta E_{ij} = \Delta E_{ij}^{L0} + \Delta E_{ij}^{L1} + \Delta E_{ij}^{NL} \tag{5-51}$$

采用矩阵表示为

$$\Delta \boldsymbol{E} = \Delta \boldsymbol{E}_{L0} + \Delta \boldsymbol{E}_{L1} + \Delta \boldsymbol{E}_{NL} \tag{5-52}$$

则

$$\left.\begin{aligned} \Delta \boldsymbol{E}_{L0} &= \boldsymbol{L}\Delta \boldsymbol{U} \\ \Delta \boldsymbol{E}_{L1} &= \frac{1}{2}\boldsymbol{A}\Delta \boldsymbol{\theta} + \frac{1}{2}\Delta \boldsymbol{A}\boldsymbol{\theta} \\ \Delta \boldsymbol{E}_{NL} &= \frac{1}{2}\Delta \boldsymbol{A}\Delta \boldsymbol{\theta} \end{aligned}\right\} \tag{5-53}$$

上面三式中 $\Delta \boldsymbol{E}$ 的上标或下标的 L0，L1 和 NL 分别表示是当前位移的零次项、线性项和增量位移的非线性项。

假若在三维空间中并采用直角坐标系 $\boldsymbol{u} = (u_1，u_2，u_3)$，上述公式中

$$\boldsymbol{L} = \begin{bmatrix} \dfrac{\partial}{\partial x_1} & 0 & 0 & 0 & \dfrac{\partial}{\partial x_3} & \dfrac{\partial}{\partial x_2} \\ 0 & \dfrac{\partial}{\partial x_2} & 0 & \dfrac{\partial}{\partial x_3} & 0 & \dfrac{\partial}{\partial x_1} \\ 0 & 0 & \dfrac{\partial}{\partial x_3} & \dfrac{\partial}{\partial x_2} & \dfrac{\partial}{\partial x_1} & 0 \end{bmatrix}^{\mathrm{T}} \tag{5-54}$$

$$\boldsymbol{A} = \begin{bmatrix} \dfrac{\partial \boldsymbol{u}^{\mathrm{T}}}{\partial x_1} & 0 & 0 & 0 & \dfrac{\partial \boldsymbol{u}^{\mathrm{T}}}{\partial x_3} & \dfrac{\partial \boldsymbol{u}^{\mathrm{T}}}{\partial x_2} \\ 0 & \dfrac{\partial \boldsymbol{u}^{\mathrm{T}}}{\partial x_2} & 0 & \dfrac{\partial \boldsymbol{u}^{\mathrm{T}}}{\partial x_3} & 0 & \dfrac{\partial \boldsymbol{u}^{\mathrm{T}}}{\partial x_1} \\ 0 & 0 & \dfrac{\partial \boldsymbol{u}^{\mathrm{T}}}{\partial x_3} & \dfrac{\partial \boldsymbol{u}^{\mathrm{T}}}{\partial x_2} & \dfrac{\partial \boldsymbol{u}^{\mathrm{T}}}{\partial x_1} & 0 \end{bmatrix}^{\mathrm{T}} \tag{5-55}$$

$$\Delta \boldsymbol{A} = \begin{bmatrix} \dfrac{\partial \Delta \boldsymbol{u}^{\mathrm{T}}}{\partial x_1} & 0 & 0 & 0 & \dfrac{\partial \Delta \boldsymbol{u}^{\mathrm{T}}}{\partial x_3} & \dfrac{\partial \Delta \boldsymbol{u}^{\mathrm{T}}}{\partial x_2} \\ 0 & \dfrac{\partial \Delta \boldsymbol{u}^{\mathrm{T}}}{\partial x_2} & 0 & \dfrac{\partial \Delta \boldsymbol{u}^{\mathrm{T}}}{\partial x_3} & 0 & \dfrac{\partial \Delta \boldsymbol{u}^{\mathrm{T}}}{\partial x_1} \\ 0 & 0 & \dfrac{\partial \Delta \boldsymbol{u}^{\mathrm{T}}}{\partial x_3} & \dfrac{\partial \Delta \boldsymbol{u}^{\mathrm{T}}}{\partial x_2} & \dfrac{\partial \Delta \boldsymbol{u}^{\mathrm{T}}}{\partial x_1} & 0 \end{bmatrix}^{\mathrm{T}} \tag{5-56}$$

$$\boldsymbol{\theta} = \left\{ \frac{\partial \boldsymbol{u}}{\partial x_1} \quad \frac{\partial \boldsymbol{u}}{\partial x_2} \quad \frac{\partial \boldsymbol{u}}{\partial x_3} \right\}^{\mathrm{T}} \tag{5-57}$$

$$\Delta \boldsymbol{\theta} = \left\{ \frac{\partial \Delta \boldsymbol{u}}{\partial x_1} \quad \frac{\partial \Delta \boldsymbol{u}}{\partial x_2} \quad \frac{\partial \Delta \boldsymbol{u}}{\partial x_3} \right\}^{\mathrm{T}} \tag{5-58}$$

令 $\boldsymbol{\theta} = \boldsymbol{Hu}$,式中

$$\boldsymbol{H} = \left\{ \boldsymbol{I}_3 \frac{\partial}{\partial x_1} \quad \boldsymbol{I}_3 \frac{\partial}{\partial x_2} \quad \boldsymbol{I}_3 \frac{\partial}{\partial x_3} \right\}^{\mathrm{T}} \tag{5-59}$$

$\boldsymbol{I}_3$ 为 3×3 的单位矩阵。

设单元位移插值 $\Delta \boldsymbol{u} = \boldsymbol{N} \Delta \boldsymbol{q}$,则 $\Delta \boldsymbol{\theta} = \boldsymbol{H} \Delta \boldsymbol{u} = \boldsymbol{HN} \Delta \boldsymbol{q}$。再令 $\boldsymbol{G} = \boldsymbol{HN}$,可得

$$\left. \begin{array}{l} \Delta \boldsymbol{E}_{\mathrm{L0}} = \boldsymbol{L} \Delta \boldsymbol{u} = \boldsymbol{LN} \Delta \boldsymbol{q} \\[2mm] \Delta \boldsymbol{E}_{\mathrm{L1}} = \dfrac{1}{2} \boldsymbol{A} \Delta \boldsymbol{\theta} + \dfrac{1}{2} \Delta \boldsymbol{A} \boldsymbol{\theta} = \boldsymbol{AG} \Delta \boldsymbol{q} \\[2mm] \Delta \boldsymbol{E}_{\mathrm{NL}} = \dfrac{1}{2} \Delta \boldsymbol{A} \Delta \boldsymbol{\theta} = \dfrac{1}{2} \Delta \boldsymbol{AG} \Delta \boldsymbol{q} \end{array} \right\} \tag{5-60}$$

记 $\boldsymbol{B}_{\mathrm{L0}}^* = \boldsymbol{LN}$, $\boldsymbol{B}_{\mathrm{L1}}^* = \boldsymbol{AG}$, $\boldsymbol{B}_{\mathrm{NL}}^* = \dfrac{1}{2} \Delta \boldsymbol{AG}$,回代后可得增量形式的几何关系为

$$\Delta \boldsymbol{E} = (\boldsymbol{B}_{\mathrm{L0}}^* + \boldsymbol{B}_{\mathrm{L1}}^* + \boldsymbol{B}_{\mathrm{NL}}^*) \Delta \boldsymbol{q} = \boldsymbol{B}^* \Delta \boldsymbol{q} \tag{5-61}$$

式中

$$\boldsymbol{B}^* = \boldsymbol{B}_{\mathrm{L0}}^* + \boldsymbol{B}_{\mathrm{L1}}^* + \boldsymbol{B}_{\mathrm{NL}}^* \tag{5-62}$$

5.4.1.2　增量几何关系的变分形式

在一个增量步内利用能量原理满足平衡方程时,需要用到增量几何关系的变分形式,即

$$\delta(\Delta \boldsymbol{E}) = \boldsymbol{B} \delta(\Delta \boldsymbol{q}) \tag{5-63}$$

式中

$$\left. \begin{array}{l} \boldsymbol{B} = \boldsymbol{B}_{\mathrm{L0}} + \boldsymbol{B}_{\mathrm{L1}} + \boldsymbol{B}_{\mathrm{NL}} = \boldsymbol{B}_{\mathrm{L0}}^* + \boldsymbol{B}_{\mathrm{L1}}^* + 2\boldsymbol{B}_{\mathrm{NL}}^* \\[2mm] \boldsymbol{B}_{\mathrm{NL}} = 2\boldsymbol{B}_{\mathrm{NL}}^* \end{array} \right\} \tag{5-64}$$

5.4.1.3　增量平衡方程

已知 t 时刻的力学量(相对于初始坐标系 a_i) $\boldsymbol{u}$ 为位移向量,$\boldsymbol{E}$ 为 Green 应变张量,$\boldsymbol{S}$ 为 Kirchhoff 应力张量,要求 Δt 时间步内在某一增量载荷作用下的位移、应变和应力,即 $\Delta \boldsymbol{u}$,$\Delta \boldsymbol{E}$ 和 $\Delta \boldsymbol{S}$。设 $t + \Delta t$ 时刻的力学量 $\bar{\boldsymbol{u}}$,$\bar{\boldsymbol{E}}$ 和 $\bar{\boldsymbol{S}}$ 为

$$\left. \begin{array}{l} \bar{\boldsymbol{u}} = \boldsymbol{u} + \Delta \boldsymbol{u} \\[2mm] \bar{\boldsymbol{E}} = \boldsymbol{E} + \Delta \boldsymbol{E} \\[2mm] \bar{\boldsymbol{S}} = \boldsymbol{S} + \Delta \boldsymbol{S} \end{array} \right\} \tag{5-65}$$

且当前位移和应变增量的变分为

$$\delta(\Delta \boldsymbol{u}) = \boldsymbol{N}\delta(\Delta \boldsymbol{q})$$

$$\delta(\Delta \boldsymbol{E}) = \boldsymbol{B}\delta(\Delta \boldsymbol{q})$$

采用最小势能原理（$\delta(\Delta \Pi) = 0$），得到 $t + \Delta t$ 时刻单元的平衡方程

$$\int_{v_{t+\Delta t}} \delta \boldsymbol{e}^{\mathrm{T}} \overline{\boldsymbol{\sigma}} \mathrm{d}v - \int_{v_{t+\Delta t}} \delta \overline{\boldsymbol{u}}^{\mathrm{T}} \Delta \boldsymbol{f}^{\mathrm{v}} \mathrm{d}v - \int_{s_{t+\Delta t}} \delta \overline{\boldsymbol{u}}^{\mathrm{T}} \Delta \boldsymbol{f}^{\mathrm{t}} \mathrm{d}s = 0 \qquad (5-66)$$

式中：e 为 Almansi 应变；$\boldsymbol{\sigma}$ 为 Cauchy 应力；$\boldsymbol{f}^{\mathrm{v}}$ 为体积力；$\boldsymbol{f}^{\mathrm{t}}$ 为表面力。根据

（1）能量守恒（应变能在不同的坐标系下描述均相等），即

$$\int_{v_{t+\Delta t}} \delta \boldsymbol{e}^{\mathrm{T}} \boldsymbol{\sigma} \mathrm{d}v = \int_{v_0} \delta \boldsymbol{E}^{\mathrm{T}} \boldsymbol{S} \mathrm{d}v \qquad (5-67)$$

（2）在变形过程中，每一个增量步内的外力大小、方向保持不变。即

$$\left.\begin{aligned} \Delta \boldsymbol{f}^{\mathrm{v}} \mathrm{d}v_{t+\Delta t} &= \Delta \boldsymbol{f}_0^{\mathrm{v}} \mathrm{d}v_0 \\ \int_{v_{t+\Delta t}} \Delta \boldsymbol{f}^{\mathrm{v}} \mathrm{d}v_{t+\Delta t} &= \int_{v_0} \Delta \boldsymbol{f}_0^{\mathrm{v}} \mathrm{d}v_0 \\ \Delta \boldsymbol{f}^{\mathrm{t}} \mathrm{d}s_{t+\Delta t} &= \Delta \boldsymbol{f}_0^{\mathrm{t}} \mathrm{d}s_0 \\ \int_{v_{t+\Delta t}} \Delta \boldsymbol{f}^{\mathrm{t}} \mathrm{d}s_{t+\Delta t} &= \int_{v_0} \Delta \boldsymbol{f}_0^{\mathrm{t}} \mathrm{d}s_0 \end{aligned}\right\} \qquad (5-68)$$

可将式（5-66）改写为

$$\int_{v_0} \delta \overline{\boldsymbol{E}}^{\mathrm{T}} \overline{\boldsymbol{S}} \mathrm{d}v = \int_{v_0} \delta \overline{\boldsymbol{u}}^{\mathrm{T}} \Delta \boldsymbol{f}_0^{\mathrm{v}} \mathrm{d}v + \int_{s_0} \delta \overline{\boldsymbol{u}}^{\mathrm{T}} \Delta \boldsymbol{f}_0^{\mathrm{t}} \mathrm{d}s \qquad (5-69)$$

再引入单元的几何矩阵 $\boldsymbol{B}$ 和位移插值形函数 $\boldsymbol{N}$，代入式（5-69）可得

$$\int_{v_0} [\boldsymbol{B}\delta(\Delta \boldsymbol{q})]^{\mathrm{T}} \overline{\boldsymbol{S}} \mathrm{d}v - \int_{v_0} [\boldsymbol{N}\delta(\Delta \boldsymbol{q})]^{\mathrm{T}} \Delta \boldsymbol{f}_0^{\mathrm{v}} \mathrm{d}v - \int_{s_0} [\boldsymbol{N}\delta(\Delta \boldsymbol{q})]^{\mathrm{T}} \Delta \boldsymbol{f}_0^{\mathrm{t}} \mathrm{d}s = 0$$

$$(5-70)$$

上式中由于 $\delta(\Delta \boldsymbol{q})$ 的任意性，可改写为

$$\int_{v_0} \boldsymbol{B}^{\mathrm{T}} \overline{\boldsymbol{S}} \mathrm{d}v = \int_{v_0} \boldsymbol{N}^{\mathrm{T}} \Delta \boldsymbol{f}_0^{\mathrm{v}} \mathrm{d}v + \int_{s_0} \boldsymbol{N}^{\mathrm{T}} \Delta \boldsymbol{f}_0^{\mathrm{t}} \mathrm{d}s \qquad (5-71)$$

令上式右端项为 $\Delta \boldsymbol{P}$，即为单元的等效结点力向量。上式左端为

$$\int_{v_0} \boldsymbol{B}^{\mathrm{T}} \overline{\boldsymbol{S}} \mathrm{d}v = \int_{v_0} \boldsymbol{B}^{\mathrm{T}} (\boldsymbol{S} + \Delta \boldsymbol{S}) \mathrm{d}v = \int_{v_0} \boldsymbol{B}^{\mathrm{T}} \boldsymbol{S} \mathrm{d}v + \int_{v_0} \boldsymbol{B}^{\mathrm{T}} \Delta \boldsymbol{S} \mathrm{d}v \qquad (5-72)$$

将 $\boldsymbol{B} = \boldsymbol{B}_{\mathrm{L0}} + \boldsymbol{B}_{\mathrm{L1}} + \boldsymbol{B}_{\mathrm{NL}}$ 代入可得

$$\int_{v_0} \boldsymbol{B}^{\mathrm{T}} \overline{\boldsymbol{S}} \mathrm{d}v = \int_{v_0} (\boldsymbol{B}_0^{\mathrm{T}} + \boldsymbol{B}_{\mathrm{L1}}^{\mathrm{T}}) \boldsymbol{S} \mathrm{d}v + \int_{v_0} \boldsymbol{B}_{\mathrm{NL}}^{\mathrm{T}} \boldsymbol{S} \mathrm{d}v + \int_{v_0} \boldsymbol{B}^{\mathrm{T}} \Delta \boldsymbol{S} \mathrm{d}v \qquad (5-73)$$

记式(5-73)的右端第 1，2 项为 Ⅰ 和 Ⅱ：

$$\left.\begin{array}{l} Ⅰ = \Delta \boldsymbol{R} \\ Ⅱ = \boldsymbol{K}_\sigma \Delta \boldsymbol{q} \end{array}\right\} \tag{5-74}$$

并设

$$\boldsymbol{K}_\sigma = \int_{v_0} \boldsymbol{G}^{\mathrm{T}} \boldsymbol{M} \boldsymbol{G} \mathrm{d}v \tag{5-75}$$

式中

$$\boldsymbol{M} = \begin{bmatrix} S_{11} \boldsymbol{I}_3 & S_{12} \boldsymbol{I}_3 & S_{13} \boldsymbol{I}_3 \\ S_{21} \boldsymbol{I}_3 & S_{22} \boldsymbol{I}_3 & S_{23} \boldsymbol{I}_3 \\ S_{31} \boldsymbol{I}_3 & S_{32} \boldsymbol{I}_3 & S_{33} \boldsymbol{I}_3 \end{bmatrix} \tag{5-76}$$

记右端第 3 项为Ⅲ：

$$Ⅲ = \int_{v_0} \boldsymbol{B}^{\mathrm{T}} \boldsymbol{D} \Delta \boldsymbol{E} \mathrm{d}v = \int_{v_0} \boldsymbol{B}^{\mathrm{T}} \boldsymbol{D} \boldsymbol{B}^{*} \mathrm{d}v \Delta \boldsymbol{q} \tag{5-77}$$

当非线性方程采用线性化方法求解时，假定在一个微小的 Δt 增量步内可假设

$$\boldsymbol{B}_{\mathrm{NL}} = \boldsymbol{B}_{\mathrm{NL}}^{*} = 0 \tag{5-78}$$

则

$$\boldsymbol{B} = \boldsymbol{B}^{*} = \boldsymbol{B}_{\mathrm{L0}} + \boldsymbol{B}_{\mathrm{L1}} \tag{5-79}$$

于是

$$\begin{aligned} Ⅲ &= \int_{v_0} (\boldsymbol{B}_{\mathrm{L0}} + \boldsymbol{B}_{\mathrm{L1}})^{\mathrm{T}} \boldsymbol{D} (\boldsymbol{B}_{\mathrm{L0}} + \boldsymbol{B}_{\mathrm{L1}}) \mathrm{d}v \Delta \boldsymbol{q} \\ &= \left(\int_{v_0} \boldsymbol{B}_0^{\mathrm{T}} \boldsymbol{D} \boldsymbol{B}_0 \mathrm{d}v + \int_{v_0} (\boldsymbol{B}_0^{\mathrm{T}} \boldsymbol{D} \boldsymbol{B}_{\mathrm{L1}} + \boldsymbol{B}_{\mathrm{L1}}^{\mathrm{T}} \boldsymbol{D} \boldsymbol{B}_0 + \boldsymbol{B}_{\mathrm{L1}}^{\mathrm{T}} \boldsymbol{D} \boldsymbol{B}_{\mathrm{L1}}) \mathrm{d}v \right) \Delta \boldsymbol{q} \end{aligned} \tag{5-80}$$

所以增量平衡方程式(5-71)可简写为

$$[\boldsymbol{K}_0 + \boldsymbol{K}_{\mathrm{L}} + \boldsymbol{K}_\sigma] \Delta \boldsymbol{q} = \Delta \boldsymbol{P} - \Delta \boldsymbol{R} \tag{5-81}$$

令

$$\left.\begin{array}{l} \boldsymbol{K}_{\mathrm{T}} = \boldsymbol{K}_0 + \boldsymbol{K}_{\mathrm{L}} + \boldsymbol{K}_\sigma \\ \Delta \boldsymbol{P} - \Delta \boldsymbol{R} = \Delta \boldsymbol{Z} \end{array}\right\} \tag{5-82}$$

得单元的增量平衡方程为

$$\boldsymbol{K}_{\mathrm{T}} \Delta \boldsymbol{q} = \Delta \boldsymbol{P} - \Delta \boldsymbol{R} = \Delta \boldsymbol{Z} \tag{5-83}$$

式中：$\boldsymbol{K}_{\mathrm{T}}$ 为切线刚度矩阵；$\boldsymbol{K}_0$ 为线性刚度矩阵；$\boldsymbol{K}_{\mathrm{L}}$ 为大位移矩阵；$\boldsymbol{K}_\sigma$ 为几何刚度矩阵；$\Delta \boldsymbol{Z}$ 为结构在当前变形下的不平衡力。

5.4.2 U.L.方法

U. L. 方法是以上一步物体构形作为参考构形建立的坐标系来描述当前步内各力学量的,所采用的是相邻坐标系(adjacent coordinate system),它在变形过程中是不断变化的。

5.4.2.1 几何关系(增量几何关系及其变分形式)

研究 Δt 增量步内的各种力学量时取相对于 t 时刻的坐标系来描述。

$$\bar{u}_i = u_i + \Delta u_i \tag{5-84}$$

因为与当前位移 u_i 有关的项为 0,所以 $\bar{u}_i = \Delta u_i$,$E_{ij} = 0$

$$\overline{E}_{ij} = E_{ij} + \Delta E_{ij} = \Delta E_{ij} \tag{5-85}$$

$$\overline{E}_{ij} = \frac{1}{2}\left(\frac{\partial \Delta u_i}{\partial x_j} + \frac{\partial \Delta u_j}{\partial x_i} + \frac{\partial \Delta u_k}{\partial x_i}\frac{\partial \Delta u_k}{\partial x_j}\right) \tag{5-86}$$

即

$$\frac{\partial u_k}{\partial x_i}\frac{\partial \Delta u_k}{\partial x_j} + \frac{\partial u_k}{\partial x_j}\frac{\partial \Delta u_k}{\partial x_i} = 0 \tag{5-87}$$

记

$$\Delta E_{ij} = \Delta E_{ij}^{\text{L0}} + \Delta E_{ij}^{\text{NL}} \tag{5-88}$$

式中

$$\left.\begin{aligned}\Delta E_{ij}^{\text{L0}} &= \frac{1}{2}\left(\frac{\partial \Delta u_i}{\partial x_j} + \frac{\partial \Delta u_j}{\partial x_i}\right) \\ \Delta E_{ij}^{\text{NL}} &= \frac{1}{2}\left(\frac{\partial \Delta u_k}{\partial x_i}\frac{\partial \Delta u_k}{\partial x_j}\right)\end{aligned}\right\} \tag{5-89}$$

显然与当前位移有关项 $\Delta E_{ij}^{\text{L1}} = 0$。下面采用矩阵表示:

$$\Delta \boldsymbol{E} = \Delta \boldsymbol{E}_{\text{L0}} + \Delta \boldsymbol{E}_{\text{NL}} \tag{5-90}$$

$$\left.\begin{aligned}\Delta \boldsymbol{E}_{\text{L0}} &= \boldsymbol{L}\Delta \boldsymbol{u} = \boldsymbol{LN}\Delta \boldsymbol{q} = \boldsymbol{B}_{\text{L0}}^{*}\Delta \boldsymbol{q} \\ \Delta \boldsymbol{E}_{\text{NL}} &= \frac{1}{2}\Delta \boldsymbol{A}\Delta \boldsymbol{\theta} = \frac{1}{2}\Delta \boldsymbol{AG}\Delta \boldsymbol{q} = \boldsymbol{B}_{\text{NL}}^{*}\Delta \boldsymbol{q}\end{aligned}\right\} \tag{5-91}$$

于是

$$\Delta \boldsymbol{E} = \boldsymbol{B}^{*}\Delta \boldsymbol{q} \qquad \boldsymbol{B}^{*} = \boldsymbol{B}_{\text{L0}}^{*} + \boldsymbol{B}_{\text{NL}}^{*} \tag{5-92}$$

式中

$$\boldsymbol{B}_{\text{L0}}^{*} = \boldsymbol{LN} \qquad \boldsymbol{B}_{\text{NL}}^{*} = \frac{1}{2}\Delta \boldsymbol{AG} \tag{5-93}$$

增量几何关系的变分形式为

$$\delta(\Delta \boldsymbol{E}) = \boldsymbol{B}\delta(\Delta \boldsymbol{q}) \tag{5-94}$$

式中

$$\boldsymbol{B} = \boldsymbol{B}_{L0} + \boldsymbol{B}_{NL} \tag{5-95}$$

且 $\boldsymbol{B}_{L0} = \boldsymbol{B}_{L0}^* = \boldsymbol{LN}$，$\boldsymbol{B}_{NL} = 2\boldsymbol{B}_{NL}^* = \Delta \boldsymbol{AG}$。

5.4.2.2 平衡方程和切线刚度矩阵

U.L.方法采用相邻坐标系作为参考坐标系,因此还是采用 Green 应变和 Kirchhoff 应力来描述。

$$\bar{\boldsymbol{u}} = \Delta \boldsymbol{u} \qquad \bar{\boldsymbol{E}} = \Delta \boldsymbol{E} \qquad \bar{\boldsymbol{S}} = \boldsymbol{S} + \Delta \boldsymbol{S} \qquad \boldsymbol{S} \neq 0 \tag{5-96}$$

此时虚功方程(最小势能原理 $\delta \Pi = 0$)与上述 T.L.方法的推导相似,首先在当前坐标系下写出,然后按能量守恒和外力在一个增量步内大小、方向不变的假设做推导:

$$\int_{v_t} \delta \bar{\boldsymbol{E}}^{\mathrm{T}} \bar{\boldsymbol{S}} \mathrm{d}v = \int_{v_t} \delta \bar{\boldsymbol{u}}^{\mathrm{T}} \Delta \boldsymbol{f}^v \mathrm{d}v + \int_{s_t} \delta \bar{\boldsymbol{u}}^{\mathrm{T}} \Delta \boldsymbol{f}^t \mathrm{d}s \tag{5-97}$$

式中:$\boldsymbol{f}_t^v$ 和 $\boldsymbol{f}_t^t$ 分别为在 t 时刻物体构型上定义的单位体力和单位面力的载荷矢量。以下的推导和前面 T.L.方法中的完全相似。最后得

$$\int_{v_t} \boldsymbol{B}^{\mathrm{T}} \Delta \boldsymbol{S} \mathrm{d}v + \boldsymbol{K}_\sigma \Delta \boldsymbol{q} = \Delta \boldsymbol{P} - \Delta \boldsymbol{R} \tag{5-98}$$

式中:$\boldsymbol{B} = \boldsymbol{B}_{L0} + \boldsymbol{B}_{NL}$；$\boldsymbol{R} = \int_{v_t} \boldsymbol{B}_{L0}^{\mathrm{T}} \boldsymbol{S} \mathrm{d}v$；$\boldsymbol{K}_\sigma \Delta \boldsymbol{q} = \int_{v_t} \boldsymbol{B}_{NL}^{\mathrm{T}} \boldsymbol{S} \mathrm{d}v$。注意各项形式与 T.L.方法中相同,但不同的是定义在 t 时刻的物体构形上。式(5-98)左边的第一项为

$$\int_{v_t} \boldsymbol{B}^{\mathrm{T}} \Delta \boldsymbol{S} \mathrm{d}v = \int_{v_t} \boldsymbol{B}^{\mathrm{T}} \boldsymbol{DB}^* \mathrm{d}v \Delta \boldsymbol{q} \tag{5-99}$$

考虑在一个增量步内忽略增量位移的非线性项,即 $\boldsymbol{B}_{NL} = \boldsymbol{B}_{NL}^* = 0$,则式(5-99)可简化为

$$\int_{v_t} \boldsymbol{B}^{\mathrm{T}} \Delta \boldsymbol{S} \mathrm{d}v = \int_{v_t} \boldsymbol{B}_{L0}^{\mathrm{T}} \boldsymbol{DB}_{L0} \mathrm{d}v \Delta \boldsymbol{q} = \boldsymbol{K}_0 \Delta \boldsymbol{q} \tag{5-100}$$

可见与当前位移有关的大位移矩阵 $\boldsymbol{K}_L = \boldsymbol{0}$,最后得增量平衡方程

$$(\boldsymbol{K}_0 + \boldsymbol{K}_\sigma)\Delta \boldsymbol{q} = \Delta \boldsymbol{P} - \Delta \boldsymbol{R} \tag{5-101}$$

令 $\boldsymbol{K}_T = \boldsymbol{K}_0 + \boldsymbol{K}_\sigma$ 为单元的切线刚度矩阵,则单元的平衡方程为

$$\boldsymbol{K}_T \Delta \boldsymbol{q} = \Delta \boldsymbol{P} - \Delta \boldsymbol{R} \tag{5-102}$$

5.4.3 T.L.方法与 U.L.方法的比较

5.4.3.1 相同点

(1) 都是采用参考坐标系(非当前坐标系),并且都将物体的已知构形作为参考构形,这种方法通称为 Lagrange 描述法,因此在推导中都采用 Green 应变和 Kirchhoff 应力。

(2) 非线性方程线性化,总的变形过程

$$K_T(q)q = P \tag{5-103}$$

而在每一增量步内是求解一线性方程组

$$K_T \Delta q = \Delta P - \Delta R = \Delta Z \tag{5-104}$$

5.4.3.2 不同点

(1) 对于 T.L.方法中的几何矩阵为 $B = B_{L0} + B_{L1} + B_{NL}$,单元的切线刚度矩阵为 $K_T = K_0 + K_\sigma + K_L$;而对于 U.L.方法,$B = B_{L0} + B_{NL}$,$K_T = K_0 + K_\sigma$。

(2) 对于 T.L.方法,计算单刚和当量结点力向量时,其积分在初始构形的单元上进行,所以始终采用初始坐标值;对于 U.L.方法,其积分在相邻构形的单元体上进行,因此每一步都要更换结点坐标值,形成新的单元坐标值。

(3) 对于 T.L.方法,每一增量步上求出的增量应力,可在初始坐标系下直接累加;而对于 U.L.方法,每一增量步上求出的增量应力,是相对于不断变化的相邻坐标系的,不可直接累加,需要转换到同一坐标系下方能累加。

5.5 基本概念提要

在本章 Lagrange 描述法的推导中,必须掌握的基本概念提要如下。

(1) 构形(configuration):物体在一定变形几何和运动状态下所有质点所占空间(集合)称为构形。构形可用作描述物体的变形几何和运动状态的一个基准。

(2) 基准描述:以任意选择的参考构形中的点的位置向量 a 和时间 t 作为独立参量来描述变形状态的称为基准描述(或物质描述),位置向量 a 的坐标(a_1, a_2, a_3)称为物质坐标。

(3) Lagrange 描述:以 $t = 0$ 或 $t = t_i$ 时刻的指定构形取为参考构形时,称为 Lagrange 描述。

(4) Euler 描述:以时间 t 的现时构形的位置坐标 x 和 t 作为独立参量来描述的称为 Euler 描述。Euler 描述也称空间描述,位置向量 x 的坐标(x_1, x_2, x_3)称为空间坐标。

(5) Lagrange 坐标与 Euler 坐标的关系:连续变形条件下,初始构形和现时构形中点的位置和坐标是彼此一一对应的,因此 Lagrange 坐标与 Euler 坐标存在变换和逆变换

$$a = a(x, t), \quad x = x(a, t) \qquad (5-105)$$

变换和逆变换条件为

$$| \partial a_i / \partial x_j | = | J | \neq 0 \qquad (5-106)$$

（6）研究方法：在研究大变形物体的变形过程时，必须在变形之后的物体构形上建立平衡方程。把连续的变形过程分为若干个增量步，在每个增量步内建立它的增量运动方程，即变形体内质点的运动规律。则要选取一个指定的坐标系，常用的有初始(initial)坐标系；相邻(adjacent)坐标系和瞬时(也称现时或即时)(current)坐标系。

习题

1. 推导等式 $\dfrac{1}{2}A\Delta\theta + \dfrac{1}{2}\Delta A\theta = A\Delta\theta = \Delta A\theta$。

2. 从式(5-23)出发，推导 Lagrange 应变表示式(5-24)。

3. 采用 T. L. 方法和 U. L. 方法求解时，推导相应的八结点轴对称等参单元大变形分析的切线刚度矩阵。

4. 采用 T. L. 方法和 U. L. 方法求解时，推导平面弯曲梁等参单元大挠度分析的切线刚度矩阵。

参考文献

［1］ZIENKIEWICZ O C. 有限元法［M］.尹泽勇,柴家振,译. 北京:科学出版社,1985.

［2］ZIENKIEWICZ O C, TAYLOR R L. The finite element method, Volume 1：The Basis ［M］. 5th ed. Butterworth-Hinemann, 2000.

［3］ZIENKIEWICZ O C, TAYLOR R L. The finite element method, Volume 2：Solid Mechanics ［M］. 5th ed. Butterworth-Hinemann, 2000.

［4］ODEN J T. Finite elements of nonlinear continua ［M］. New York：McGraw-Hill, 1972.

［5］BATHE K J. Finite elements procedures ［M］. Englewood Cliffs, NJ：Prentice-Hall, 1996.

［6］TED B, WING K L, BRIAN M. Nonlinear finite elements for continua and structures ［M］. 庄苗,译. 北京:清华大学出版社,2002.

［7］何君毅,林祥都. 工程结构非线性问题的数值解法［M］.北京:国防工业出版社,1994.

［8］郭乙木,陶伟明,庄苗. 线性与非线性有限元及其应用［M］.北京:机械工业出版社,2004.

6 几何非线性有限元 方法的实施

本章采用第 4 章介绍的增量/N-R 迭代方法(混合法),按照第 5 章中几何非线性理论和 Lagrange 表示法给出求解几何非线性问题的算法和步骤,并列举梁、板和轴对称问题加以说明和推导。

6.1 Lagrange 方程及其求解步骤

6.1.1 Lagrange 方程及求解格式

上一章采用的 Lagrange 表示方法推导了大变形问题的基本方程,得到系统(结构)的增量平衡方程,且 T.L 方法和 U.L 方法有相同形式。即

$$\boldsymbol{K}_\mathrm{T}\Delta\boldsymbol{q} = \Delta\boldsymbol{P} - \Delta\boldsymbol{R} \tag{6-1}$$

而其中的切线刚度矩阵 $\boldsymbol{K}_\mathrm{T}$,在两种方法中有不同的含义。分别是

对于 T. L. 方法

$$\boldsymbol{K}_\mathrm{T} = \boldsymbol{K}_0 + \boldsymbol{K}_\sigma + \boldsymbol{K}_\mathrm{L} \tag{6-2}$$

对于 U. L. 方法

$$\boldsymbol{K}_\mathrm{T} = \boldsymbol{K}_0 + \boldsymbol{K}_\sigma \tag{6-3}$$

因为 T. L. 方法在加载过程中始终相对于初始坐标系描述,而 U. L. 方法则在加载过程中相对于不断更改的相邻坐标系描述。

由第 4 章非线性方程的求解方法知,增量/迭代型的求解格式可在同一增量步内采用变刚度迭代或等刚度迭代。两种迭代格式如下:

变刚度迭代格式:

$$\Delta\boldsymbol{q}_i^{(j)} = \big[\boldsymbol{K}_\mathrm{T}^{(j)}(\boldsymbol{q}_i^{(j-1)})\big]^{-1}(\boldsymbol{P}_i - \boldsymbol{R}_i^{(j)}(\boldsymbol{q}_i^{j-1})) \tag{6-4}$$

等刚度迭代格式:

$$\Delta\boldsymbol{q}_i^{(j)} = \big[\boldsymbol{K}_\mathrm{T}^{(1)}(\boldsymbol{q}_i^{(0)})\big]^{-1}(\boldsymbol{P}_i - \boldsymbol{R}_i^{(j)}(\boldsymbol{q}_i^{(j-1)})) \tag{6-5}$$

它们在 i 增量步内的解均为

$$\boldsymbol{q}_i^{(j)} = \boldsymbol{q}_i^{j-1} + \Delta\boldsymbol{q}_i^{(j)} \tag{6-6}$$

若在 i 增量步内,经 k 次迭代达到收敛,则总的解为

$$\boldsymbol{q}_i = \boldsymbol{q}_{i-1} + \sum_{j=1}^{k} \Delta\boldsymbol{q}_i^{(j)} \tag{6-7}$$

下面假设 T. L. 方法的求解采用变刚度迭代格式,而 U. L. 方法的求解采用等刚度迭代格式。两种方法在求解前都要准备全局位移累加器 Q 和应力累加器 S,并清零。

6.1.2　T.L.方法的算法和求解步骤

6.1.2.1　第 1 个增量步的求解

1) $i = 1$, $j = 1$ 求线性解

从初始状态开始(零位移,零应力),施加第一步增量载荷 $\Delta\boldsymbol{P}_1$,有

$$\Delta\boldsymbol{q}_1^{(1)} = \boldsymbol{K}_0^{-1}\Delta\boldsymbol{P}_1 \tag{6-8}$$

$\boldsymbol{K}_0$ 为小变形假定下的线性刚度矩阵,求解结果 $\Delta\boldsymbol{q}_1^{(1)}$,$\Delta\boldsymbol{S}_1^{(1)}$ 分别送入位移累加器 Q 和应力累加器 S。将线性解 $\Delta\boldsymbol{q}_1^{(1)}$ 和 $\Delta\boldsymbol{S}_1^{(1)}$ 作为初位移和初应力进行非线性迭代,直至满足收敛准则(结构达到平衡),具体方法如 2)。

2) $i = 1$, $j \geqslant 2$ 的求解

按变刚度迭代,以 $\Delta\boldsymbol{q}_1^{(1)}$ 和 $\Delta\boldsymbol{S}_1^{(1)}$ 为初位移和初应力,求解方程

$$\boldsymbol{K}_{T1}^{(2)}(\boldsymbol{q}_1^{(1)})\Delta\boldsymbol{q}_1^{(2)} = \Delta\boldsymbol{P}_1 - \Delta\boldsymbol{R}_1^{(2)}(\boldsymbol{q}_1^{(1)}) = \Delta\boldsymbol{Z}(\boldsymbol{q}_1^{(1)}) \tag{6-9}$$

式中切线刚度矩阵分别为

$$\left.\begin{aligned}
\boldsymbol{K}_{T1}^{(2)} &= \boldsymbol{K}_0 + \boldsymbol{K}_\sigma(\boldsymbol{S}_1^{(1)}) + \boldsymbol{K}_L(\boldsymbol{q}_1^{(1)}) \\
\boldsymbol{K}_0 &= \int_{v_0} \boldsymbol{B}_0^T \boldsymbol{D}\boldsymbol{B}_0 \,\mathrm{d}v \\
\boldsymbol{K}_L(\boldsymbol{q}_1^{(1)}) &= \int_{v_0} (\boldsymbol{B}_0^T \boldsymbol{D}\boldsymbol{B}_{L1} + \boldsymbol{B}_{L1}^T \boldsymbol{D}\boldsymbol{B}_0 + \boldsymbol{B}_{L1}^T \boldsymbol{D}\boldsymbol{B}_{L1}) \,\mathrm{d}v \\
\boldsymbol{K}_\sigma &= \int_{v_0} \boldsymbol{G}^T \boldsymbol{M}\boldsymbol{G} \,\mathrm{d}v
\end{aligned}\right\} \tag{6-10}$$

式中 $\boldsymbol{B}_{L0}$,$\boldsymbol{B}_{L1}$ 和 $\boldsymbol{G}$ 由上一章理论得出:

$$\boldsymbol{B}_{L0} = \boldsymbol{L}\boldsymbol{N} \qquad \boldsymbol{B}_{L1} = \boldsymbol{A}\boldsymbol{G} \qquad \boldsymbol{G} = \boldsymbol{H}\boldsymbol{N} \tag{6-11}$$

膜力矩阵 $\boldsymbol{M}$ 由式(5 - 86)给出。结构反力为

$$\Delta\boldsymbol{R}_1^{(2)} = \boldsymbol{R}_1^{(2)} = \int_{v_0} \boldsymbol{B}^T \boldsymbol{S}_1^{(1)} \,\mathrm{d}v \tag{6-12}$$

$$\boldsymbol{B} = \boldsymbol{B}_0 + \boldsymbol{B}_{\mathrm{L1}} + \boldsymbol{B}_{\mathrm{NL}} \tag{6-13}$$

式中

$$\left.\begin{aligned}
\boldsymbol{S}_1^{(1)} &= \Delta \boldsymbol{S}_1^{(1)} \\
\boldsymbol{S}_1^{(1)} &= \boldsymbol{D}\,\boldsymbol{\epsilon}_1^{(1)} = \boldsymbol{DB}^*\,\boldsymbol{q}_1^{(1)} \\
\boldsymbol{B}^* &= \boldsymbol{B}_0 + \boldsymbol{B}_{\mathrm{L1}} + \boldsymbol{B}_{\mathrm{NL}}^* \\
\boldsymbol{B}_{\mathrm{NL}}^* &= \frac{1}{2}\Delta \boldsymbol{A} \cdot G
\end{aligned}\right\} \tag{6-14}$$

第 1 个增量步的第 j 次迭代为

$$\Delta \boldsymbol{q}_1^{(j)} = \big[\boldsymbol{K}_{1\mathrm{T}}(\boldsymbol{q}_1^{(j-1)})\big]^{-1}(\Delta \boldsymbol{P}_1 - \Delta \boldsymbol{R}_1^{(j)}) \tag{6-15}$$

该增量步内对应增量位移 $\Delta \boldsymbol{q}_1^{(j-1)}$ 的结构反力为

$$\Delta \boldsymbol{R}_1^{(j)} = \int_{v_0} \boldsymbol{B}^{\mathrm{T}} \Delta \boldsymbol{S}_1^{(j-1)}\,\mathrm{d}v \tag{6-16}$$

假如迭代 k 次直至满足收敛条件,则第 1 增量步迭代结束时的位移为

$$\Delta \boldsymbol{q}_1 = \sum_{j=1}^{k} \Delta \boldsymbol{q}_1^{(j)} \tag{6-17}$$

将增量位移 $\Delta \boldsymbol{q}_1$ 往总位移向量 $\boldsymbol{Q}$ 中累加。

6.1.2.2　第 i 个增量步的求解

1) 第 i 步第 1 次迭代求 $\Delta \boldsymbol{q}_i^{(1)}$

解方程　　　　　$\Delta \boldsymbol{q}_i^{(1)} = \big[\boldsymbol{K}_{\mathrm{T}}(\boldsymbol{q}_{i-1})\big]^{-1}(\Delta \boldsymbol{P}_i - \Delta \boldsymbol{R}_i^{(0)})$　　　　$(6-18)$

式中 $\Delta \boldsymbol{R}_i^{(0)} = 0$。

2) 第 i 步第 j 次迭代求 $\Delta \boldsymbol{q}_i^{(j)}$

解方程　　　　　$\Delta \boldsymbol{q}_i^{(j)} = \big[\boldsymbol{K}_{\mathrm{T}}(\boldsymbol{q}_i^{(j-1)})\big]^{-1}(\Delta \boldsymbol{P}_i - \Delta \boldsymbol{R}_i^{(j)})$　　　　$(6-19)$

记

$$\Delta \boldsymbol{P}_i - \Delta \boldsymbol{R}_i^i = \Delta \boldsymbol{Z}_i^{(j)} \tag{6-20}$$

而且

$$\Delta \boldsymbol{Z}_i^{(j)} = \Delta \boldsymbol{P}_i - \Delta \boldsymbol{R}_i^{(j)} = \boldsymbol{P}_i - \boldsymbol{R}_i^{(j)} = \boldsymbol{Z}_i^{(j)} \tag{6-21}$$

因此在计算各单元的切线刚度矩阵并集合为结构总的切线刚度矩阵之后,计算各单元的增量反力向量 $\Delta \boldsymbol{R}$ 时,也可计算结构的总反力向量 $\boldsymbol{R}$,因为按式$(6-20)$和式$(6-21)$计算所得的不平衡力向量 $\Delta \boldsymbol{Z}$ 和 $\boldsymbol{Z}$ 是相等的。$\Delta \boldsymbol{Z}$ 为增量形式的不平衡力,$\boldsymbol{Z}$ 为全量形式的不平衡力。

方程$(6-19)$也可写为

$$\left.\begin{array}{l} \Delta \boldsymbol{q}_i^{(j)} = \left[\boldsymbol{K}_{\mathrm{T}}(\boldsymbol{q}_i^{(j-1)})\right]^{-1}(\boldsymbol{P}_i - \boldsymbol{R}_i^{(j)}) \\ \boldsymbol{R}_i^{(j)} = \boldsymbol{R}_i^{(j)}(\boldsymbol{q}_i^{(j-1)}) \end{array}\right\} \tag{6-22}$$

每次迭代结束都要判断其收敛性,如满足收敛条件,则进入下一增量步迭代。

3) 直至所有的增量载荷施加完毕,最后的解在总位移累加器和总应力累加器中

6.1.3　U.L.方法的算法和求解步骤

6.1.3.1　第1个增量步的求解

这里采用等刚度迭代格式,并用全量形式求不平衡力向量。

1) $i = 1$, $j = 1$ 时求线性解 $\Delta \boldsymbol{q}_1^{(1)}$

$$\Delta \boldsymbol{q}_1^{(1)} = \left[\boldsymbol{K}_{\mathrm{T1}}^{(1)}(\Delta \boldsymbol{q}_1^{(0)})\right]^{-1}(\boldsymbol{P}_1 - \boldsymbol{R}_1^{(1)}(\boldsymbol{q}_1^{(0)})) \tag{6-23}$$

在初始状态 $\boldsymbol{q}_1^{(0)} = 0$, $\boldsymbol{R}_1^{(1)}(\boldsymbol{q}_1^{(0)}) = 0$,即求解线性方程

$$\Delta \boldsymbol{q}_1^{(1)} = \boldsymbol{K}_{\mathrm{T1}}^{-1}\boldsymbol{P}_1 = \boldsymbol{K}_0^{-1}\boldsymbol{P}_1 \tag{6-24}$$

得线性解 $\Delta \boldsymbol{q}_1^1$,并送入位移累加器 Q。

2) $i = 1$, $j \geqslant 2$ 时的求解

解方程

$$\Delta \boldsymbol{q}_1^{(j)} = \left[\boldsymbol{K}_{\mathrm{T1}}^{(1)}(\boldsymbol{q}_1^0)\right]^{-1}(\boldsymbol{P}_1 - \boldsymbol{R}_1^{(j)}(\boldsymbol{q}_1^{(j-1)})) \tag{6-25}$$

注意在同一增量步的各次迭代中,都采用第1次迭代时的切线刚度矩阵。其中反力

$$\boldsymbol{R}_1^{(j)} = \boldsymbol{R}_1^{(j)}(\boldsymbol{q}_1^{(j-1)}) = \int_v \boldsymbol{B}^{\mathrm{T}}\boldsymbol{S}_1^{(j-1)}\,\mathrm{d}v$$

$$= \int \boldsymbol{B}^{\mathrm{T}}\boldsymbol{D}\boldsymbol{B}^*\,\mathrm{d}v\boldsymbol{q}_1^{(j-1)} = \boldsymbol{K}_{\mathrm{C}}\boldsymbol{q}_1^{(j-1)} \tag{6-26}$$

式中:$\boldsymbol{K}_{\mathrm{C}}(\boldsymbol{q}_1^{(j-1)})$ 为结构在位移 $\boldsymbol{q}_1^{(j-1)}$ 状态下的割线刚度矩阵。在上述第1个增量步内,每次迭代求得增量位移均往位移累加器 Q 中累加。倘若经过 k 次迭代达到收敛,则此时位移累加器 Q 中的位移值为

$$Q = \sum_{j=1}^{k} \Delta \boldsymbol{q}_1^{(j)} = \boldsymbol{q}_1 \tag{6-27}$$

6.1.3.2　第2个增量步的求解

1) $i = 2$, $j = 1$ 的求解

用位移累加器 Q 中位移向量修改各结点坐标值,完成坐标系移动至第1个载荷增量步结束时的物体构形上,并形成各单元的局部坐标向全局坐标的转换阵。解方程

$$\left.\begin{array}{l} \boldsymbol{K}_{\mathrm{T2}}^{(1)}(\boldsymbol{q}_1)\Delta\boldsymbol{q}_2^{(1)}=\boldsymbol{P}_2-\boldsymbol{R}_1^{(1)}(\boldsymbol{q}_1) \\[2mm] \boldsymbol{R}_1^{(1)}(\boldsymbol{q}_1)=\displaystyle\int_{v_1}\boldsymbol{B}^{\mathrm{T}}\boldsymbol{S}_1\,\mathrm{d}v_1 \end{array}\right\} \tag{6-28}$$

$\boldsymbol{q}_1$ 为第一步终的位移值,式中:$\boldsymbol{K}_{\mathrm{T2}}^{(1)}=\boldsymbol{K}_{02}+\boldsymbol{K}_{\sigma2}^{(1)}$;$\boldsymbol{K}_{02}$ 为在新的坐标系下的单元线性刚度矩阵;$\boldsymbol{K}_{\sigma2}^{(1)}$ 为当前应力下的初应力矩阵。

$$\left.\begin{array}{l} \boldsymbol{K}_{\sigma2}=\displaystyle\int_{v_1}\boldsymbol{G}^{\mathrm{T}}\boldsymbol{M}\boldsymbol{G}\,\mathrm{d}v \\[2mm] \boldsymbol{G}=\boldsymbol{G}(\boldsymbol{N},\ x,\ y,\ z) \end{array}\right\} \tag{6-29}$$

这里,单元膜力矩阵 $\boldsymbol{M}$ 的求法,是从总位移向量 $\boldsymbol{Q}$ 中提取单元结点位移 $\boldsymbol{q}$,并将其转换到该单元的局部坐标下,在单元内求内力 $\boldsymbol{S}=\boldsymbol{D}\boldsymbol{\epsilon}=\boldsymbol{D}\boldsymbol{B}\boldsymbol{q}_1$,式中 $\boldsymbol{B}=\boldsymbol{B}_0$ 为新单元坐标系下的几何矩阵。再从 $\boldsymbol{S}$ 中提取膜力矩阵 $\boldsymbol{M}$,从而求得 $\Delta\boldsymbol{q}_2^{(1)}$,并向 $\boldsymbol{Q}$ 中累加。

2)$i=2,j\geqslant2$ 的求解

此时 $\boldsymbol{Q}$ 中存放第 1 增量步终位移 $\boldsymbol{q}_1$ 及该增量步内 $(j-1)$ 次迭代后的积累位移之和。若采用通常的变刚度法解方程

$$\boldsymbol{K}_{\mathrm{T2}}^{(j)}(\boldsymbol{q}_2^{(j-1)})\Delta\boldsymbol{q}_2^{(j)}=\boldsymbol{P}_2-\boldsymbol{R}_2^{(j)}(\boldsymbol{q}_2^{(j-1)}) \tag{6-30}$$

若采用等刚度法,则

$$\boldsymbol{K}_{\mathrm{T2}}^{(j)}=\boldsymbol{K}_{\mathrm{T2}}^{(1)}(\boldsymbol{q}_2^{(0)})\quad(j=1,\ 2,\ 3,\ \cdots) \tag{6-31}$$

当前位移下结构的反力向量

$$\boldsymbol{R}_2^{(j)}(\boldsymbol{q}_2^{(j-1)})=\int_{v_1}\boldsymbol{B}^{\mathrm{T}}\boldsymbol{S}_2^{(j-1)}\,\mathrm{d}v_1 \tag{6-32}$$

以上求解过程与 $i=1,j\geqslant2$ 时的求解相同,解出 $\Delta\boldsymbol{q}_2^{(j)}$ 后往 $\boldsymbol{Q}$ 中累加,如果经 k 次迭代后达到收敛,则 $\boldsymbol{Q}$ 中位移为第 1 增量步与第 2 增量步内增量位移的累积值,即

$$\boldsymbol{q}_2=\boldsymbol{q}_1+\sum_{j=1}^{k}\Delta\boldsymbol{q}_2^{(j)} \tag{6-33}$$

6.1.3.3 第 i 个增量步的求解

1)$i\geqslant2,j=1$ 的求解

用 $\boldsymbol{Q}$ 中位移修改结点坐标值,使参考系移至第 $(i-1)$ 步终变形后的物体构形上,并形成各单元局部坐标系向全局坐标系的转换阵,解方程

$$\left.\begin{array}{l} \boldsymbol{K}_{\mathrm{T}i}^{(1)}(\boldsymbol{q}_{i-1})\Delta\boldsymbol{q}_i^{(1)}=\boldsymbol{P}_i-\boldsymbol{R}_i^{(1)}(\boldsymbol{q}_{i-1})=\Delta\boldsymbol{Z}_i^{(1)} \\[2mm] \boldsymbol{K}_{\mathrm{T}i}^{(1)}=\boldsymbol{K}_{0i}^{(1)}+\boldsymbol{K}_{\sigma i}^{(1)} \\[2mm] \boldsymbol{R}_i^{(1)}(\boldsymbol{q}_{i-1})=\displaystyle\int_{v_{i1}}\boldsymbol{B}^{\mathrm{T}}\boldsymbol{S}_{i-1}\,\mathrm{d}v_1 \end{array}\right\} \tag{6-34}$$

2) $i \geqslant 2$，$j \geqslant 2$ 的求解

$$K_{Ti}^{(j)}(q_i^{(i-1)}) \Delta q_i^{(j)} = P_i - R_i^{(j)}(q_i^{(j-1)}) = Z_i^{(j)} \qquad (6-35)$$

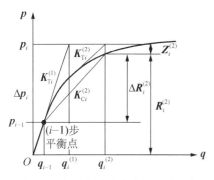

图 6.1 全量和增量形式的不平衡力

上式中 $Z_i^{(j)}$ 是相对于位移 $q_i^{(j-1)}$ 的不平衡力向量，它也可以用增量形式表示，即 $\Delta Z_i^{(j)} = \Delta P_i - \Delta R_i^{(j)}(\Delta q_i^{(j-1)})$。因为在 $(i-1)$ 步终，结构已达到了平衡点，所以 $Z_i^{(j)} = \Delta Z_i^{(j)}$，如图 6.1 所示。此时，在位移累加器中的总位移

$$q_i = \sum_i \sum_j \Delta q_i^{(j)} \qquad (6-36)$$

3）所有的增量载荷施加完毕，最终的位移在位移累加器 Q 中

以上均是在单元的局部坐标系(相邻坐标系)中计算单刚，组装总刚时根据事先形成的各单元向全局坐标系的转换阵转换组装，所以求解是在全局坐标下进行的，故求出的增量位移可直接累加。而在计算单元应力时，需要从总位移向量中提取单元位移并转换到单元的局部坐标系下进行。求出的是在单元局部坐标系下的应力，所以还要转换到全局坐标系下进行累加。

6.2 几个典型单元切线刚度的推导

6.2.1 大变形八结点等参轴对称单元切线刚度矩阵

6.2.1.1 几何关系

变形特征是轴对称的，故取柱坐标(r, θ, z)，相应的位移分量为 $u(r)$，$v(\theta)$ 和 $w(z)$，而 $v(\theta) = 0$，故 $U = \{u \quad w\}^{\mathrm{T}}$，且 $\gamma_{z\theta} = \gamma_{r\theta} = 0$。采用八结点的轴对称等参元单元，如图 1.10 所示。其位移向量

$$q = \{u_1 \quad w_1 \quad u_2 \quad w_2 \quad \cdots \quad u_8 \quad w_8\}^{\mathrm{T}} \qquad (6-37)$$

设单元内任意一点的应变

$$\boldsymbol{\epsilon} = \{\epsilon_r \quad \epsilon_\theta \quad \epsilon_z \quad \gamma_{rz}\}^{\mathrm{T}} = \boldsymbol{\epsilon}_0 + \boldsymbol{\epsilon}_{\mathrm{L}} \qquad (6-38)$$

式中 $\boldsymbol{\epsilon}_0$ 和 $\boldsymbol{\epsilon}_{\mathrm{L}}$ 为应变的线性和非线性部分：

$$\boldsymbol{\epsilon}_0 = \left\{ \frac{\partial u}{\partial r} \quad \frac{u}{r} \quad \frac{\partial w}{\partial z} \quad \frac{\partial u}{\partial z} + \frac{\partial w}{\partial r} \right\}^{\mathrm{T}} \qquad (6-39)$$

$$\boldsymbol{\epsilon}_{\mathrm{L}} = \frac{1}{2} \left\{ \left(\frac{\partial u}{\partial r}\right)^2 + \left(\frac{\partial w}{\partial r}\right)^2 \quad 0 \quad \left(\frac{\partial u}{\partial z}\right)^2 + \left(\frac{\partial w}{\partial z}\right)^2 \quad 2\left(\frac{\partial u}{\partial r}\frac{\partial u}{\partial z} + \frac{\partial w}{\partial r}\frac{\partial w}{\partial z}\right) \right\}^{\mathrm{T}}$$

$$(6-40)$$

6.2.1.2 位移插值

对于等参元的位移插值函数和坐标变换函数取同一形式，位移插值为

$$\boldsymbol{U} = \{u \quad w\}^{\mathrm{T}} = \sum_{i=1}^{8} \boldsymbol{N}_i \boldsymbol{q}_i \qquad (6-41)$$

即

$$\left. \begin{aligned} u &= \sum_{i=1}^{8} N_i u_i \\ w &= \sum_{i=1}^{8} N_i u_i \end{aligned} \right\} \qquad (6-42)$$

坐标变换

$$\left. \begin{aligned} r &= \sum_{i=1}^{8} N_i r_i \\ z &= \sum_{i=1}^{8} N_i z_i \end{aligned} \right\} \qquad (6-43)$$

式中形函数为

$$\left. \begin{aligned} N_i &= (1+\xi\xi_i)(1+\eta\eta_i)(\xi\xi_i+\eta\eta_i-1)/4 \qquad (i=1,3,5,7) \\ N_i &= \xi_i(1+\xi\xi_i)(1-\eta^2)/2 + \eta_i(1+\eta\eta_i)(1-\xi^2)/2 \qquad (i=2,4,6,8) \end{aligned} \right\} \qquad (6-44)$$

6.2.1.3 弹性矩阵

由广义 Hooke 定律可知 $\boldsymbol{\epsilon} = \boldsymbol{D}\boldsymbol{\sigma}$，其中应变向量

$$\boldsymbol{\epsilon} = \{\epsilon_r \quad \epsilon_\theta \quad \epsilon_z \quad \epsilon_{rz}\}^{\mathrm{T}} \qquad (6-45)$$

应力向量

$$\boldsymbol{\sigma} = \{\sigma_r \quad \sigma_\theta \quad \sigma_z \quad \sigma_{rz}\}^{\mathrm{T}} \qquad (6-46)$$

则弹性矩阵

$$\boldsymbol{D} = \frac{E(1-\nu)}{(1+\nu)(1-2\nu)} \begin{bmatrix} 1 & \dfrac{\nu}{1-\nu} & \dfrac{\nu}{1-\nu} & 0 \\ & 1 & \dfrac{\nu}{1-\nu} & 0 \\ \mathrm{SYMM} & & 1 & 0 \\ & & & \dfrac{1-2\nu}{2(1-\nu)} \end{bmatrix} \qquad (6-47)$$

6.2.1.4 单元切线刚度矩阵的推导

1）线弹性刚度矩阵 $\boldsymbol{K}_0$（见 1.3.3 节）

$$\boldsymbol{\epsilon}_0 = \boldsymbol{B}_0 \boldsymbol{q} = \sum_{i=1}^{8} \boldsymbol{B}_{0i} \boldsymbol{q}_i \qquad (6-48)$$

式中

$$\boldsymbol{B}_{0i} = \begin{bmatrix} \dfrac{\partial N_i}{\partial r} & \dfrac{N_i}{r} & 0 & \dfrac{\partial N_i}{\partial z} \\ 0 & 0 & \dfrac{\partial N_i}{\partial z} & \dfrac{\partial N_i}{\partial r} \end{bmatrix}^{\mathrm{T}} \tag{6-49}$$

$$\boldsymbol{q}_i = \{ u_i \quad w_i \}^{\mathrm{T}} \tag{6-50}$$

于是得

$$\boldsymbol{K} = \iiint_v \boldsymbol{B}^{\mathrm{T}} \boldsymbol{D} \boldsymbol{B} r \, \mathrm{d}r \mathrm{d}\theta \mathrm{d}z = 2\pi \int_{-1}^{1} \int_{-1}^{1} \boldsymbol{B}^{\mathrm{T}} \boldsymbol{D} \boldsymbol{B} r \det(\boldsymbol{J}) \mathrm{d}\xi \mathrm{d}\eta \tag{6-51}$$

如果在 ξ, η 方向采用三点高斯积分,则

$$\boldsymbol{K}_0 = 2\pi \sum_{i=1}^{3} \sum_{j=1}^{3} W_i W_j r_i |\boldsymbol{J}| (\boldsymbol{B}_0^{\mathrm{T}} \boldsymbol{D} \boldsymbol{B}_0)_{ij} \tag{6-52}$$

式中:W_i, W_j 为高斯积分的权系数;$|\boldsymbol{J}|$ 为 Jacobi 矩阵所对应的行列式,即

$$|\boldsymbol{J}| = r_\xi' z_\eta' - z_\xi' r_\eta' \tag{6-53}$$

按照复合求导规则,计算 Jacobi 矩阵:

$$\begin{Bmatrix} N_\xi' \\ N_\eta' \end{Bmatrix} = \begin{bmatrix} r_\xi' & z_\xi' \\ r_\eta' & z_\eta' \end{bmatrix} \begin{Bmatrix} N_r' \\ N_z' \end{Bmatrix} = \boldsymbol{J} \begin{Bmatrix} N_r' \\ N_z' \end{Bmatrix} \tag{6-54}$$

$\boldsymbol{J}$ 就是坐标变换的 Jacobi 矩阵。

2) 大位移矩阵 $\boldsymbol{K}_{\mathrm{L}}$

$$\boldsymbol{\epsilon}_{\mathrm{L}} = \frac{1}{2} \boldsymbol{A} \boldsymbol{\theta} = \boldsymbol{B}_{\mathrm{L}}^* \boldsymbol{q} \tag{6-55}$$

即

$$\Delta E_{L_1} = \frac{1}{2} \boldsymbol{A} \Delta \boldsymbol{\theta} + \frac{1}{2} \Delta \boldsymbol{A} \boldsymbol{\theta} = \boldsymbol{A} \Delta \boldsymbol{\theta}$$

$$\boldsymbol{B}_{\mathrm{L}}^* = \frac{1}{2} \boldsymbol{A} \boldsymbol{G} \tag{6-56}$$

由定义知

$$\mathrm{d}\boldsymbol{\epsilon}_{\mathrm{L}} = \boldsymbol{A} \mathrm{d}\boldsymbol{\theta} = \boldsymbol{B}_{\mathrm{L}} \boldsymbol{q} \tag{6-57}$$

$$\boldsymbol{B}_{\mathrm{L}} = \boldsymbol{A} \boldsymbol{G} \tag{6-58}$$

且

$$\left. \begin{aligned} \boldsymbol{\theta} &= \boldsymbol{G} \boldsymbol{q} \\ \mathrm{d}\boldsymbol{\theta} &= \boldsymbol{G} \mathrm{d}\boldsymbol{q} \end{aligned} \right\} \tag{6-59}$$

$$\boldsymbol{\theta} = \left\{ \frac{\partial u}{\partial r} \quad \frac{\partial w}{\partial r} \quad \frac{\partial u}{\partial z} \quad \frac{\partial w}{\partial z} \right\}^{\mathrm{T}} \tag{6-60}$$

$$\boldsymbol{A} = \begin{bmatrix} \dfrac{\partial u}{\partial r} & \dfrac{\partial w}{\partial r} & 0 & 0 \\[2mm] 0 & 0 & 0 & 0 \\[2mm] 0 & 0 & \dfrac{\partial u}{\partial z} & \dfrac{\partial w}{\partial z} \\[2mm] \dfrac{\partial u}{\partial z} & \dfrac{\partial w}{\partial z} & \dfrac{\partial u}{\partial r} & \dfrac{\partial w}{\partial r} \end{bmatrix} \tag{6-61}$$

$$\boldsymbol{G} = \begin{bmatrix} \dfrac{\partial N_i}{\partial r} & 0 & \dfrac{\partial N_i}{\partial z} & 0 \\[3mm] 0 & \dfrac{\partial N_i}{\partial r} & 0 & \dfrac{\partial N_i}{\partial z} \end{bmatrix}^{\mathrm{T}} \tag{6-62}$$

此时,假设在一个微小的增量步内忽略 $\boldsymbol{B}_{\mathrm{NL}}$,则

$$\boldsymbol{B}_{\mathrm{L}}^* = \boldsymbol{B}_{\mathrm{L}} \tag{6-63}$$

$$\boldsymbol{K}_{\mathrm{L}} = 2\pi \int_{-1}^{1} \int_{-1}^{1} (\boldsymbol{B}_0^{\mathrm{T}} \boldsymbol{D} \boldsymbol{B}_{\mathrm{L}} + \boldsymbol{B}_{\mathrm{L}}^{\mathrm{T}} \boldsymbol{D} \boldsymbol{B}_0 + \boldsymbol{B}_{\mathrm{L}}^{\mathrm{T}} \boldsymbol{D} \boldsymbol{B}_{\mathrm{L}}) r |\boldsymbol{J}| \, \mathrm{d}\xi \mathrm{d}\eta \tag{6-64}$$

3) 初应力矩阵 $\boldsymbol{K}_\sigma (\boldsymbol{M}, \boldsymbol{G})$

由上一章的基本理论知

$$\boldsymbol{K}_\sigma \mathrm{d}\boldsymbol{q} = \int_{v_0} \mathrm{d}\boldsymbol{B}_{\mathrm{L}}^{\mathrm{T}} \boldsymbol{S} \mathrm{d}v = \int_{v_0} \mathrm{d}[\boldsymbol{A}\boldsymbol{G}]^{\mathrm{T}} \boldsymbol{S} \mathrm{d}v = \int_{v_0} \boldsymbol{G}^{\mathrm{T}} \mathrm{d}\boldsymbol{A}^{\mathrm{T}} \boldsymbol{S} \mathrm{d}v \tag{6-65}$$

$$\mathrm{d}\boldsymbol{A}^{\mathrm{T}} \boldsymbol{S} = \mathrm{d} \begin{bmatrix} \dfrac{\partial u}{\partial r} & 0 & 0 & \dfrac{\partial u}{\partial z} \\[2mm] \dfrac{\partial w}{\partial r} & 0 & 0 & \dfrac{\partial w}{\partial z} \\[2mm] 0 & 0 & \dfrac{\partial u}{\partial z} & \dfrac{\partial u}{\partial r} \\[2mm] 0 & 0 & \dfrac{\partial u}{\partial z} & \dfrac{\partial u}{\partial r} \end{bmatrix} \left\{ \begin{array}{c} \sigma_r \\ \sigma_\theta \\ \sigma_z \\ \tau_{zr} \end{array} \right\} = \left\{ \begin{array}{c} \mathrm{d}\left(\dfrac{\partial u}{\partial r}\right)\sigma_r + \mathrm{d}\left(\dfrac{\partial u}{\partial z}\right)\tau_{zr} \\[2mm] \mathrm{d}\left(\dfrac{\partial w}{\partial r}\right)\sigma_r + \mathrm{d}\left(\dfrac{\partial w}{\partial z}\right)\tau_{zr} \\[2mm] \mathrm{d}\left(\dfrac{\partial u}{\partial z}\right)\sigma_z + \mathrm{d}\left(\dfrac{\partial w}{\partial r}\right)\tau_{zr} \\[2mm] \mathrm{d}\left(\dfrac{\partial w}{\partial z}\right)\sigma_z + \mathrm{d}\left(\dfrac{\partial w}{\partial r}\right)\tau_{zr} \end{array} \right\}$$

$$= \left\{ \begin{array}{cccc} \sigma_r & 0 & \tau_{zr} & 0 \\ 0 & \sigma_r & 0 & \tau_{zr} \\ \tau_{zr} & 0 & \sigma_z & 0 \\ 0 & \tau_{zr} & 0 & \sigma_z \end{array} \right\} \mathrm{d} \left\{ \begin{array}{c} \dfrac{\partial u}{\partial r} \\[2mm] \dfrac{\partial w}{\partial r} \\[2mm] \dfrac{\partial u}{\partial z} \\[2mm] \dfrac{\partial w}{\partial z} \end{array} \right\} = \boldsymbol{M} \mathrm{d}\boldsymbol{\theta} = \boldsymbol{M}\boldsymbol{G} \mathrm{d}\boldsymbol{q} \tag{6-66}$$

式中 $\boldsymbol{M}$ 为膜力矩阵。因此

$$\boldsymbol{K}_\sigma = \int_{v_0} \boldsymbol{G}^{\mathrm{T}} \boldsymbol{M} \boldsymbol{G} \,\mathrm{d}v$$

$$= 2\pi \int_{-1}^1 \int_{-1}^1 \boldsymbol{G}^{\mathrm{T}} \boldsymbol{M} \boldsymbol{G} r \,|\boldsymbol{J}| \,\mathrm{d}\xi \mathrm{d}\eta \qquad (6-67)$$

6.2.1.5 单元的结点反力

$$\Delta \boldsymbol{R}_i^{(j)} = \int_{v_0} \boldsymbol{B}^{\mathrm{T}} \Delta \boldsymbol{S}_{ia}^{(j-1)} \,\mathrm{d}v = \int_{v_0} \boldsymbol{B}^{\mathrm{T}} \boldsymbol{D} \boldsymbol{B}^* \,\mathrm{d}v \, \Delta \boldsymbol{q}_{ia}^{(j-1)}$$

$$= 2\pi \int_{-1}^1 \int_{-1}^1 \boldsymbol{B}^{\mathrm{T}} \boldsymbol{D} \boldsymbol{B}^* r\,|\boldsymbol{J}| \,\mathrm{d}\xi \mathrm{d}\eta \, \Delta \boldsymbol{q}_{ia}^{(j-1)} \qquad (6-68)$$

式中下标"a"表示累积的力学量。例如 $\boldsymbol{q}_{ia}^{(j-1)}$ 表示在 i 步内经 $(j-1)$ 次迭代后的累积位移。

6.2.2 大挠度平面弯曲梁单元切线刚度矩阵

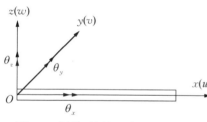

图 6.2 梁单元局部坐标系下的位移

平面梁系即在同一平面内有若干个杆件(构件)以一定方式连接起来的结构。构件的轴线及所受的外载荷位于同一平面内,这时结构处于轴向拉伸和平面弯曲的组合变形状态下。下面推导平面梁单元的增量平衡方程。设梁单元 ij 的局部坐标系为 $Oxyz$,符号规定如图 6.2 所示。

梁单元结点位移向量 $\boldsymbol{q}$ 为

$$\boldsymbol{q} = \{u_i \quad w_i \quad \theta_i \quad u_j \quad w_j \quad \theta_j\}^{\mathrm{T}} \qquad (6-69)$$

结点内力向量

$$\boldsymbol{N} = \{N_i \quad Q_i \quad M_i \quad N_j \quad Q_j \quad M_j\}^{\mathrm{T}} \qquad (6-70)$$

式中:N_i,Q_i,M_i 分别为结点处的面内轴力、剪力和弯矩。

6.2.2.1 变形几何关系

在 Δt 增量步内应变向量为

$$\boldsymbol{\epsilon} = \boldsymbol{\epsilon}_0 + \boldsymbol{\epsilon}_{\mathrm{L}} = (\boldsymbol{B}_0^* + \boldsymbol{B}_{\mathrm{L}}^*)\boldsymbol{q} \qquad (6-71)$$

式中

$$\boldsymbol{\epsilon}_0 = \begin{Bmatrix} \boldsymbol{\epsilon}_0^{\mathrm{p}} \\ \boldsymbol{\epsilon}_0^{\mathrm{b}} \end{Bmatrix} = \begin{Bmatrix} \boldsymbol{\epsilon}_x \\ \chi_y \end{Bmatrix} = \begin{Bmatrix} \dfrac{\partial u}{\partial x} \\[2mm] \dfrac{\partial^2 w}{\partial x^2} \end{Bmatrix} \qquad (6-72)$$

$$\boldsymbol{\epsilon}_{\mathrm{L}} = \begin{Bmatrix} \boldsymbol{\epsilon}_{\mathrm{L}}^{\mathrm{p}} \\ \boldsymbol{\epsilon}_{\mathrm{L}}^{\mathrm{b}} \end{Bmatrix} = \begin{Bmatrix} \dfrac{1}{2}\left(\dfrac{\partial w}{\partial x}\right)^2 \\[2mm] 0 \end{Bmatrix} \qquad (6-73)$$

式中:上标"p"表示梁的轴向应变;上标"b"表示梁的弯曲应变;下标"0"表示线性应变部分;下标"L"表示大变形部分。

这里采用了 von Karman 大挠度理论,在几何非线性分析中仅保留了 $\left(\dfrac{\partial w}{\partial x}\right)^2$ 项,忽略了 $\left(\dfrac{\partial u}{\partial x}\right)^2$ 和 $\left(\dfrac{\partial v}{\partial x}\right)^2$ 项。

6.2.2.2　单元弹性矩阵

由材料力学可知,对矩形截面梁有如下内力-应变关系:

$$\left.\begin{aligned} N = N_x = b\!\int\!\sigma_x \mathrm{d}z = EA\epsilon_x \\ M = M_y = b\!\int\!\sigma_x z \mathrm{d}z = EJ_y\chi_y \end{aligned}\right\} \tag{6-74}$$

于是单元内力

$$\boldsymbol{S} = \begin{Bmatrix} N \\ M \end{Bmatrix} = \boldsymbol{D}\begin{Bmatrix} \epsilon_x \\ \chi_y \end{Bmatrix} \tag{6-75}$$

由此得单元弹性矩阵

$$\boldsymbol{D} = \begin{bmatrix} EA & 0 \\ 0 & EJ_y \end{bmatrix} \tag{6-76}$$

6.2.2.3　单元切线刚度矩阵

根据几何非线性有限元理论,关键是求其矩阵 $\boldsymbol{B}_0$,$\boldsymbol{B}_L$,$\boldsymbol{M}$,$\boldsymbol{G}$。

首先对增量位移场做插值,设

$$\left.\begin{aligned} u &= N_1 u_i + N_2 u_j \\ w &= N_3 w_i + N_4 \theta_i + N_5 w_j + N_6 \theta_j \end{aligned}\right\} \tag{6-77}$$

式中

$$\left.\begin{aligned} N_1 &= 1 - \frac{x}{l} \\[4pt] N_2 &= \frac{x}{l} \\[4pt] N_3 &= 1 + \frac{2x^3}{l^3} - \frac{3x^2}{l^2} \\[4pt] N_4 &= x + \frac{x^3}{l^2} - \frac{2x^2}{l} \\[4pt] N_5 &= \frac{3x^2}{l} - \frac{2x^3}{l^2} \\[4pt] N_6 &= -\frac{x^2}{l} + \frac{x^3}{l^2} \end{aligned}\right\} \tag{6-78}$$

且

$$
\left.
\begin{array}{l}
\theta_i = \left(\dfrac{\partial w}{\partial x}\right)_i \\[3mm]
\theta_j = \left(\dfrac{\partial w}{\partial x}\right)_j
\end{array}
\right\}
\tag{6-79}
$$

将式(6-69)代入式(6-72)得几何矩阵 $\boldsymbol{B}^*$ 的线性部分 $\boldsymbol{B}_0$ 矩阵。

$$
\boldsymbol{B}_0^* = \{\boldsymbol{B}_0^{\mathrm{p}} \quad \boldsymbol{B}_0^{\mathrm{b}}\}^{\mathrm{T}}, \text{且 } \boldsymbol{B}_0^* = \boldsymbol{B}_0, \ \delta\boldsymbol{\epsilon}_0 = \boldsymbol{B}_0\delta\boldsymbol{q}
$$

式中

$$
\left.
\begin{array}{l}
\boldsymbol{B}_0^{\mathrm{p}} = \left[-\dfrac{1}{l} \quad 0 \quad 0 \quad \dfrac{1}{l} \quad 0 \quad 0\right] \\[3mm]
\boldsymbol{B}_0^{\mathrm{b}} = \left[0 \quad N_3'' \quad N_4'' \quad 0 \quad N_5'' \quad N_6''\right]
\end{array}
\right\}
\tag{6-80}
$$

同理推导几何矩阵 $\boldsymbol{B}^*$ 中的非线性部分 $\boldsymbol{B}_{\mathrm{L}}$ 矩阵:

$$
\boldsymbol{\epsilon}_{\mathrm{L}} = \boldsymbol{B}_{\mathrm{L}}^* \boldsymbol{q} = \left\{\begin{array}{c}\boldsymbol{B}_{\mathrm{L}}^{\mathrm{p}} \\ \boldsymbol{B}_{\mathrm{L}}^{\mathrm{b}}\end{array}\right\}\boldsymbol{q} = \left\{\begin{array}{c}\boldsymbol{B}_{\mathrm{L}}^{\mathrm{p}} \\ \boldsymbol{0}\end{array}\right\}\boldsymbol{q}
\tag{6-81}
$$

$$
\mathrm{d}\boldsymbol{\epsilon}_{\mathrm{L}} = \boldsymbol{B}_{\mathrm{L}}\delta\boldsymbol{q} = \boldsymbol{A}\mathrm{d}\boldsymbol{\theta}
\tag{6-82}
$$

又令

$$
\boldsymbol{B}_{\mathrm{L}} = \boldsymbol{A}\boldsymbol{G}
\tag{6-83}
$$

则 $\mathrm{d}\boldsymbol{\theta} = \boldsymbol{G}\mathrm{d}\boldsymbol{q}$,由式(6-73)得到

$$
\boldsymbol{A} = \begin{bmatrix}\dfrac{\partial w}{\partial x} & 0 \\ 0 & 0\end{bmatrix} \qquad \mathrm{d}\boldsymbol{\theta} = \left\{\begin{array}{c}\dfrac{\partial w}{\partial x} \\ 0\end{array}\right\}
\tag{6-84}
$$

将插值形函数式(6-79)代入得

$$
\boldsymbol{G} = \begin{bmatrix}0 & N_3' & N_4' & 0 & N_5' & N_6' \\ 0 & 0 & 0 & 0 & 0 & 0\end{bmatrix}
\tag{6-85}
$$

将式(6-84)和式(6-85)代入式(6-83)得

$$
\boldsymbol{B}_{\mathrm{L}} = \begin{bmatrix}0 & \dfrac{\partial w}{\partial x}N_3' & \dfrac{\partial w}{\partial x}N_4' & 0 & \dfrac{\partial w}{\partial x}N_5' & \dfrac{\partial w}{\partial x}N_6' \\ 0 & 0 & 0 & 0 & 0 & 0\end{bmatrix}
\tag{6-86}
$$

于是

$$
\boldsymbol{B} = \boldsymbol{B}_0 + \boldsymbol{B}_{\mathrm{L}} = \left\{\begin{array}{c}\boldsymbol{B}_0^{\mathrm{p}} + \boldsymbol{B}_{\mathrm{L}}^{\mathrm{p}} \\ \boldsymbol{B}_0^{\mathrm{b}}\end{array}\right\}
\tag{6-87}
$$

$$\boldsymbol{B}_{\mathrm{L}} = \begin{bmatrix} -\dfrac{1}{l} & \dfrac{\partial w}{\partial x}N_3' & \dfrac{\partial w}{\partial x}N_4' & \dfrac{1}{l} & \dfrac{\partial w}{\partial x}N_5' & \dfrac{\partial w}{\partial x}N_6' \\[2mm] 0 & N_3'' & N_4'' & 0 & N_5'' & N_6'' \end{bmatrix} \qquad (6-88)$$

式中

$$\frac{\partial w}{\partial x} = N_3'w_i + N_4'\theta_i + N_5'w_j + N_6'\theta_j \qquad (6-89)$$

6.2.2.4 初应力矩阵

根据

$$\boldsymbol{K}_\sigma\mathrm{d}\boldsymbol{q} = \int_{\mathrm{V}_0}\mathrm{d}\boldsymbol{B}_{\mathrm{L}}^{\mathrm{T}}\boldsymbol{S}\mathrm{d}\upsilon = \int_{\mathrm{V}_0}\mathrm{d}(\boldsymbol{A}\boldsymbol{G})^{\mathrm{T}}\boldsymbol{S}\mathrm{d}\upsilon = \int_{\mathrm{V}_0}\boldsymbol{G}^{\mathrm{T}}\mathrm{d}\boldsymbol{A}^{\mathrm{T}}\boldsymbol{S}\mathrm{d}\upsilon \qquad (6-90)$$

且

$$\mathrm{d}\boldsymbol{A}^{\mathrm{T}}\boldsymbol{S} = \boldsymbol{M}\mathrm{d}\theta = \boldsymbol{M}\boldsymbol{G}\mathrm{d}\boldsymbol{q} \qquad (6-91)$$

故有

$$\boldsymbol{M} = \begin{bmatrix} S_{11}\boldsymbol{I}_3 & S_{12}\boldsymbol{I}_3 & S_{13}\boldsymbol{I}_3 \\ S_{21}\boldsymbol{I}_3 & S_{22}\boldsymbol{I}_3 & S_{23}\boldsymbol{I}_3 \\ S_{31}\boldsymbol{I}_3 & S_{32}\boldsymbol{I}_3 & S_{33}\boldsymbol{I}_3 \end{bmatrix} \qquad (6-92)$$

注意这里的 S_{ij} 是 Lagrange 应力张量而不是第 2 章中定义的应力偏张量。由梁的内力得到

$$\boldsymbol{K}_\sigma = \int \boldsymbol{G}^{\mathrm{T}}\boldsymbol{N}_x\boldsymbol{G}\mathrm{d}x \qquad (6-93)$$

6.2.2.5 单元结点反力

当采用混合法求解时

$$\Delta\boldsymbol{R}_i^{(j)} = \int \boldsymbol{B}^{\mathrm{T}}\Delta\boldsymbol{S}_{ia}^{j-1}\mathrm{d}\upsilon \qquad (6-94)$$

式中

$$\Delta\boldsymbol{S}_i^{(j-1)} = \boldsymbol{D}\boldsymbol{B}\Delta\boldsymbol{q}_{ia}^{(j-1)} \qquad (6-95)$$

读者作为练习可试推导关于 $\Delta\boldsymbol{R}_i^{(j)}$ 的显式表达式。

6.2.3 大挠度板单元切线刚度矩阵

当平板承受横向载荷作用,变形超出了小挠度假定范围进入大挠度变形的情况下,横向位移可以引起薄膜应变,板中的内力除弯矩之外还有薄膜内力。所以在大挠度情况下,平面应变和弯曲变形不再是毫不相关的而是互相耦合的。

设板单元中面和 Oxy 平面重合,按照 Kirchhoff 假定,平板应变可用中面位移

表示,应力沿板厚度积分后用内力表示符号规定如图 6.3 所示。

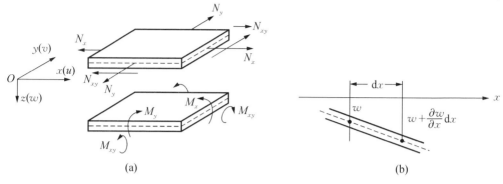

图 6.3 平 板 弯 曲

6.2.3.1 变形几何关系

设在增量步内应变向量 $\boldsymbol{\epsilon}$ 和应力(内力)向量 $\boldsymbol{\sigma}$ 为

$$
\left.
\begin{aligned}
\boldsymbol{\epsilon} &= \left\{ \begin{matrix} \boldsymbol{\epsilon}^{\mathrm{p}} \\ \boldsymbol{\epsilon}^{\mathrm{b}} \end{matrix} \right\} = \left\{ \epsilon_x \quad \epsilon_y \quad \gamma_{xy} \quad \dfrac{\partial^2 w}{\partial x^2} \quad \dfrac{\partial^2 w}{\partial y^2} \quad 2\dfrac{\partial^2 w}{\partial x \partial y} \right\}^{\mathrm{T}} \\
\boldsymbol{\sigma} &= \left\{ \begin{matrix} \boldsymbol{\sigma}^{\mathrm{p}} \\ \boldsymbol{\sigma}^{\mathrm{b}} \end{matrix} \right\} = \{ N_x \quad N_y \quad N_{xy} \quad M_x \quad M_y \quad M_{xy} \}^{\mathrm{T}}
\end{aligned}
\right\} \tag{6-96}
$$

式中:上标 p 和 b 分别表示板平面内膜应变、膜内力和弯曲应变、弯曲内力。同样按照 von Karman 大挠度理论。可得

$$
\left.
\begin{aligned}
\epsilon_x &= \frac{\partial u}{\partial x} + \frac{1}{2}\left(\frac{\partial w}{\partial x}\right)^2 \\
\epsilon_y &= \frac{\partial v}{\partial y} + \frac{1}{2}\left(\frac{\partial w}{\partial y}\right)^2 \\
\gamma_{xy} &= \frac{\partial u}{\partial y} + \frac{\partial v}{\partial x} + \frac{\partial w}{\partial x}\frac{\partial w}{\partial y}
\end{aligned}
\right\} \tag{6-97}
$$

$$
\boldsymbol{\epsilon} = \left\{ \begin{matrix} \dfrac{\partial u}{\partial x} \\[2mm] \dfrac{\partial v}{\partial y} \\[2mm] \dfrac{\partial u}{\partial y} + \dfrac{\partial v}{\partial x} \\[2mm] \dfrac{\partial^2 w}{\partial x^2} \\[2mm] \dfrac{\partial^2 w}{\partial y^2} \\[2mm] 2\dfrac{\partial^2 w}{\partial x \partial y} \end{matrix} \right\} + \left\{ \begin{matrix} \dfrac{1}{2}\left(\dfrac{\partial w}{\partial x}\right)^2 \\[2mm] \dfrac{1}{2}\left(\dfrac{\partial w}{\partial y}\right)^2 \\[2mm] \dfrac{\partial u}{\partial y} + \dfrac{\partial v}{\partial x} \\[2mm] 0 \\ 0 \\ 0 \end{matrix} \right\} = \left\{ \begin{matrix} \boldsymbol{\epsilon}_0^{\mathrm{p}} \\ \boldsymbol{\epsilon}_0^{\mathrm{b}} \end{matrix} \right\} + \left\{ \begin{matrix} \boldsymbol{\epsilon}_{\mathrm{L}}^{\mathrm{p}} \\ \mathbf{0} \end{matrix} \right\} = (\boldsymbol{B}_0 + \boldsymbol{B}_{\mathrm{L}})\boldsymbol{q} \tag{6-98}
$$

6.2.3.2　单元弹性矩阵

$$D = \begin{bmatrix} D^{\mathrm{p}} & 0 \\ 0 & D^{\mathrm{b}} \end{bmatrix} \tag{6-99}$$

$$\left.\begin{aligned} D^{\mathrm{p}} &= \frac{Eh}{1-\nu^2} \begin{bmatrix} 1 & \nu & 0 \\ \nu & 1 & 0 \\ 0 & 0 & \dfrac{1-\nu}{2} \end{bmatrix} \\[2em] D^{\mathrm{b}} &= \frac{Eh^3}{12(1-\nu^2)} \begin{bmatrix} 1 & \nu & 0 \\ \nu & 1 & 0 \\ 0 & 0 & \dfrac{1-\nu}{2} \end{bmatrix} \end{aligned}\right\} \tag{6-100}$$

6.2.3.3　单元切线刚度矩阵

根据非线性有限元理论和分段线性化的求解思想,推导单元切线刚度矩阵的关键是求单元的 B_0, B_{L}, M 和 G 矩阵。首先对增量位移场做适当的插值,设

$$U = \begin{Bmatrix} u \\ v \\ w \end{Bmatrix} = Nq \tag{6-101}$$

式中

$$\left.\begin{aligned} q &= \begin{Bmatrix} q^{\mathrm{p}} \\ q^{\mathrm{b}} \end{Bmatrix} \\[1em] q^{\mathrm{p}} &= \{u \quad v\}^{\mathrm{T}} \\[1em] q^{\mathrm{b}} &= \left\{ w \quad \left(\frac{\partial w}{\partial x}\right) \quad \left(\frac{\partial w}{\partial y}\right) \right\}^{\mathrm{T}} \end{aligned}\right\} \tag{6-102}$$

同样,形函数也可区分为 N^{p} 和 N^{b}

$$N_i = \begin{bmatrix} N_i^{\mathrm{p}} & 0 \\ 0 & N_i^{\mathrm{b}} \end{bmatrix} \tag{6-103}$$

线性刚度矩阵 K_0 的求法参照常规的线性有限元分析

$$K_0 = \begin{bmatrix} K_0^{\mathrm{p}} & 0 \\ 0 & K_0^{\mathrm{b}} \end{bmatrix} \tag{6-104}$$

1) 大位移矩阵 K_{L}

$$B = B_0 + B_{\mathrm{L}} \tag{6-105}$$

式中

$$\left.\begin{array}{l} \boldsymbol{B}_0 = \begin{bmatrix} \boldsymbol{B}_0^{\mathrm{p}} & \boldsymbol{0} \\ \boldsymbol{0} & \boldsymbol{B}_0^{\mathrm{b}} \end{bmatrix} \\ \boldsymbol{B}_{\mathrm{L}} = \begin{bmatrix} \boldsymbol{0} & \boldsymbol{B}_{\mathrm{L}}^{\mathrm{p}} \\ \boldsymbol{0} & \boldsymbol{0} \end{bmatrix} \end{array}\right\} \qquad (6-106)$$

$\boldsymbol{B}_{\mathrm{L}}^{\mathrm{p}}$ 是由应变的非线性项所引起的,从方程(6-98)可得到

$$\boldsymbol{\epsilon}_{\mathrm{L}}^{\mathrm{p}} = \frac{1}{2} \begin{bmatrix} \dfrac{\partial w}{\partial x} & 0 \\ 0 & \dfrac{\partial w}{\partial y} \\ \dfrac{\partial w}{\partial y} & \dfrac{\partial w}{\partial x} \end{bmatrix} \left\{ \begin{array}{c} \dfrac{\partial w}{\partial x} \\ \dfrac{\partial w}{\partial y} \end{array} \right\} = \frac{1}{2} \boldsymbol{A}\boldsymbol{\theta} \qquad (6-107)$$

挠度的一阶导数,可用结点的弯曲位移表示:

$$\boldsymbol{\theta} = \left\{ \begin{array}{c} \dfrac{\partial w}{\partial x} \\ \dfrac{\partial w}{\partial y} \end{array} \right\} = \boldsymbol{G}\,\mathrm{d}\boldsymbol{q} \qquad (6-108)$$

式中

$$\boldsymbol{G} = \begin{bmatrix} \dfrac{\partial N_1^{\mathrm{b}}}{\partial x} & \dfrac{\partial N_2^{\mathrm{b}}}{\partial x} & \cdots & \dfrac{\partial N_n^{\mathrm{b}}}{\partial x} \\ \dfrac{\partial N_1^{\mathrm{b}}}{\partial y} & \dfrac{\partial N_2^{\mathrm{b}}}{\partial y} & \cdots & \dfrac{\partial N_n^{\mathrm{b}}}{\partial y} \end{bmatrix} \qquad (6-109)$$

为了以下推导,引入下面两个性质:

(1)

$$\mathrm{d}\boldsymbol{A}\boldsymbol{\theta} = \begin{bmatrix} \mathrm{d}\left(\dfrac{\partial w}{\partial x}\right) & 0 \\ 0 & \mathrm{d}\left(\dfrac{\partial w}{\partial y}\right) \\ \mathrm{d}\left(\dfrac{\partial w}{\partial y}\right) & \mathrm{d}\left(\dfrac{\partial w}{\partial x}\right) \end{bmatrix} \left\{ \begin{array}{c} \dfrac{\partial w}{\partial x} \\ \dfrac{\partial w}{\partial y} \end{array} \right\} = \begin{bmatrix} \dfrac{\partial w}{\partial x} & 0 \\ 0 & \dfrac{\partial w}{\partial y} \\ \dfrac{\partial w}{\partial y} & \dfrac{\partial w}{\partial x} \end{bmatrix} \left\{ \begin{array}{c} \mathrm{d}\left(\dfrac{\partial w}{\partial x}\right) \\ \mathrm{d}\left(\dfrac{\partial w}{\partial y}\right) \end{array} \right\} = \boldsymbol{A}\,\mathrm{d}\boldsymbol{\theta} \quad (6-110)$$

(2) 设三维向量 $\boldsymbol{Y} = \{y_1 \quad y_2 \quad y_3\}^{\mathrm{T}}$,则有

$$\mathrm{d}\boldsymbol{A}^{\mathrm{T}}\boldsymbol{Y} = \begin{bmatrix} \mathrm{d}\left(\dfrac{\partial w}{\partial x}\right) & 0 & \mathrm{d}\left(\dfrac{\partial w}{\partial y}\right) \\ 0 & \mathrm{d}\left(\dfrac{\partial w}{\partial y}\right) & \mathrm{d}\left(\dfrac{\partial w}{\partial x}\right) \end{bmatrix} \left\{ \begin{array}{c} y_1 \\ y_2 \\ y_3 \end{array} \right\} = \begin{bmatrix} y_1 & y_3 \\ y_3 & y_2 \end{bmatrix} \mathrm{d}\boldsymbol{\theta} \qquad (6-111)$$

对(6-107)取微分,并利用式(6-110)得到

$$\mathrm{d}\,\boldsymbol{\epsilon}_{\mathrm{L}}^{\mathrm{p}} = \frac{1}{2}\mathrm{d}\boldsymbol{A}\,\boldsymbol{\theta} + \frac{1}{2}\boldsymbol{\theta}\,\mathrm{d}\boldsymbol{A} = \boldsymbol{A}\,\mathrm{d}\boldsymbol{\theta} = \boldsymbol{A}\boldsymbol{G}\mathrm{d}\boldsymbol{q}^{\mathrm{b}} \tag{6-112}$$

于是得

$$\boldsymbol{B}_{\mathrm{L}}^{\mathrm{b}} = \boldsymbol{A}\boldsymbol{G} \tag{6-113}$$

根据大位移矩阵的定义,可得

$$\boldsymbol{K}_{\mathrm{L}} = \int \begin{bmatrix} \boldsymbol{0} & \mathrm{SYMM} \\ \boldsymbol{B}_0^{\mathrm{p^T}}\boldsymbol{D}^{\mathrm{p}}\boldsymbol{B}_{\mathrm{L}}^{\mathrm{b}} & \boldsymbol{B}_{\mathrm{L}}^{\mathrm{b^T}}\boldsymbol{D}^{\mathrm{p}}\boldsymbol{B}_{\mathrm{L}}^{\mathrm{b}} \end{bmatrix} \mathrm{d}x\mathrm{d}y \tag{6-114}$$

2）初应力矩阵 $\boldsymbol{K}_\sigma$（几何刚度矩阵）

由非线性有限元理论知

$$\int \mathrm{d}\boldsymbol{B}_{\mathrm{L}}^{\mathrm{T}}\boldsymbol{\sigma}\mathrm{d}v = \boldsymbol{K}_\sigma\mathrm{d}\boldsymbol{q} \tag{6-115}$$

对式(6-106)中的第二式微分

$$\mathrm{d}\boldsymbol{B}_{\mathrm{L}}^{\mathrm{T}} = \begin{bmatrix} \boldsymbol{0} & \boldsymbol{0} \\ \mathrm{d}\boldsymbol{B}_{\mathrm{L}}^{\mathrm{p^T}} & \boldsymbol{0} \end{bmatrix} \tag{6-116}$$

将式(6-116)代入式(6-115),并利用式(6-96)和式(6-110)得出

$$\boldsymbol{K}_\sigma\mathrm{d}\boldsymbol{q} = \int \begin{bmatrix} \boldsymbol{0} & \boldsymbol{0} \\ \boldsymbol{G}^{\mathrm{T}}\mathrm{d}\boldsymbol{A}^{\mathrm{T}} & \boldsymbol{0} \end{bmatrix} \begin{Bmatrix} N_x \\ N_y \\ N_{xy} \\ M_x \\ M_y \\ M_{xy} \end{Bmatrix} \mathrm{d}x\mathrm{d}y \tag{6-117}$$

再利用式(6-111),有

$$\mathrm{d}\boldsymbol{A}^{\mathrm{T}} \begin{Bmatrix} N_x \\ N_y \\ N_{xy} \end{Bmatrix} = \begin{bmatrix} N_x & N_{xy} \\ N_{xy} & N_y \end{bmatrix} \mathrm{d}\boldsymbol{\theta} = \begin{bmatrix} N_x & N_{xy} \\ N_{xy} & N_y \end{bmatrix} \boldsymbol{G}\mathrm{d}\boldsymbol{q}^{\mathrm{T}} \tag{6-118}$$

最后得到几何刚度矩阵

$$\boldsymbol{K}_\sigma = \begin{bmatrix} \boldsymbol{0} & \boldsymbol{0} \\ \boldsymbol{0} & \boldsymbol{K}_\sigma^{\mathrm{b}} \end{bmatrix} \tag{6-119}$$

式中

$$\boldsymbol{K}_\sigma^{\mathrm{b}} = \int \boldsymbol{G}^{\mathrm{T}} \begin{bmatrix} N_x & N_{xy} \\ N_{xy} & N_y \end{bmatrix} \boldsymbol{G}\mathrm{d}x\mathrm{d}y \tag{6-120}$$

至此,得到了平板切线刚度矩阵的各部分,再按常规的方法求出不平衡力向量。之后,就可按照所选用的 T. L. 方法或 U. L. 方法具体求解。

6.3 几何非线性典型算例

6.3.1 周边固支受均布载荷作用的圆板

周边固支受均布载荷作用的圆板,几何参数:半径 $R = 40.0\,\text{cm}$,板厚 $h = 1\,\text{cm}$,材料参数:$E = 2.0 \times 10^6\,\text{kg/cm}^2$,$\nu = 0.3$,均布载荷强度 $q = -10.0\,\text{kg/cm}^2$。

6.3.1.1 计算模型

采用本书后附录 C.1 的轴对称几何非线性分析程序(AXIGN. FOR)进行计算,数据文件见附录中 C.2 示例(AXIGN. IN)。计算模型如图 6.4 所示:将结构划分为 10 个轴对称单元,按 10 个等增量步进行计算。

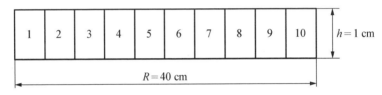

图 6.4   圆板计算模型

6.3.1.2 计算结果及误差分析

本题解析线性解为 $w_c/h = -2.184$,非线性解为 $w_c/h = -1.229$,w_c 为中心挠度。有限元计算结果见图 6.5 和图 6.6。其中第一个增量步载荷为 $q = -1\,\text{kg/cm}^2$,得出的线性解为 $w_c = -0.2178135\,\text{cm}$,理论解为 $w_c = -0.2184\,\text{cm}$,相对误差为 0.27%。全部载荷(10 个载荷增量步)施加完毕后的非线性解为 $w_c = -1.238315\,\text{cm}$,相对误差为 0.76%。计算结果与理论值符合较好,误差在允许范围内。图 6.5 为每一载荷步上的载荷-位移曲线,图 6.6 为固支圆板的变形图。

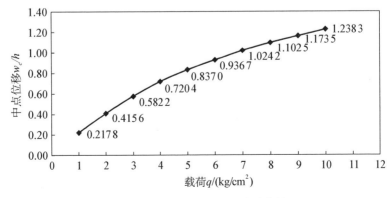

图 6.5   圆板中点的载荷-位移曲线

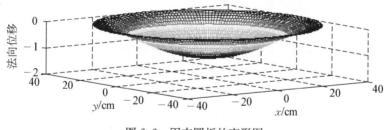

图 6.6　固支圆板的变形图

6.3.1.3　误差分析

（1）有限元中的位移法，除对结构和载荷的离散会带来一定的误差之外，指定的位移模式是引起误差的主要原因。

（2）由于求解非线性方程采用的是分段线性化方法，假定在一个微小的增量步内 $\boldsymbol{B}_{L2} = \boldsymbol{B}_{L2}^* = 0$，从而 $\boldsymbol{B} = \boldsymbol{B}^* = \boldsymbol{B}_0 + \boldsymbol{B}_{L1}$，此假定会导致一定的误差。

（3）在每一增量步内采用了 Newton-Raphson 迭代法，迭代结果受到收敛准则以及精度的影响，从而会导致结果偏大。另外，程序中数据的精度不够是造成误差的次要原因。

6.3.2　端部作用横向集中力的悬臂梁

端部作用横向集中力的悬臂梁，其几何尺寸：长 $L = 300$ mm，截面为 10×10 mm^2，材料参数：$E = 2.07 \times 10^5$ MPa，无量纲载荷参数 $K^2L^2 = 2PL^2/EI$，计算加载至 $K^2L^2 = 20$ 时各个增量步上悬臂端点的无量纲垂直位移 δ/L 和水平位移 $(L-\Delta)/L$。采用本书后附录 D.1 的平面梁系大挠度分析程序（BEAMGN.FOR）进行计算，数据文件见附录 D.2 中示例（BEAMP.IN）。全梁分为 20 个梁单元，等加载步数为 20，采用位移收敛准则，并取精度为 0.001。分别采用 T.L. 方法和 U.L. 方法求解并做比较，计算结果如图 6.7 所示。

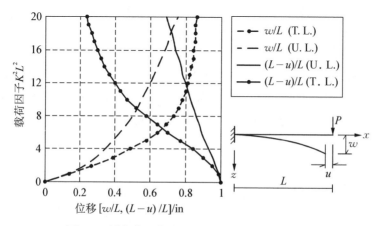

图 6.7　端部作用集中力悬臂梁的载荷-位移曲线

6.3.3　端部作用集中弯矩的悬臂梁

端部作用集中弯矩的悬臂梁,其几何尺寸:长 $L = 12\,\mathrm{in}$,截面为 $1 \times 1\,\mathrm{in}^2$,材料参数:$E = 30 \times 10^6\,\mathrm{lb/in}^2$,计算加载至端部弯矩为 $M = 1\,308\,996.54\,\mathrm{lb/in}$ 时,得出梁的构形。采用本书后附录 D.1 的平面梁系几何非线性分析程序(BEAMGN. FOR)进行计算,数据文件见附录中 D.3 示例(BEAMM. IN)。全梁分为 20 个梁单元,增量步数为 20。采用 T. L. 方法和 U. L. 方法求解(同样采用位移收敛准则,并取精度为 0.001)。计算结果如图 6.8 所示。

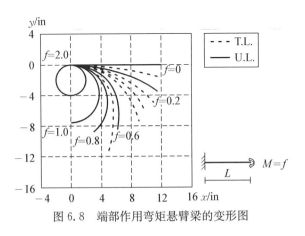

图 6.8　端部作用弯矩悬臂梁的变形图

在 6.3.2 节和 6.3.3 节算例中的有限元计算结果与参考文献[1]中的解析解完全吻合。

6.3.4　关于 T. L. 方法和 U. L. 方法适用性的讨论

从上面两例的计算结果发现,采用 T. L. 方法和 U. L. 方法所得结果差别很大,且变形愈大差距愈大。由解析解证明 U. L. 方法所得结果是对的,而 T. L. 方法所得结果在小变形范围内是对的,而在大变形、大转动的情况下就会出现错误。其原因何在? 回顾我们在推导板(壳)大挠度有限元列式中采用了两个假定:

假定 1

通常梁、板、壳的有限元列式推导是建立在 von Karman 大挠度理论基础上的,即在对增量位移做泰勒级数展开时仅保留了几何关系中某些主要的非线性项如 $(\partial w/\partial x)^2$,而忽略了某些次要的非线性项如面内位移的非线性项 $(\partial u/\partial x)^2$ 和 $(\partial u/\partial y)^2$。

按上一章理论得 Green 应变的表示式

$$E_{ij} = \frac{1}{2}\left(\frac{\partial u_i}{\partial a_j} + \frac{\partial u_j}{\partial a_i} + \frac{\partial u_k}{\partial a_i}\frac{\partial u_k}{\partial a_j}\right) \tag{6-121}$$

分量形式为

$$\left.\begin{aligned}
E_{11} &= \frac{\partial u_1}{\partial a_1} + \frac{1}{2}\left[\left(\frac{\partial u_1}{\partial a_1}\right)^2 + \left(\frac{\partial u_2}{\partial a_1}\right)^2 + \left(\frac{\partial u_3}{\partial a_1}\right)^2\right] \\
E_{12} &= \frac{1}{2}\left(\frac{\partial u_2}{\partial a_1} + \frac{\partial u_1}{\partial a_2}\right) + \frac{1}{2}\left[\frac{\partial u_1}{\partial a_1}\frac{\partial u_1}{\partial a_2} + \frac{\partial u_2}{\partial a_1}\frac{\partial u_2}{\partial a_2} + \frac{\partial u_3}{\partial a_1}\frac{\partial u_3}{\partial a_2}\right]
\end{aligned}\right\} \quad (6-122)$$

根据 von Karman 大挠度理论,简化为

$$\left.\begin{aligned}
E_{11} &= \frac{\partial u_1}{\partial a_1} + \frac{1}{2}\left[\left(\frac{\partial u_1}{\partial a_1}\right)^2\right] \\
E_{12} &= \frac{1}{2}\left(\frac{\partial u_2}{\partial a_1} + \frac{\partial u_1}{\partial a_2}\right) + \frac{1}{2}\left[\frac{\partial u_3}{\partial a_1}\frac{\partial u_3}{\partial a_2}\right]
\end{aligned}\right\} \quad (6-123)$$

假定 2

在梁、板结构几何关系的推导中还采用了小转动假定,忽略了曲率的非线性项(对梁、板、壳的特征尺寸而言的)。即要求转动很小,在梁的理论中曲率

$$\chi = \frac{1}{\rho} = \frac{-\dfrac{\partial^2 w}{\partial x^2}}{\left(1 + \left(\dfrac{\partial w}{\partial x}\right)^2\right)^{3/2}} \approx -\frac{\partial^2 w}{\partial x^2} \quad (6-124)$$

可见,只有当 $w_x \ll 1$ 时,才有 $\chi = w_{xx}$。而在 6.3.2 节和 6.3.3 节算例中的变形都超过了这一限制,6.3.2 节算例中的无量纲的垂直位移 w/L 超过了 0.8;6.3.3 节算例中端点的转角为 $180°$。按理 T. L. 方法和 U. L. 方法都不能用。而有文献[6]证明在 U. L. 方法中由于单元坐标的不断更新,隐含了曲率的非线性项。以梁的弯曲为例,实际隐含的曲率方程是

$$\left.\begin{aligned}
\chi_x &= -\frac{w''_{xx}}{[1 + (w'_x)^2]^{3/2}} \\
\epsilon_x &= u'_x - zw'_{xx} + \frac{1}{2}w'^2_x
\end{aligned}\right\} \quad (6-125)$$

这就是说虽然总的转动量相对于初始坐标是大的(大挠度、大转动),但 U. L. 方法由于在足够多的增量步上所做的坐标移动,能保证在每一个载荷增量步内相对于上一个状态(相邻坐标系)是小量(小转动),这样每一步求得的小转动量的累加可以构成大转动的解。因而,U. L. 方法拓宽了 von Karman 大挠度理论的适用范围,放松了对变形的限制。而 T. L. 方法每次求解都是在初始坐标下进行的,当变形大了之后,由转动引起的误差不可忽略。前面 6.3.1 节的算例中受均布力的圆板产生了横向弯曲,因为变形较小处于大挠度、小转动范围内,故采用 T. L. 方法和 U. L. 方法得到了基本相同的结果。以上分析讨论可推广到板和壳的几何非线性分析。

简言之,当采用 von Karman 大挠度理论对梁、板、壳结构做几何非线性分析时,注意只有在大挠度、小转动变形下,T. L. 方法和 U. L. 方法可得到相同的正确解,而在大挠度、大转动变形下,必须采用 U. L. 方法才有可能得到正确解。

习题

1. 写出采用流动坐标(或跟随坐标)系求解非线性问题的迭代格式和具体的求解步骤。

2. 在 T.L. 方法和 U.L. 方法中,写出采用混合法求解的迭代格式,并说明每一项的力学意义和求法。在解出了某增量步内结构总增量位移向量之后,怎样计算该步内各单元内的位移场和应力场(相对于全局坐标系)。

3. 利用书中教学程序,计算以下典型例题。

(1) 采用本书附录 C.1 中程序 AXIGN.FOR,做 6.3.1 节中的算例(周边固支受均布载荷作用的圆板)的几何非线性分析。

(2) 采用本书附录 D.1 中程序 BEAMGN.FOR,做 6.3.2 节中的算例(端部作用集中力的悬臂梁)的几何非线性分析。

(3) 采用本书附录 D.1 中程序 BEAMGN.FOR,做 6.3.3 节中的算例(端部作用集中弯矩的悬臂梁)的几何非线性分析。

4. 按 6.2.3 节推导的有限元列式,编制平板结构的大挠度分析程序(PLATEGM.FOR)。

参考文献

[1] Frish-Fay, Flexible Bars [M]. London, Butterworths, 1962.

[2] TIMOSGENKO S, WOINOWSKY-KRIEGER S. Theory of plates and shells [M]. 2nd ed. New York: McGraw-Hill, 1959. 中译本: S. 铁摩辛科, S. 沃诺斯基. 板壳理论 [M]. 2 版. 北京: 科学出版社, 1977.

[3] 朱菊芬, 杨海平. 复合材料层合加筋板后屈曲强度及破坏研究 [J]. 航空学报, 1995, 16(1): 118 - 122.

[4] 丁浩江, 何福保, 谢贻权, 等. 弹性和塑性力学中的有限元法 [M]. 北京: 机械工业出版社, 1989.

[5] 朱菊芬, 周承芳, 吕和祥. 一般杆系的非线性数值分析 [J]. 应用数学和力学, 1987, 18(12): 1099 - 1109.

[6] 吕和祥, 朱菊芬. 大转动梁的几何非线性分析讨论 [J]. 计算结构力学及应用, 1995, 12(4): 485 - 490.

7 复合材料结构非线性分析理论和方法

7.1 屈曲、后屈曲和破坏

长期以来,人们判断一个结构是否失稳(buckling)的判据是外载荷是否达到了某一临界值,这个临界载荷值是按照线弹性理论(弹性和小变形假定下)计算得到的分支型失稳(bifurcation instability)时载荷的特征值。例如直杆和平板的欧拉(Euler)失稳临界力。然而,事实证明工程实际中分支屈曲现象实为罕见,严格地说,它仅出现在某些理想的结构和受力情况,如受压直杆、平板以及在均匀外压作用下的完整空球壳等结构无几何缺陷和加载不偏心的情况。但有一些结构的屈曲状态比较接近于分支屈曲,因此,线弹性分支屈曲理论还能说明和解决一些实际问题。随着工程技术的发展,人们发现四边简支薄板承受面内压力的能力大大超过线性屈曲载荷,而在均匀轴压作用下的圆柱壳,却在几分之一的线性屈曲载荷下就突然破坏了。对此种现象线性理论无法解释,因此,提出了非线性屈曲的概念。近 20 年来,以几何非线性理论为基础的屈曲和后屈曲(post-buckling)理论,得到了迅速发展。

7.1.1 一般概念

线性屈曲理论认为结构总是在未受载的初始构型(configuration)上达到平衡的,当屈曲产生时,结构的构型从一种平衡状态突然到达另一种平衡状态并发展为一种随遇平衡状态。图 7.1(a)中 Oae 为受压平板的线性屈曲曲线,其中 λ 和 q 分别为载荷因子和位移分量。a 点为由线性理论得到的分支屈曲点(也称为初始屈曲点),相应的屈曲载荷因子为 λ_{cr},其值由线性特征值方程确定。这时,板的压缩刚度突然下降,从平板突然跳到曲板(壳)的平衡状态,随之其挠曲率无限增大而破坏。

如果采用几何非线性理论,一开始只需给予平板一个法向的微小干扰,就能够得到一条极为逼近于 Oa 的非线性平衡路径。经过 a 点之后,发现由线性理论得出的随遇平衡路径 ae 是不存在的。实际存在的后屈曲路径 ab 由非线性弯曲方程控制,ab 为稳态平衡阶段。在这一阶段,随载荷增加,板的挠曲率、抗弯刚度随之增大,表现出明显的后屈曲强度。

　　当然,后屈曲强度不是无限的,随着结构内部应力水平的提高,或者是由于材料内部逐渐出现破坏,在 c 点附近结构发生强度破坏;或者是由于结构变形增大的原因,c 点成为刚度极值点而呈极值型屈曲,致使结构从稳态平衡路径 $abdc$ 转变为非稳态平衡路径 cd'。顺便要提及的是,结构还有可能发生二次分支屈曲,其分支屈曲载荷为 λ_{cr2},即结构在达到强度破坏之前的某一点 d 处突然出现波形突变,而跳到另一个更高阶的平衡状态,如图 7.1(a) 中的路径 $abde$。但是,二次分支屈曲只发生在极少数特定载荷下的理想板结构中。

　　按照非线性屈曲理论,分析一般板(壳)结构的非线性屈曲示意图如图 7.1(b)所示,随着载荷的增加,非线性平衡路径逐渐延伸,达到并通过极值点 a,这个极值点就是非线性屈曲点(通常称为极值型屈曲),通过极值点后的平衡路径称为后屈曲路径。从图 7.1(b) 可见,通过极值点 a 后,结构出现软化而卸载,又在经过 b 点之后,结构开始转为强化。有些曲板(壳)结构,这种从强化到软化的反复可多次发生,反复中有可能出现位移极值点 b。经过非线性路径 $Oabc$ 中第一、第二个载荷极值点 a、b 后到达 c 点的情况称为跳跃(snap-through),而经过第二个位移极值点 b' 到达 c' 点的情况称为回弹(snap-back)。

　　从上述分析可以看出,按照非线性屈曲理论,结构的稳定性问题与强度问题是紧密联系在一起的。非线性平衡路径可以准确地把结构的强度和稳定性,以至于刚度的整个变化历程表示得十分清楚。由于受载结构实际上是在变形后的位置上处于平衡状态的,从加载一开始就呈几何非线性特性,因此,非线性理论更接近于实际情况。

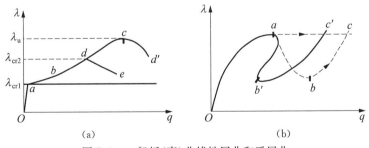

図 7.1　一般板(壳)非线性屈曲和后屈曲
(a) 平板的线性和非线性屈曲　(b) 一般板(壳)非线性屈曲

　　早在 20 世纪初叶,几何非线性力学的理论基础就已奠定。尽管以后随着航空、航天和原子能等高科技产业的发展,提出了许多用线性理论解决不了的问题,迫切需要非线性理论的指导,但是由于非线性力学理论方程十分复杂,求解十分困难,一直无法被实际工程采用。20 世纪中期以来,运用非线性力学理论只求解了一些简单板(壳)结构的非线性弯曲问题。所采用的方法有摄动法、广义 Fourier 级数法、加权残数法(或修正的 Galerkin 法)、动态松弛法、有限差分法、有限条法和有限元法等。这些方法可分为两大类,即解析法和数值法。解析法只能求解某些特殊问题,一般来说不能很容易地推广到其他问题,但比较适合于对基本理论和方法的研究,便于掌握一些问题的规律性。数值解法对结构的形状、边界条件、载荷方式的适应性比较强,适合于工程结构分析。

直到 20 世纪 60 年代,有限元法与数字计算机的出现与迅猛发展为解决非线性领域的问题准备了必要的物质和技术条件。目前,以非线性理论为基础的有限元方法,已成为求解板(壳)结构的屈曲、后屈曲及破坏问题最有效的途径,并为全世界结构力学专家和设计工程师所接受。

近 20 年来,已陆续推出并不断更新了一批享有盛誉的商品软件,如 ABAQUS、ADINA、MSC/NASTRAN、ANSYS、ASKA、MARC 等。这些软件中的屈曲分析都以非线性力学理论为基础,采用渐变的过程分析思想,并考虑了多种因素(环境、损伤、破坏等)的影响。这些结构分析软件现已成为现代飞机结构设计中不可缺少的计算工具。

7.1.2 线性屈曲基本方程及其求解

线性屈曲是以小位移、小应变假设下的线弹性理论为基础的。因此,在加载过程中不计结构构形的变化,也就是在外力施加的各个阶段,总是在结构初始构形上建立平衡方程的。当屈曲产生时,结构突然从初始构形的平衡状态跳到另一个构型的平衡状态,如图 7.1(a)中 Oae 路径所示。线性屈曲也称为分支型屈曲,其屈曲载荷由线性广义特征值方程确定,即

$$(\boldsymbol{K}_0 - \lambda \boldsymbol{K}_\sigma)\boldsymbol{q} = 0 \qquad (7-1)$$

式中:$\boldsymbol{K}_0$ 为结构的线性刚度矩阵;$\boldsymbol{K}_\sigma$ 为结构的几何刚度矩阵;λ 为载荷比例因子;$\boldsymbol{q}$ 为横向位移向量。

下面以直杆为例,推导广义特征值方程(7-1)。

直杆在轴向压力作用下或平板在薄膜力作用下,当轴向力或薄膜力的数值不大时,它们的弹性平衡状态通常是稳定的。但是当轴向力或薄膜力超过了一定数值时,其弹性平衡状态就会变为不平衡的。它们在很小的扰动下偏离平衡位置,当消除这种扰动之后也不会恢复到原有的平衡位置。此时,微小的扰动又会引起很大的位移和变形,甚至发生破坏,这种现象称为线性屈曲或称为初始屈曲和前屈曲。由稳定变到不稳定的临界状态的轴向力或薄膜力,称为线性失稳的临界载荷。下面推导确定临界载荷的问题。这里做两个假定:①轴向力或薄膜力由线弹性分析确定;②在屈曲引起的无限小位移的过程中,轴向力或薄膜力保持不变。

直杆的稳定性,就是杆在轴向力作用下,当达到临界状态时,原来的直线平衡状态已不再是稳定平衡了,在横向扰动下将发生弯曲,扰动消除后,并不能恢复原来的直线平衡位置,而是保持其已经出现的弯曲平衡状态。临界载荷是杆在没有横向力

作用情况下保持弯曲平衡位置的轴向力。所以这一由轴力作用下的直杆转化为直梁的弯曲问题类似于材料力学中的纵横弯曲问题。

假设有一个两结点为 i 和 j 的平面弯曲梁单元,梁单元长度为 l,如图 7.2 所示。图示的结点力和位移均为正方向。梁的弯曲问题的平衡方程是

$$\boldsymbol{K}^{\mathrm{e}}\boldsymbol{q}^{\mathrm{e}} = \boldsymbol{P}^{\mathrm{e}} \tag{7-2}$$

式中:P^{e} 是外力的等效结点力;现在,外力只有轴向力,设单元的轴力为 P,于是要计算轴向力 P 所引起的梁单元的等效结点力 P^{e}。根据平面梁单元弯曲挠度 w 的插值公式为

$$w = \boldsymbol{H}(x)\boldsymbol{A}_2^{-1}\boldsymbol{q}^{\mathrm{e}} \tag{7-3}$$

其中

$$\boldsymbol{q}^{\mathrm{e}} = \begin{bmatrix} w_i & \theta_i & w_j & \theta_j \end{bmatrix}^{\mathrm{T}}$$

$$\boldsymbol{A}_2^{-1} = \begin{bmatrix} 1 & 0 & 0 & 0 \\ 0 & 1 & 0 & 0 \\ -3/l^2 & -2/l & 3/l^2 & -1/l \\ 2/l^2 & 1/l^2 & -2/l^2 & 1/l^2 \end{bmatrix}$$

$$\boldsymbol{H}(x) = \begin{bmatrix} 1 & x & x^2 & x^3 \end{bmatrix} \tag{7-4}$$

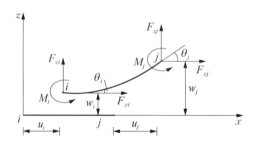

图 7.2 两结点平面弯曲梁单元

单元内任意一点的位移向量为

$$\boldsymbol{U} = \begin{Bmatrix} w \\ \theta \end{Bmatrix} = \begin{Bmatrix} w \\ \dfrac{\mathrm{d}w}{\mathrm{d}x} \end{Bmatrix} = \begin{bmatrix} H(x) \\ H'(x) \end{bmatrix}\boldsymbol{A}_2^{-1}\boldsymbol{q}^{\mathrm{e}} = N\boldsymbol{q}^{\mathrm{e}} \tag{7-5}$$

其中插值形函数

$$\boldsymbol{N} = \begin{bmatrix} H(x) \\ H'(x) \end{bmatrix}\boldsymbol{A}_2^{-1} \tag{7-6}$$

与此相应的轴向力的广义体积力分量为

$$\boldsymbol{P}^{e} = \left\{ \begin{matrix} 0 \\ -P \dfrac{\mathrm{d}w}{\mathrm{d}x} \end{matrix} \right\} \tag{7-7}$$

将上式和位移插值形函数代入等效结点力公式得

$$\boldsymbol{P}^{e} = \int \boldsymbol{N}^{\mathrm{T}} \boldsymbol{P}^{e} \mathrm{d}x = \boldsymbol{K}_{\sigma}^{e} \boldsymbol{q}^{e} \tag{7-8}$$

其中

$$\boldsymbol{K}_{\sigma} = \boldsymbol{A}_{1}^{-1} \int \left[\boldsymbol{H}'(x) \right]^{\mathrm{T}} \boldsymbol{P} \left[\boldsymbol{H}'(x) \right] \mathrm{d}x \boldsymbol{A}_{2}^{-1} \tag{7-9}$$

由此得单元的平衡方程

$$(\boldsymbol{K}^{e} + \boldsymbol{K}_{\sigma}^{e}) \boldsymbol{q}^{e} = \boldsymbol{P}^{e} \tag{7-10}$$

经组装得整体平衡方程

$$(\boldsymbol{K} + \boldsymbol{K}_{\sigma}) \boldsymbol{q} = 0 \tag{7-11}$$

$\boldsymbol{K}_{\sigma}$ 称为总体的几何刚度矩阵,也是一个对称矩阵,它和刚度矩阵 $\boldsymbol{K}$ 有一样的元素分布。

一般来讲,上面方程的系数矩阵是非奇异的,它只有零解,即 $\boldsymbol{q} = 0$。表示原来的非挠曲的平衡是稳定的平衡状态。设外力按比例增加到 λ 倍,单元轴力成为 $\lambda \boldsymbol{q}$,则单元和总体的几何刚度阵分别为 $\lambda \boldsymbol{K}_{\sigma}^{e}$ 和 $\lambda \boldsymbol{K}_{\sigma}$,则得到总体的平衡方程即式(7-1),即 $(\boldsymbol{K}_{0} + \lambda \boldsymbol{K}_{\sigma}) \boldsymbol{q} = 0$。

方程在某些 λ 值时系数矩阵变为奇异,方程有非零解。表示挠曲形式也是平衡解。此时如果有微小的扰动,弯曲位移会变得无穷大。实际上,当位移达到一定值之后,以上的线性模型不再成立,应作为非线性问题来考虑。

式(7-1)是一个广义的特征值方程,通过求解可得到物理上有效的解答,即如有 n 阶,便有 n 个特征值和相应的特征向量为 λ_{i} 和 $\boldsymbol{\varphi}_{i}(i = 1, 2, \cdots, n)$。相应的外载荷 $\lambda_{i} \boldsymbol{P}$ 便是临界载荷,特征向量 $\boldsymbol{\varphi}_{i}$ 即失稳时的屈曲形式。

实际上,只有最小的正的特征值所对应的临界载荷才有意义。因为实际设计中结构的许用载荷比该临界载荷小得多。如果该特征方程式没有正特征值,说明在这种载荷下结构没有失稳问题。例如杆件在轴向拉力下不存在问题。板和杆的稳定性问题一样,最终也得到一个相同的特征值方程(7-1)。

设最小特征值为 λ_{1},特征向量为 $\boldsymbol{\varphi}_{1}$,$\lambda_{1} P_{x}$,$\lambda_{1} P_{y}$,$\lambda_{1} P_{xy}$,便是临界薄膜应力,$\boldsymbol{\varphi}_{1}$ 是特征向量即屈曲形式,产生临界薄膜力的载荷就是临界载荷。

上面推导中注意到 $\boldsymbol{K}_{\sigma}$ 和位移不直接相关,但它与应力水平 $\boldsymbol{\sigma}$(梁的轴力、板和壳的膜力)成比例关系。当我们在用牛顿-拉斐逊(N-R)方法求解几何非线性问题时,第一步是求线性解,由于初位移等于零,则 $K_{\mathrm{L}} = 0$,而此时初应力已经存在,如

不考虑几何非线性,则平衡方程有

$$\mathrm{d}\boldsymbol{\varPsi} = (\boldsymbol{K}_0 + \boldsymbol{K}_\sigma)\mathrm{d}\boldsymbol{q} = 0 \tag{7-12}$$

　　线性位移是随载荷因子的增大而增加的,大变形矩阵 $\boldsymbol{K}_L$ 将不再等于零,而不考虑几何非线性的方程(7-12)要求 $\boldsymbol{K}_L$ 恒等于零,那样的变形只能在结构有随遇平衡的时候存在,设 λ 为载荷因子,即有

$$\mathrm{d}\boldsymbol{\varPsi} = (\boldsymbol{K}_0 + \lambda\boldsymbol{K}_\sigma)\mathrm{d}\boldsymbol{q} = 0 \tag{7-13}$$

　　这就是经典的初始稳定性问题,也是一个典型的广义特征值问题。通过求解式(7-13),可得到 λ 的值,给出物理上有效的解答。

　　对于一个广义特征值问题,必须采用逐步逼近的办法来求解。求解的方法有逆迭代法、行列式搜索法和子空间迭代法等很多种,因为工程上通常只需求出一阶或至多前几阶的特征值和特征向量,计算实践证明采用逆迭代法与 Gram-Schmidt 正交化相结合的方法比较简单而有效。

　　逆迭代法的迭代步骤如下:

　　(1) 选取初始迭代向量 $\boldsymbol{x}^{(1)}$ 及各所求特征对个数,并将已求出的特征对个数指针指向零。

　　(2) 如已求出的特征对个数指针的位置在零处,则转向步骤(3),否则进行 Gram-Schmidt 正交化过程。

　　设已求得前 $m-1$ 阶特征对,为使第 k 次的迭代向量当 $k \to \infty$ 时趋向于特征向量 $\boldsymbol{\varPhi}_m$,需使每次的迭代向量与这 $m-1$ 个特征向量以 $\boldsymbol{K}_\sigma$ 为权正交。为此,构造一个新的矢量

$$\widetilde{\boldsymbol{x}}^{(k)} = \boldsymbol{x}^{(k)} - \sum_{i=1}^{m-1} \alpha_i \boldsymbol{\varPhi}_i \tag{7-14}$$

　　取

$$\alpha_i = \boldsymbol{\varPhi}_i^{\mathrm{T}} \boldsymbol{K}_\sigma \boldsymbol{x}^{(k)} \quad (i = 1, 2, \cdots, m-1) \tag{7-15}$$

以使得 $\widetilde{\boldsymbol{x}}^{(k)}$ 与 $\boldsymbol{\varPhi}_1, \boldsymbol{\varPhi}_2, \cdots\cdots, \boldsymbol{\varPhi}_{m-1}$ 以 $\boldsymbol{K}_\sigma$ 为权正交。

　　(3) 对第 k 次迭代,计算:

$$\boldsymbol{y}^{(k)} = \boldsymbol{K}_\sigma \widetilde{\boldsymbol{x}}^{(k)} \tag{7-16}$$

　　(4) 由方程

$$\boldsymbol{K}\bar{\boldsymbol{x}}^{(k+1)} = \boldsymbol{y}^{(k)} \tag{7-17}$$

求出 $\bar{\boldsymbol{x}}^{(k+1)}$。

　　(5) 计算:

$$\bar{\boldsymbol{y}}^{(k+1)} = \boldsymbol{K}_\sigma \bar{\boldsymbol{x}}^{(k+1)} \tag{7-18}$$

(6) 计算特征值的近似值:

$$\lambda^{(k+1)} = \frac{\overline{\boldsymbol{x}}^{(k+1)} \boldsymbol{y}^{(k)}}{\overline{\boldsymbol{x}}^{(k+1)} \boldsymbol{y}^{(k+1)}} \qquad (7-19)$$

(7) 如果满足精度要求,则转向步骤(8)计算特征向量,否则,计算下次迭代的迭代向量:

$$\boldsymbol{x}^{(k+1)} = \frac{\overline{\boldsymbol{x}}^{(k+1)}}{\sqrt{\overline{\boldsymbol{x}}^{(k+1)\,\mathrm{T}} \overline{\boldsymbol{y}}^{(k+1)}}} \qquad (7-20)$$

然后转向步骤(2)重新迭代。

(8) 计算特征向量:

$$\boldsymbol{\Phi}_k \approx \frac{\overline{\boldsymbol{x}}^{(k+1)}}{\sqrt{\overline{\boldsymbol{x}}^{(k+1)\,\mathrm{T}} \overline{\boldsymbol{y}}^{(k+1)}}} \qquad (7-21)$$

由逆迭代法求得第一阶特征对后,加入 *Gram-Schmidt* 正交化过程,可以依次求出各阶特征对。为了保证精度,前几阶特征向量应尽量计算得精确些。

如采用"干预位移"作为初始迭代向量,以相邻两次迭代的特征值的相对误差为收敛的判据。实践证明,这种做法可以大大加快收敛速度。另外,也可以采用完备的各项为 1 的初始迭代向量,而以相邻两次迭代的迭代向量的最大相对误差为收敛的判据。这两种稍加修正的逆迭代法都可以避免传统的逆迭代法所无法解决的重特征根问题。

7.1.3 非线性屈曲基本方程

上面所述的分支型失稳问题,严格来说仅发生在十分有限的、无缺陷的理想结构中,如轴向载荷作用下的理想直压杆、均匀压力作用下的完整球体等。而加载偏心、制造缺陷、不均匀温度场,还有如层压板结构因材料本身的各向异性等等因素都将导致线性特征值方程不成立。目前,求解特征值方法的应用往往超出了它的适用范围,从而导致求解的精度差,甚至得出错误的结果。因此,对于不适合这种情况的工程实际问题,必须采用几何非线性屈曲理论求解。按照几何非线性理论,结构在受载过程中,其平衡方程要建立在不断变化的结构构形上。对于工程实际问题,即使是直梁、板和壳在面内载荷作用下,从加载一开始就有可能出现横向位移,而成为非线性弯曲问题,其增量平衡方程为

$$\boldsymbol{K}_{\mathrm{T}}(\boldsymbol{q})\Delta\boldsymbol{q} = \Delta\boldsymbol{Z}(\boldsymbol{q}) \qquad (7-22)$$

式中:$\boldsymbol{K}_{\mathrm{T}}$ 为结构在某一增量步上的切线刚度矩阵;$\Delta\boldsymbol{Z}$ 为结构的外载荷向量;$\Delta\boldsymbol{q}$ 为结构的增量位移向量。

在结构受载后变形的平衡路径中可包含若干个极限点,这些极值点有可能使结构发生屈曲。通常情况下,由第一个极值点确定结构的屈曲载荷。在结构的非线性

分析中,结构的稳定性问题和强度问题是相互联系在一起的,例如当考虑初始缺陷和损伤对结构屈曲性能的影响时,就可以从其载荷-位移的变化规律中进行研究。

由虚位移原理,即外力因虚位移所做的功,等于结构因虚应变所产生的应变能,可以写为

$$\mathrm{d}\boldsymbol{q}^{\mathrm{T}}\boldsymbol{\Psi} = \int \mathrm{d}\boldsymbol{\varepsilon}^{\mathrm{T}}\boldsymbol{\sigma}\mathrm{d}v - \mathrm{d}\boldsymbol{q}^{\mathrm{T}}\boldsymbol{P} = 0 \tag{7-23}$$

式中:$\boldsymbol{P}$ 代表所有载荷的列阵;$\mathrm{d}\boldsymbol{q}$ 为虚位移;$\mathrm{d}\boldsymbol{\varepsilon}$ 为虚应变。如果用应变的增量形式写位移和应变的关系有

$$\mathrm{d}\boldsymbol{\varepsilon} = \boldsymbol{B}^{*}\mathrm{d}\boldsymbol{q} \tag{7-24}$$

于是式(7-23)中可消去 $\mathrm{d}\boldsymbol{q}^{\mathrm{T}}$,得到非线性问题的一般平衡方程式为

$$\boldsymbol{\Psi}(\boldsymbol{q}) = \int \boldsymbol{B}^{*\,\mathrm{T}}\boldsymbol{\sigma}\mathrm{d}v - \boldsymbol{P} = 0 \tag{7-25}$$

在大变形情况下,应变和位移的关系是非线性的,因此几何矩阵 $\boldsymbol{B}^{*}$ 是结点位移 $\boldsymbol{q}$ 的函数。为了方便起见,可以写成

$$\boldsymbol{B}^{*} = \boldsymbol{B}_0 + \boldsymbol{B}_{\mathrm{L}}(\boldsymbol{q}) \tag{7-26}$$

式中:$\boldsymbol{B}_0$ 为线性几何矩阵;而 $\boldsymbol{B}_{\mathrm{L}}$ 为非线性几何矩阵,是由应变的非线性部分引起的,与当前位移 $\boldsymbol{q}$ 有关。一般来说,$\boldsymbol{B}_{\mathrm{L}}$ 是位移 $\boldsymbol{q}$ 的线性函数。

不考虑材料非线性的情况下,应力-应变关系仍采用一般的线性弹性关系,于是有

$$\boldsymbol{\sigma} = \boldsymbol{D}(\boldsymbol{\varepsilon} - \boldsymbol{\varepsilon}_0) + \boldsymbol{\sigma}_0 \tag{7-27}$$

式中:$\boldsymbol{D}$ 是材料的弹性矩阵;$\boldsymbol{\varepsilon}_0$ 是初应变列矩阵;$\boldsymbol{\sigma}_0$ 是初应力列矩阵。方程(7-25)的解可以通过迭代方法求得。

如果采用牛顿-拉斐逊(N-R)方法,必须寻求 $\mathrm{d}\boldsymbol{\Psi}$ 和 $\mathrm{d}\boldsymbol{q}$ 之间的关系。

对式(7-25)两边微分,得

$$\mathrm{d}\boldsymbol{\Psi} = \int \mathrm{d}\boldsymbol{B}^{*\,\mathrm{T}}\boldsymbol{\sigma}\mathrm{d}v + \int \boldsymbol{B}^{*\,\mathrm{T}}\mathrm{d}\boldsymbol{\sigma}\mathrm{d}v = \boldsymbol{K}_{\mathrm{T}}\mathrm{d}\boldsymbol{q} \tag{7-28}$$

在推导式(7-28)时,隐含着力 $\boldsymbol{P}$ 本身与变形无关这一假设,然而,在一些情况下这一假定是不合适的,例如作用于特大变形的结构的压力载荷一般与变形有关,某些依赖于变形的气动力(颤振)就是这样。

如果力随位移变化,则必须对式(7-28)考虑 $\mathrm{d}\boldsymbol{P}$ 随 $\mathrm{d}\boldsymbol{q}$ 的变化,这就会导致引入载荷修正矩阵。只要适当考虑了这一项的影响,也就可以研究类似的非保守载荷作用下的稳定性和本书第5章的大变形问题。

不考虑初应变和初应力的影响,由式(7-26)和式(7-27)得

$$\mathrm{d}\boldsymbol{\sigma} = \boldsymbol{D}\mathrm{d}\boldsymbol{\varepsilon} = \boldsymbol{D}\boldsymbol{B}^* \mathrm{d}\boldsymbol{q}$$

并且从式(7-26)可得 $\mathrm{d}\boldsymbol{B}^* = \mathrm{d}\boldsymbol{B}_\mathrm{L}$。

所以

$$\mathrm{d}\boldsymbol{\Psi} = \int \mathrm{d}\boldsymbol{B}^{*\mathrm{T}}\boldsymbol{\sigma}\mathrm{d}v + \boldsymbol{K}\mathrm{d}\boldsymbol{q} \qquad (7-29)$$

这里

$$\boldsymbol{K} = \int \boldsymbol{B}^{*\mathrm{T}}\boldsymbol{D}\boldsymbol{B}^* \, \mathrm{d}v = \boldsymbol{K}_0 + \boldsymbol{K}_\mathrm{L} \qquad (7-30)$$

式中:$\boldsymbol{K}_0$ 表示通常的小位移的线性刚度矩阵;矩阵 $\boldsymbol{K}_\mathrm{L}$ 是由于大位移而引起的,称为初始位移矩阵或大位移矩阵。

式(7-29)左端的第一项,一般地可以写为

$$\int \mathrm{d}\boldsymbol{B}^{*\mathrm{T}}\boldsymbol{\sigma}\mathrm{d}v = \boldsymbol{K}_\sigma \mathrm{d}\boldsymbol{q} \qquad (7-31)$$

这里 $\boldsymbol{K}_\sigma$ 是关于应力水平的对称矩阵,它称为初应力矩阵或几何刚度矩阵。于是,式(7-29)可以写为

$$\mathrm{d}\boldsymbol{\Psi} = (\boldsymbol{K}_0 + \boldsymbol{K}_\mathrm{L} + \boldsymbol{K}_\sigma)\mathrm{d}\boldsymbol{q} = \boldsymbol{K}_\mathrm{T}\mathrm{d}\boldsymbol{q} \qquad (7.32)$$

式中 $\boldsymbol{K}_\mathrm{T}$ 即是切线刚度矩阵。然后,就可采用各种迭代方法对式(7-25)进行求解,直到 $\boldsymbol{\Psi}$ 足够小。

可见,非线性稳定性问题和第5章中几何非线性分析问题的求解方程是完全一样的。这也正说明了结构非线性稳定性分析是几何非线性理论在工程应用中的衍生学科。因此,在具体的求解过程中,可以按照通常的几何非线性分析求解结构的强度和稳定性问题。

7.1.4 稳定性判据的能量解释

由能量变分原理知,对位移 $\boldsymbol{q}$ 变分所做的虚功等于总位能 $\boldsymbol{\Pi}$ 的微分,因此对于平衡状态有

$$\mathrm{d}\boldsymbol{\Pi} = \mathrm{d}\boldsymbol{q}^\mathrm{T}\boldsymbol{\Psi} = 0 \qquad (7-33)$$

相当于前面式(7-25),利用式(7-32),对 $\boldsymbol{\Pi}$ 的二阶变分是

$$\mathrm{d}^2\boldsymbol{\Pi} = \mathrm{d}(\mathrm{d}\boldsymbol{\Pi}) = \mathrm{d}\boldsymbol{q}^\mathrm{T}\mathrm{d}\boldsymbol{\psi} = \mathrm{d}\boldsymbol{q}^\mathrm{T}\boldsymbol{K}_\mathrm{T}\mathrm{d}\boldsymbol{q} \qquad (7-34)$$

这个二阶变分为正值就表明结构是稳定的,反之为负值则结构是非稳定的。换言之,$\boldsymbol{K}_T$ 是正定的,结构才是稳定的。这一判据已为人们所熟知。

7.2 复合材料结构分析中的非线性问题

由于复合材料所具有的许多独特的优点,如比强度和比刚度高、抗疲劳性能和

抗振性能好、结构的可设计性和工艺性好等。现代飞机结构上大量采用了先进复合材料构件作为主承力构件,由于这种材料所具有的十分鲜明的各向异性,加上飞机结构的基本形式是复合材料薄壁加筋结构,所以,在飞机结构的稳定性分析方面的工程需求给我们提出了许多新的和特殊的课题。根据大量试验和计算证明,纤维增强树脂基复合材料层合结构的失效只有少数是完全由局部强度破坏引起的,而多数是属于材料渐进损伤和屈曲失稳导致的压溃失效行为。

7.2.1 复合材料渐进损伤概念与理论

7.2.1.1 层压板的刚度

1) 层压板的拉弯刚度

了解材料的基本力学性能是进行所有结构分析的前提。因此,确定层压板的拉伸、弯曲和剪切刚度对复合材料结构稳定性分析是十分必要的。经典层压板理论假定层压板是由黏结很好的许多单层组成的,而且假定黏结层是非常薄且层间没有剪切变形,即单层边界两边的位移是连续的,层间不能滑移。因而,层压板相当于一块具有特殊性能的单层板,如图 7.3 所示。

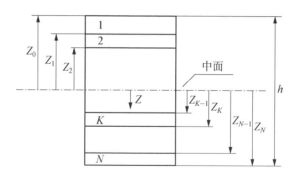

图 7.3 层压板几何结构

层压板在受力变形中,仍然满足 Kirchhoff 假设,又称为直法线假定。即垂直于层压板中面的法线,在变形后仍保持直线并垂直于变形后的中面。由层压板理论知可忽略横向剪应变和法向正应变,即 $\gamma_{xz} = \gamma_{yz} = 0$,$\varepsilon_z = 0$,式中 z 是中面的法向,由此,得到中面应变 $\boldsymbol{\varepsilon}^0$ 为

$$\boldsymbol{\varepsilon}^0 = \left\{ \begin{array}{c} \varepsilon_x^0 \\ \varepsilon_y^0 \\ \gamma_{xy}^0 \end{array} \right\} = \left\{ \begin{array}{c} \dfrac{\partial u_0}{\partial x} \\ \dfrac{\partial v_0}{\partial y} \\ \dfrac{\partial u_0}{\partial y} + \dfrac{\partial v_0}{\partial x} \end{array} \right\} \tag{7-35}$$

中面曲率 $\boldsymbol{k}$ 为

$$
\boldsymbol{k} = \left\{ \begin{array}{c} k_x \\ k_y \\ k_{xy} \end{array} \right\} = - \left\{ \begin{array}{c} \dfrac{\partial^2 w_0}{\partial x^2} \\[2mm] \dfrac{\partial^2 w_0}{\partial y^2} \\[2mm] 2\dfrac{\partial^2 w_0}{\partial x \partial y} \end{array} \right\} \tag{7-36}
$$

根据层压板理论,层压板的第 k 层的应力 $\boldsymbol{\sigma}_k$ 可以用层压板中面的应变和曲率表示如下:

$$
\boldsymbol{\sigma}_k = \left\{ \begin{array}{c} \sigma_x \\ \sigma_y \\ \tau_{xy} \end{array} \right\}_k = (\bar{Q}_{ij})_k (\boldsymbol{\varepsilon}^0 + z\boldsymbol{k}) \tag{7-37}
$$

式中$(\bar{Q}_{ij})_k$ 是第 k 层的偏轴刚度。由于层压板中各层纤维的铺设角可以不同,因此每层的 $\bar{Q}_{ij}$ 也是不同的。即使假设沿层压板厚度的应变是线性变化的,但沿厚度方向的应力分布也并不是线性分布的。

将上述单层板的应力-应变关系沿板厚 z 方向积分,得到内力-应变关系为

中面膜内力

$$
\boldsymbol{N} = \left\{ \begin{array}{c} N_x \\ N_y \\ N_{xy} \end{array} \right\} = \sum_{k=1}^{n} (\bar{Q}_{ij})_k \left(\int_{z_{k-1}}^{z_k} \boldsymbol{\varepsilon}\, \mathrm{d}z + \int_{z_{k-1}}^{z_k} \boldsymbol{k}z\, \mathrm{d}z \right) \tag{7-38}
$$

中面弯矩

$$
\boldsymbol{M} = \left\{ \begin{array}{c} M_x \\ M_y \\ M_{xy} \end{array} \right\} = \sum_{k=1}^{n} (\bar{Q}_{ij})_k \left(\int_{z_{k-1}}^{z_k} \boldsymbol{\varepsilon}^0 z\, \mathrm{d}z + \int_{z_{k-1}}^{z_k} kz^2\, \mathrm{d}z \right) \tag{7-39}
$$

于是可以得到

$$
\left\{ \begin{array}{c} N \\ M \end{array} \right\} = \left\{ \begin{array}{cc} A_{ij} & B_{ij} \\ B_{ij} & D_{ij} \end{array} \right\} \left\{ \begin{array}{c} \varepsilon^0 \\ k \end{array} \right\} \tag{7-40}
$$

上式中

$$
\begin{aligned}
A_{ij} &= \sum_{k=1}^{n} (\bar{Q}_{ij})_k (z_k - z_{k-1}) \\
B_{ij} &= \frac{1}{2} \sum_{k=1}^{n} (\bar{Q}_{ij})_k (z_k^2 - z_{k-1}^2) \quad (\mathrm{i,\ j}=1,\ 2,\ 6) \\
D_{ij} &= \frac{1}{3} \sum_{k=1}^{n} (\bar{Q}_{ij})_k (z_k^3 - z_{k-1}^3)
\end{aligned} \tag{7-41}
$$

式中,n 为层压板中单层板的数目;z_k 和 z_{k+1} 为第 k 层和第 $k+1$ 层的 z(法向)坐标;A_{ij} 是层压板的拉伸刚度;B_{ij} 是层压板的拉弯耦合刚度;D_{ij} 是层压板的弯曲刚度。

2) 层压板的横向剪切刚度

在经典层压板理论中,不考虑层间应力 σ_z,τ_{zx},τ_{zx},即假设层压板处于平面应力状态。但实验表明在层压板自由边界上,由于层压板的层间剪切刚度较低,横向剪应力是导致层压板破坏的一个重要原因。所以在层压板的非线性稳定性分析中,特别是对于一些较厚的层压板,横向剪切效应是不可以忽视的。

研究横向剪切变形和层间应力,有比较精确的高阶理论和比较简单的一阶剪切理论等。目前工程上常用的是后者,按照一阶剪切理论,即在薄板中面的法线变形后仍然为一条直线,但不再垂直于变形后的板中面,称为直而不法的假定,又称为Reissner-Mindlin 假定。在这一假定前提下,推导的板壳单元简称为 Mindlin 板壳单元。

按照一阶剪切理论,层压板的横向(出平面)剪力 Q_{ij} 和剪应变 γ_{ij} 的关系如下:

$$\boldsymbol{Q} = \boldsymbol{S}\boldsymbol{\gamma} \tag{7-42}$$

式中:$\boldsymbol{Q} = \{Q_{zx} \quad Q_{zy}\}^{\mathrm{T}}$,$\boldsymbol{\gamma} = \{\gamma_{zx} \quad \gamma_{zy}\}^{\mathrm{T}}$;$S_{ij}$ 为横向剪切刚度;h 为层压板的总厚度。

$$S_{ij} = \frac{5}{4} \sum_{k=1}^{n} (\bar{Q}_{i+3,\,j+3})_k \left[z_k - z_{k-1} - \frac{4}{3} \left(\frac{z_k^3 - z_{k-1}^3}{h^2} \right) \right] \tag{7-43}$$

所以在考虑横向剪切变形之后,层压板单元的弹性矩阵由原来 6×6 的对称方阵变成了 8×8 的对称方阵。层压板总的弹性矩阵为

$$\begin{Bmatrix} N \\ M \\ Q \end{Bmatrix} = \begin{bmatrix} A_{ij} & B_{ij} & 0 \\ B_{ij} & D_{ij} & 0 \\ 0 & 0 & S_{ij} \end{bmatrix} \begin{Bmatrix} \varepsilon^0 \\ k \\ \gamma \end{Bmatrix} \tag{7-44}$$

有关层压板刚度的详细内容请参考"复合材料力学"的教科书。

7.2.1.2　层压板及其结构的破坏准则

1) 层压板材料损伤演化准则与刚度退化机制

经典层压板理论中,假设层间正应力为零,考虑横向剪切效应时,大都采用一阶剪切理论,所求得的横向剪应力分布仅为一种近似,因此,以此来确定是否发生分层破坏是没有意义的。

在层压板的分析中,通常认为层间的黏结强度是足够的,可不考虑层间破坏和自由边界效应。在这种情况下,对每一层采用面内二维强度破坏准则。二维强度破坏准则有十多种,最常用的有最大应力准则、最大应变准则、Tsai-Hill 准则、Hoffman 准则和 Tsai-Wu 准则等,不同的强度准则适用于不同的材料。当采用某种破坏准则对单层进行判断时,还要建立相应的后继破坏的刚度退化准则。

目前较多地采用 Tsai-Hill 准则,它比较适合玻纤/环氧复合材料,其表达式为

$$\sigma_\theta = [\sigma_1^2 - \sigma_1\sigma_2 + \sigma_2^2(X/Y)^2 + \sigma_6^2(X/S)^2]^{1/2} = X \tag{7-45}$$

式中:X 为单层板沿纤维方向拉伸(或压缩)强度;Y 为垂直纤维方向的拉伸(或压缩)强度;S 为层内剪切强度;σ_1,σ_2 和 σ_6 为每一层的主轴应力和剪应力。相应的刚度退化准则如表 7.1 所示。

表 7.1 Tsai-Hill 退化刚度准则

破坏准则	破坏形式	单层刚度缩减
$\sigma_1 > X$ 或 $\sigma_\theta > X$ 和 σ_1/Y 最大	纵向纤维破坏	Q_{ij} 所有元素为 0
$\sigma_2 > Y$ 或 $\sigma_\theta > X$ 和 σ_2/Y 最大	基体横向开裂	$Q_{12} = Q_{22} = Q_{66} = 0$
$\sigma_6 > S$ 或 $\sigma_\theta > X$ 和 σ_6/S 最大	基体剪切破坏	$Q_{66} = 0$

要比较准确地求层间应力(包括正应力和剪应力),必须放弃经典层压板理论和一阶剪切理论,而采用精确的高阶理论和相应的有限元列式。求出层间应力后,用三维破坏准则判断层间破坏和层内破坏。在文献[4]中,层内采用 Hashin 破坏准则,层间采用 F. K. Chang 破坏准则。纤维的拉伸破坏准则为

$$\left(\frac{\sigma_{xx}}{X_t}\right) + \frac{1}{S_c^2}(\sigma_{xy}^2 + \sigma_{xz}^2) \geqslant 1 \tag{7-46}$$

式中:σ_{xx},σ_{xy} 和 σ_{xz} 分别表示层压板每一层沿纤维方向的拉伸正应力、面内剪应力和出平面剪应力;X_c 是单层板沿纤维方向的拉伸强度;S_c 是由 [0/90]$_s$ 的层压板测得的层间剪切强度。

基体拉伸破坏 $(\sigma_{yy} + \sigma_{zz} > 0)$ 准则为

$$\frac{1}{Y_t^2}(\sigma_{yy} + \sigma_{zz})^2 + \frac{1}{S_c^2}(\sigma_{yz}^2 - \sigma_{yy}\sigma_{zz}) + \frac{1}{S_c^2}(\sigma_{xy}^2 + \sigma_{xz}^2)^2 \geqslant 1 \tag{7-47}$$

式中 Y_t 为单层板沿垂直纤维方向的拉伸强度。

基体的压缩破坏 $(\sigma_{yy} + \sigma_{zz} < 0)$ 准则为

$$\frac{1}{Y_t Y_c}\left[\left(\frac{Y_t Y_c}{2S_c}\right)^2 - 1\right](\sigma_{yy} + \sigma_{zz}) + \frac{1}{4S_c^2}(\sigma_{yy} + \sigma_{zz})^2$$
$$\frac{1}{S_c^2}(\sigma_{yz}^2 - \sigma_{yy}\sigma_{zz}) + \frac{1}{S_c^2}(\sigma_{xy}^2 + \sigma_{xz}^2) \geqslant 1 \tag{7-48}$$

式中 Y_c 为沿着纤维方向的横向压缩强度。

分层准则为

$$\left(\frac{\sigma_{rr}}{Y_t}\right)^2 + \left(\frac{\sigma_{rz}}{S_t}\right)^2 \geqslant 1 \tag{7-49}$$

式中 σ_{rr} 和 σ_{rz} 分别为相邻层界面上沿板厚方向的法向和切向应力分量。

材料刚度的折减程度主要取决于破坏机制。根据 F. K. Chang 和 K. Y. Chang 提出的刚度折减模式：如基体拉伸和压缩破坏，则在损伤区的 E_y，ν_{xz}，ν_{yz}，ν_{xy} 折减为零；若纤维断裂或界面脱粘，则在损伤区的 E_y，ν_{xz}，ν_{yz}，ν_{xy} 折减为零，而 E_x 和 G_{xy} 的折减，可根据 Weibull 分布表达式得到，即

$$\frac{E_x^{\mathrm{d}}}{E_X} = \exp\left[-\left(\frac{A}{A_0}\right)^{\beta}\right],\ \frac{G_{xy}^{\mathrm{d}}}{G_{xy}} = \exp\left[-\left(\frac{A}{A_0}\right)^{\beta}\right] \tag{7-50}$$

式中：E_x^{d} 为拉伸的折减模量；G_{xy}^{d} 为剪切的折减模量；A 为由纤维破坏准则预测的损伤区面积；$A_0(\delta^2)$ 为与该层所测的拉伸强度 X_t 有关的纤维破坏相互作用区面积。

2) 层压板结构失效判据

结构在外载作用下的最终破坏是指结构不能继续承载或不能维持正常工作状态。最终破坏的判据很难明确定义，不同的结构形式、不同的材料和不同的使用要求有不同的破坏判据。经典线性分析理论将破坏判据分为强度判据和刚度判据两大类。而按照非线性力学理论，普遍采用的破坏判据是将结构变形的几何非线性效应和材料损伤引起的物理非线性效应统一折合为结构刚度降。当结构在当前载荷步上的相对刚度值趋于零，并开始软化而进入卸载状态时，认为结构已丧失了承载能力。故结构最终破坏判据为

$$|\det[\boldsymbol{K}_{\mathrm{T}}]/\det[\boldsymbol{K}_0]| \leqslant \varepsilon \tag{7-51}$$

式中：K_{T} 为当前状态下的切线刚度矩阵；K_0 为初始状态下的切线刚度矩阵；ε 为给定精度。

3) 非线性分层扩展理论

纤维增强复合材料层压板在其制造过程中，由于诸多不确定因素的影响，可能导致层压板结构发生分层损伤，而分层损伤对飞机结构件是一个不容忽视的安全隐患，将直接降低其承载能力和使用寿命。

统计表明，复合材料层压板在加工、装配和使用过程中产生的分层损伤占缺陷件的 50% 以上。在分层产生后，浅表分层、内部分层和在静承载和疲劳载荷作用下可能发生分层扩展。目前，分层扩展理论模型主要分为分层起始和分层扩展两部分。复合材料分层扩展过程中还会伴随着屈曲引起的大变形，当变形较大时还可能出现板内损伤，这时就要同时考虑几何非线性和物理非线性问题。

根据损伤力学理论，复合材料的界面破坏本身就是一个随着分层的扩展随之损伤扩展，不断判断、反复迭代的非线性过程。当前应用较广的非线性分层扩展理论如下：① CZM（cohesive zone model）理论；② VCCT（virtual crack closure technology）理论；③XFEM（extended finite element method）理论。下面详细介绍每一种理论。

（1）内聚力理论(CZM)。内聚力理论是以损伤力学方法为基础，通过引入微缺陷/微裂纹的面积等形式的损伤变量来预测界面处的分层状态。内聚力模型基于弹

塑性断裂力学理论,认为在裂纹尖端存在一个微小的内聚力区,在断裂过程中,模型将界面处裂纹前沿的极限应力 τ_0 与界面相对位移联系起来(见图 7.4),当裂尖的应力达到极限应力 τ_0 时,材料发生损伤起裂,此时应力开始下降,当达到断裂能 G_c 时,材料开始发生损伤扩展,而应力位移曲线下面的面积就是断裂能 G_c。具体公式推导见 7.2.3.2 节。

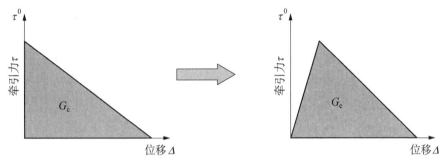

图 7.4　内聚力理论模型的数值等效

(a) 理论模型　(b) 数值模型

(2) 虚裂纹闭合技术理论(VCCT)。虚裂纹闭合技术是用于预测裂纹扩展的最为广泛应用的方法之一。VCCT 方法很容易实施,且对网格划分不敏感,当分层前缘采用对称的网格形式时,较粗的网格就可以得到很好的计算精度。三维形式下的VCCT 方法的能量释放率计算公式为

$$
\begin{aligned}
G_{\mathrm{I}} = \frac{1}{2\Delta A}\{ & Z_{c3}(w_{a3}-w_{A3}) + Z_{d2}(w_{b2}-w_{B2}) + \\
& \frac{1}{2}[Z_{c2}(w_{a2}-w_{A2}) + Z_{c4}(w_{a4}-w_{a4})]\}
\end{aligned}
\tag{7-52}
$$

$$
\begin{aligned}
G_{\mathrm{II}} = \frac{1}{2\Delta A}\{ & X_{c3}(u_{a3}-u_{A3}) + X_{d2}(u_{b2}-u_{B2}) + \\
& \frac{1}{2}[X_{c2}(u_{a2}-u_{A2}) + X_{c4}(u_{a4}-u_{a4})]\}
\end{aligned}
\tag{7-53}
$$

$$
\begin{aligned}
G_{\mathrm{III}} = \frac{1}{2\Delta A}\{ & Y_{c3}(v_{a3}-v_{A3}) + Y_{d2}(v_{b2}-v_{B2}) + \\
& \frac{1}{2}[Y_{c2}(v_{a2}-v_{A2}) + Z_{c4}(v_{a4}-v_{a4})]\}
\end{aligned}
\tag{7-54}
$$

式中:X,Y 和 Z 为结点力分量;u,v 和 w 为沿 x,y 和 z 方向的结点位移分量;分层面积 $\Delta A = \Delta a \cdot \Delta l$。

通常采用两步法计算裂纹前沿的能量释放率,首先计算闭合张开结点所需的结点力 X,Y,Z,然后计算张开结点的位移。总能量释放率可以表示为各型能量释放率的求和形式:

$$G_T = G_{I} + G_{II} + G_{III} \qquad (7-55)$$

当计算得到的应变能释放率达到材料的断裂韧性 G_c 时,则裂纹开始扩展:

$$G_T = G_C \qquad (7-56)$$

该方法以能量计算为基础,以自相似扩展假设为条件,因此不能预测初始裂纹的形成;另外该方法必须假设预埋裂纹或者初始裂纹的存在,而且在网格剖分时就需要指定裂纹扩展路径。

(3) 扩展有限元理论(XFEM)。对于传统有限元不连续点的周围结点,可在其位移场函数中引入增强自由度和增强函数来处理不连续问题,如常见的断裂问题,这种方法就是扩展有限元法。扩展有限元法的最大优势在于网格的生成不依赖于裂纹路径。

在扩展有限元法中,一点 x' 的位移场 $u^g(x')$ 描述由两部分构成:代表连续的传统有限元部分和代表不连续的 XFEM 增强场部分:

$$u^g(x') = \sum_{\substack{I \\ n_I \in \mathbf{N}}} \phi_I(x') u_I + \sum_{\substack{J \\ n_J \in \mathbf{N}}} \phi_J(x') \psi(x') a_J \qquad (7-57)$$

式中:$\phi(x')$ 为传统形函数;$\psi(x')$ 为增强函数;N 为有限元网格结点,N_f 为增强结点的网格结点;u_I 是每个结点的传统自由度;a_J 是第 J 个结点的额外自由度。在扩展有限元中,相应的位移场 $\boldsymbol{U}$ 也包含普通自由度 u 和增强自由度 a 两个部分:

$$\boldsymbol{U} = \{u,\ a\}^T \qquad (7-58)$$

定义刚度矩阵 $\boldsymbol{K}$ 和外力向量 $\boldsymbol{F}$ 如下:

$$K_{ij}^e = \begin{bmatrix} K_{ij}^{uu} & K_{ij}^{ua} \\ K_{ij}^{au} & K_{ij}^{aa} \end{bmatrix} \qquad (7-59)$$

$$F_i = \{F_i^u,\ F_i^a\}^T \qquad (7-60)$$

式中:刚度分量 $K_{ij}^{rs}(r, s = u, a)$ 包含 XFEM 假设的传统数组(uu)、增强数组(aa)和耦合数组(ua)

$$K_{ij}^{rs} = \int_{\Omega} (\boldsymbol{B}_i^r)^T \boldsymbol{D} \boldsymbol{B}_j^s \mathrm{d}\Omega \quad (r, s = u, a) \qquad (7-61)$$

式中:$\boldsymbol{D}$ 为材料本构关系矩阵;$\boldsymbol{B}_i$ 为定义三维问题所有自由度的形函数派生矩阵。

此外,在研究复合材料分层问题时通常会结合 XFEM 和 CZM 的牵引-分离准则来预测分层,将内聚区引入裂尖增强单元。引入 $(\bar{B}_{Coh})$ 来重新安排结点位移向量 $\boldsymbol{u}$:

$$v = \bar{\boldsymbol{B}}_{\text{Coh}} \boldsymbol{u} \tag{7 - 62}$$

于是切线刚度表示为

$$\bar{K}_{\text{T}} = K_{\text{Mat}} + K_{\text{Geo}} + K_{\text{Coh}} = \int_{\Omega} \bar{\boldsymbol{B}}^{\text{T}} d_{\text{S}}^{\text{ep}} \bar{\boldsymbol{B}} \mathrm{d}\Omega + \int_{\Omega} \boldsymbol{G}^{\text{T}} \boldsymbol{M}_{\text{S}} \boldsymbol{G} \mathrm{d}\Omega + \int_{\Omega} (\bar{\boldsymbol{B}}_{\text{Coh}})^{\text{T}} \bar{\boldsymbol{D}}_{\text{interface}} \bar{\boldsymbol{B}}_{\text{Coh}} \mathrm{d}\Omega$$

$$\tag{7 - 63}$$

式中:K_{Mat}为材料刚度(Mat 是 Material 的缩写);K_{Geo}为几何刚度(Geo 是 Geometry 的缩写);K_{Coh}为内聚力刚度(Coh 是 Cohesive 的缩写);$\bar{\boldsymbol{B}}$, d_{S}^{ep}, $\boldsymbol{G}$, $\boldsymbol{M}_{\text{S}}$ 分别为应变梯度矩阵、材料刚度矩阵、笛卡尔梯度矩阵和二阶 Kirchhoff 应力矩阵。

7.2.2　含分层损伤非线性理论与方法

7.2.2.1　非线性屈曲分析模型

试验表明,复合材料层压板壳结构的屈曲破坏过程是非常复杂的。例如,在加载过程中,加筋板壳往往蒙皮首先发生局部屈曲,从而引起局部刚度下降和应力重新分布,这样又会出现新的局部屈曲,随着屈曲区域的不断扩大,最后导致结构的整体屈曲,在这一过程中还会诱发材料内部的损伤破坏以及由此引起的刚度折减。因此,必须建立既有理论依据,又有试验支持的分析模型和破坏准则。

1989 年,美国斯坦福大学 Fu-Kuo Chang 等人以几何非线性理论为基础,提出了考虑损伤破坏的结构分析模型。该模型运用三维破坏准则,研究了横向载荷作用下复合材料柱壳的破坏强度,分析结果与试验结果符合得很好。目前,世界各国都已采用了这种以非线性屈曲理论为基础的反映结构渐变过程的分析模型。从理论上讲,采用这类计算模型只要解法得当,就能够追踪出结构变形过程中完整的非线性平衡路径,包括稳态的和非稳态的,并能够求出载荷极值点和位移极值点,从而更加真实地了解结构变形过程中的各种性态,包括刚度软化、刚度硬化和极限破坏载荷等。

此外,采用非线性有限元的理论和方法对复合材料层压板壳结构的屈曲、后屈曲和破坏过程进行分析时,还必须同时掌握复合材料层压板的力学性能因损伤引起的刚度折减规律和破坏准则。

7.2.2.2　非线性接触理论和模型

含有分层制造缺陷或损伤的复合材料层压结构,原层压板在分层界面处形成上下两个子板,在屈曲变形过程中可能会因分层的闭合行为出现接触效应,上子板的下表面和下子板的上表面即是一对接触面。具有接触面的结构承受荷载,接触过程一般是一个非线性的过程。H. Hertz 对接触问题进行过系统研究,提出经典的 Hertz 弹性接触理论。提出的非线性弹簧的 Hertz 非线性接触模型,接触效应可用弹簧刚度表示：

$$k_n = \frac{4}{3} E^* \sqrt{R^*} \qquad (7-64)$$

Tsuji 等人提出了一个含 δ_n 和 $\dot{\delta}_n$ 非线性黏性项的非线性接触模型，黏性项定义为

$$\eta = \alpha_1 \sqrt{m^* k_n} \delta_n^{1/4} \qquad (7-65)$$

式中：α_1 作为一个常数只取决于回弹系数 e_n。

$$\alpha_1 = -\ln(e_n) \sqrt{\frac{5}{\ln^2(e_n) + \pi^2}} \qquad (7-66)$$

20 世纪 60 年代以后，随着计算机和计算技术的发展，使应用数值方法解决复杂接触问题成为可能。目前，分析接触问题的数值方法大致可分为三类：有限元法、边界元法和数学规划法。其中，数学规划法和边界元法只适合于解决比较简单的弹性接触问题。对于相对复杂的接触非线性问题，如大变形、弹塑性接触问题，有限元方法比较成熟和有效。采用有限元方法求解接触问题的基本思想是先假定接触状态，求出接触力，检验接触条件，若与假定的接触状态不符，则重新假定接触状态，直至迭代计算得到的接触状态与假定状态一致为止。

对于弹性接触的两个物体，通过有限元离散，建立支配方程：

$$\boldsymbol{K}_1 \boldsymbol{\delta}_1 = \boldsymbol{R}_1 \qquad (7-67)$$

式中：$\boldsymbol{K}_1$ 为初始的整体刚度矩阵，它与接触状态有关，通常根据经验和实际情况假定；$\boldsymbol{\delta}_1$ 为结点位移列阵；$\boldsymbol{R}_1$ 为结点荷载列阵。

求解得到结点位移 $\boldsymbol{\delta}_1$，再计算接触点的接触力 $\boldsymbol{P}_1$，将 $\boldsymbol{\delta}_1$ 和 $\boldsymbol{P}_1$ 代入与假定接触状态相应的接触条件，如果不满足接触条件，就要修改接触状态。根据修改后新的接触状态，建立新的劲度矩阵 $\boldsymbol{K}_2$ 和支配方程

$$\boldsymbol{K}_2 \boldsymbol{\delta}_2 = \boldsymbol{R}_2 \qquad (7-68)$$

解得 $\boldsymbol{\delta}_2$，进一步计算接触力 $\boldsymbol{P}_2$，将 $\boldsymbol{\delta}_2$ 和 $\boldsymbol{P}_2$ 代入接触条件，验算接触条件是否满足。这样不断地迭代循环，直至 $\boldsymbol{\delta}_n$ 和 $\boldsymbol{P}_n$ 满足接触条件为止，此时得到的解答就是真实接触状态下的解答。

7.2.3　考虑界面失效的理论与方法

7.2.3.1　胶层单元

为最大程度发挥复合材料的轻质优势，复合材料构件之间的连接首选胶接技术，普通胶接或二次胶接共固化都是常用的传统胶接工艺。随着航空航天大型复合材料结构采用整体化成型工艺的日益普及，界面的力学性能评估成为复合材料结构

安全性校核中备受关注的问题。胶接接头由胶层两侧的被黏结构件和胶层构成,其结构如图 7.5 所示。一般来说,胶层越薄,胶接强度越高,因此通常胶层都很薄,胶层的面内变形可以忽略不计,因此对于脆性的胶层可做出如下假定:

(1) 胶层的材料为均质各向同性的线弹性材料。

(2) 胶层材料的横向弹性模量远小于板的横向弹性模量。

(3) 胶层内部为非面内应力状态且沿厚度方向均布。

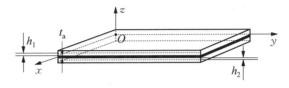

图 7.5　胶接结构局部示意图

由上述假设,胶层中非零的应力应变分量仅有 σ_z, τ_{yz}, τ_{zx} 和 ε_z, γ_{yz}, γ_{zx}。胶层的应力-应变关系可表达为

$$
\begin{aligned}
\sigma_z &= E_a \varepsilon_z(x, \ y) \\
\tau_{yz} &= G_a \gamma_{yz}(x, \ y) \\
\tau_{zx} &= G_a \gamma_{zx}(x, \ y)
\end{aligned}
\tag{7-69}
$$

式中:E_a 和 G_a 分别为胶层的杨氏模量和剪切弹性模量。胶层的应变-位移关系可以表示为

$$
\begin{aligned}
\varepsilon_z &= \frac{\partial w}{\partial z} \\
\gamma_{yz} &= \frac{\partial v}{\partial z} + \frac{\partial w}{\partial y} \\
\gamma_{zx} &= \frac{\partial u}{\partial z} + \frac{\partial w}{\partial x}
\end{aligned}
\tag{7-70}
$$

取胶单元为如图 7.6 所示的 16 结点单元,其中 1～8 号结点和 9～16 号结点分别位于被黏结的上、下板的下、上表面上,并与相应的板单元的八个结点位置相对应。这些结点各位移分量与上、下板中面位移的关系为

$$
\begin{aligned}
u^1 &= u_0^1 - 0.5 t_1 \theta_y^1 \\
u^2 &= u_0^2 + 0.5 t_2 \theta_y^2 \\
v^1 &= v_0^1 + 0.5 t_1 \theta_x^1 \\
v^2 &= v_0^2 - 0.5 t_2 \theta_x^2 \\
w^1 &= w_0^1 \\
w^2 &= w_0^2
\end{aligned}
\tag{7-71}
$$

式中:t_1,t_2 分别为上、下板的厚度;u^1,v^1,w^1,u^2,v^2,w^2 分别表示胶单元上、下表面的位移分量;u_0^1,v_0^1,w_0^1,u_0^2,v_0^2,w_0^2 分别为上、下板的中面位移分量;θ_x^1,θ_y^1,θ_x^2,θ_y^2 分别为上、下板的中面转角。考虑到这些结点与上、下板中面间的几何关系以及胶层中应变分量与 z 坐标无关性质,胶层单元中任一点应变分量可用上、下板中面位移表示为

$$\varepsilon_z = (w^1 - w^2)/t_a$$
$$\gamma_{xz} = (u^1 - u^2)/t_a \qquad\qquad (7-72)$$
$$\gamma_{xz} = (v^1 - v^2)/t_a$$

将式(7.72)代入式(7.71)可得

$$\varepsilon_z = (w_0^1 - w_0^2)/t_a$$
$$\gamma_{xz} = (u_0^1 - u_0^2 - h_1\theta_y^1 - h_2\theta_y^2)/t_a \qquad\qquad (7-73)$$
$$\gamma_{yz} = (v_0^1 - v_0^2 + h_1\theta_x^1 + h_2\theta_x^2)/t_a$$

式中:t_a 为胶层厚度;h_1,h_2 分别代表上、下板中面至胶层表面的距离。

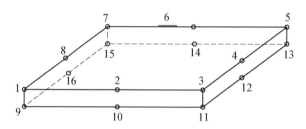

图 7.6　16 结点胶层单元示意图

令胶单元广义结点位移向量为

$$\boldsymbol{q}_a^T = \Big\{ \sum_{i=1}^8 \{ u_{0i}^1 \quad v_{0i}^1 \quad w_{0i}^1 \quad \theta_{xi}^1 \quad \theta_{yi}^1 \} \sum_{i=1}^8 \{ u_{0i}^2 \quad v_{0i}^2 \quad w_{0i}^2 \quad \theta_{xi}^2 \quad \theta_{yi}^2 \} \Big\}_{80\times1}$$

$$(7-74)$$

可得

$$\boldsymbol{\varepsilon}_z = \boldsymbol{B}_{na}\boldsymbol{q}_a \qquad \{ \gamma_{xz} \quad \gamma_{yz} \}^T = \boldsymbol{B}_{sa}\boldsymbol{q}_a \qquad\qquad (7-75)$$

其中

$$\boldsymbol{B}_{na} = \frac{1}{t_a}\Big[\sum_{i=1}^8 \begin{bmatrix} 0 & 0 & N_i & 0 & 0 \end{bmatrix} \sum_{i=1}^8 \begin{bmatrix} 0 & 0 & N_i & 0 & 0 \end{bmatrix} \Big]_{80\times1} \qquad (7-76)$$

$$\boldsymbol{B}_{\mathrm{sa}} = \frac{1}{t_{\mathrm{a}}} \begin{bmatrix} \displaystyle\sum_{i=1}^{8}\begin{bmatrix} N_i & 0 & 0 & 0 & -h_1 N_i \end{bmatrix} & \displaystyle\sum_{i=1}^{8}\begin{bmatrix} N_i & 0 & 0 & 0 & -h_1 N_i \end{bmatrix} \\ \displaystyle\sum_{i=1}^{8}\begin{bmatrix} N_i & 0 & 0 & 0 & h_2 N_i \end{bmatrix} & \displaystyle\sum_{i=1}^{8}\begin{bmatrix} N_i & 0 & 0 & 0 & h_2 N_i \end{bmatrix} \end{bmatrix}_{80\times 2}$$

$$(7-77)$$

胶单元的应变能为

$$\boldsymbol{\Pi}_{\mathrm{a}}^{\mathrm{e}} = \frac{1}{2} G_{\mathrm{a}} t_{\mathrm{a}} \int_{\Omega} (\gamma_{yz}^2 + \gamma_{xz}^2)\,\mathrm{d}x\mathrm{d}y + \frac{1}{2} E_{\mathrm{a}} t_{\mathrm{a}} \int_{\Omega} \varepsilon_z^2\,\mathrm{d}x\mathrm{d}y \qquad (7-78)$$

将式(7-78)代入式(7-77)可得胶单元的刚度矩阵为

$$\boldsymbol{K}_{\mathrm{a}} = t_{\mathrm{a}} E_{\mathrm{a}} \int_{\Omega} \boldsymbol{B}_{\mathrm{n}}^{\mathrm{T}} \boldsymbol{B}_{\mathrm{n}}\,\mathrm{d}x\mathrm{d}y + t_{\mathrm{a}} G_{\mathrm{a}} \int_{\Omega} [\boldsymbol{B}_{\mathrm{s}}]^{\mathrm{T}} [\boldsymbol{B}_{\mathrm{s}}]\,\mathrm{d}x\mathrm{d}y \qquad (7-79)$$

7.2.3.2　内聚力单元

上一节介绍的胶单元在工程应用上简便高效,但是也具有一定的局限性,如仅适用于胶层较薄且线性本构的情况,在预测较厚和具有一定黏性和韧性胶层的失效行为时与实验结果误差较大。胶层内聚力模型(cohesive zone model)则对薄胶层和厚胶层都适用,并且能模拟界面损伤的萌发和扩展过程,同时还能定义非线性的胶层本构关系。简单的内聚力模型常采用双线性本构关系。具体理论如 7.2.1.3 节介绍,具体本构关系如下:

$$\begin{Bmatrix} t_{\mathrm{n}} \\ t_{\mathrm{s}} \\ t_{\mathrm{t}} \end{Bmatrix} = \begin{bmatrix} K_{\mathrm{nn}} & K_{\mathrm{ns}} & K_{\mathrm{nt}} \\ K_{\mathrm{sn}} & K_{\mathrm{ss}} & K_{\mathrm{st}} \\ K_{\mathrm{tn}} & K_{\mathrm{ts}} & K_{\mathrm{tt}} \end{bmatrix} \begin{Bmatrix} \delta_{\mathrm{n}} \\ \delta_{\mathrm{s}} \\ \delta_{\mathrm{t}} \end{Bmatrix} \qquad (7-80)$$

式中: t 为名义应力; K_{ij} 为内聚力单元的刚度系数; δ 为接触面的相对剥离位移。名义应力张量下标 n, s 和 t 分别表示界面法向和两个切向分量。界面的损伤萌发通过强度准则进行判断,本节选用的二次应力准则表达式如下:

$$\left\{\frac{t_{\mathrm{n}}}{t_{\mathrm{n}}^0}\right\}^2 + \left\{\frac{t_{\mathrm{s}}}{t_{\mathrm{s}}^0}\right\}^2 + \left\{\frac{t_{\mathrm{t}}}{t_{\mathrm{t}}^0}\right\}^2 \geqslant 1 \qquad (7-81)$$

式中 t_i^0 表示相应方向的强度。

当单元名义应力满足强度准则时,其刚度开始退化。退化模型中采用损伤变量 D 来描述单元的损伤程度,界面损伤的演化行为可选用 Power-law 形式来描述:

$$D = \left\{\frac{G_{\mathrm{n}}}{G_{\mathrm{n}}^{\mathrm{C}}}\right\}^{\alpha} + \left\{\frac{G_{\mathrm{s}}}{G_{\mathrm{s}}^{\mathrm{C}}}\right\}^{\alpha} + \left\{\frac{G_{\mathrm{t}}}{G_{\mathrm{t}}^{\mathrm{C}}}\right\}^{\alpha} \qquad (7-82)$$

式中: G_i 和 G_{ic} 分别为相应方向的应变能释放率和临界断裂能;指数 α 是和材料有关的常数。单元损伤后的等效名义应力可表达为

$$t' = (1 - D)K\delta \tag{7-83}$$

7.2.4 多重非线性耦合问题及求解

复合材料构件的损伤和破坏机理非常复杂,在其后屈曲变形过程中,构件通常会出现蒙皮大变形、材料损伤演化、胶层开裂扩展、层间分层扩展以及分层区上下子板闭合接触等现象,用有限元方法准确预测出构件的承载能力和破坏模式,就需要把这些现象在有限元模型中考虑周全,这样就会导致在一个模型中要考虑几何非线性、材料非线性、界面裂纹扩展非线性、分层损伤扩展非线性以及接触分析非线性等,这些非线性问题出现在同一个有限元模型中,就造成了多重非线性的耦合。

对于压缩工况下的复合材料板壳结构,其多重非线性耦合问题仍然可归结为方程式(7-32)的求解,即 $\mathrm{d}\boldsymbol{\Psi} = (\boldsymbol{K}_0 + \boldsymbol{K}_L + \boldsymbol{K}_\sigma)\mathrm{d}\boldsymbol{q} = \boldsymbol{K}_T \mathrm{d}\boldsymbol{q}$,除几何非线性外,还包含材料渐进损伤的刚度折减所导致的材料非线性,同时还需考虑引入了界面单元、接触单元、分层扩展网格的移动算法等造成的局部非线性,上述模型或算法都要求结构总体切线刚度阵 $\boldsymbol{K}_T$ 随各种非线性问题的发展而不断重新计算,可见在各增量载荷步上达到收敛实际上是同时满足了上述各非线性问题的收敛条件,因此对于多重非线性耦合问题,得到最终收敛解非常关键,也非常困难。

在大型复杂航空航天结构的多重非线性耦合计算中,因其计算规模巨大,采用显式算法是克服多重非线性耦合收敛难问题的常用方法,但在显式算法中,输入合适的控制参数对求解精度影响很大,这需要长期的应用经验。若采用隐式算法,则推荐首先判断其中各非线性问题的程度,将非线性程度相对较低的问题先忽略,采用刚度折减或二次子模型分析等方法综合考虑其对总体计算精度的影响,这种处理就是多重非线性的解耦思想。采用商业有限元软件进行隐式求解时,掌握一些经验和技巧对顺利求解是十分必要的,这里针对计算不收敛问题,总结了一些解决方法:

(1) 边界条件对线性屈曲模态、后屈曲路径以及计算的收敛性有很大的影响。保证边界条件的合理性至关重要,可根据实验条件进行合理的调整。

(2) 在边界条件调整过程中,很容易出现过约束、欠约束的现象,两者都会造成严重的不收敛问题,需要根据所使用软件的提示进行修正。

(3) 在复杂结构计算中,常常需要考虑各部分连接之间的接触设置和界面失效问题。各部件之间接触设置,注意主从面的选择、接触处细化网格、设定过盈接触等问题。界面失效问题可引入黏性系数、选择合适的单元解决不收敛问题。

(4) 在非线性计算中,减小初始时间增量步对计算结果和收敛也有一定的影响。

(5) 后屈曲计算中,引入的初始扰动会对后屈曲路径和计算收敛产生影响,需谨慎调整。

7.3 屈曲平衡方程的求解方法

7.3.1 非线性屈曲分析模型

试验表明,复合材料层压板(壳)结构的屈曲破坏过程是非常复杂的。例如,在加载过程中,加筋板(壳)的蒙皮往往首先发生局部屈曲,从而引起局部刚度下降和应力重新分布,这样又会出现新的局部屈曲,随着屈曲区域的不断扩大,最后导致结构的整体屈曲,在这一过程中还会诱发材料内部的损伤破坏以及由此引起的刚度折减。因此,必须建立一个比较符合实际,并有试验根据的分析模型和破坏准则。

1989 年美国斯坦福大学 Fu-kuo Chang 等人采用以几何非线性理论为基础,提出了考虑损伤破坏的结构分析模型,该模型运用三维破坏准则研究了横向载荷作用下复合材料柱壳的破坏强度,分析结果与试验结果相当一致。目前,世界各国都已采用了这种以非线性屈曲理论为基础能反映结构渐变过程的分析模型。

从理论上讲,这一分析模型既考虑了几何非线性又考虑了物理非线性。首先在宏观意义上反映了结构大变形的特征,同时在细观意义上,考虑了复合材料作为一种结构材料所表现出的物理非线性关系。复合层压板材料由增强材料和基体组成,增强材料是一种高强度纤维,作为黏结剂的基体是一种树脂材料。高强度纤维基本属于脆性材料,固化后的树脂材料则类似于弹塑性材料,但弹性模量相对于纤维材料低很多。航空复合材料中碳纤维的体积含量约为 $50\% \sim 70\%$,重量含量更高,这种层压板的整体行为更接近脆性材料。因此,许多层压板结构分析通常是不考虑物理非线性的。大量工程实践和数值计算结果证明,层压板内部各种形式的损伤对结构破坏影响极大。结构内部受力的不均匀和铺层角度效应将导致结构内部出现损伤的部位、程度和先后次序各不相同。按照复合材料层压板理论,在变形的各个阶段,结构刚度随着层压板内部损伤的发展而变化,正是这种细观意义上的损伤积累导致了层压板结构的物理非线性行为。

按照这一计算模型只要解法得当,就能够跟踪结构变形全过程的非线性平衡路径,包括稳态的和非稳态的,并能求出载荷极值点和位移极值点的位置。从而可以比较真实地了解结构变形过程中的各种性态,包括刚度软化、刚度硬化和极限破坏载荷等。

因此,对复合材料层压板结构的屈曲、后屈曲和破坏过程做分析时,除必须采用非线性有限元的理论和方法,同时还要掌握复合材料层压板的力学性能和损伤破坏准则等复合材料力学的基础知识。下面给出与本章内容相关的一些基本知识。

7.3.2 典型屈曲问题的数值算例及讨论

7.3.2.1 四边简支单向受压方板的后屈曲分析

四边简支各向同性材料方板,受面内单向均布压力 q(N/mm),如图 7.7 所示。

几何尺寸为:方板的边长 $a = 100$ mm,板厚 $h = 1$ mm;材料性质为:$E = 1.106 \times 10^6$ N/mm^2,$\nu = 0.3$,指定收敛的载荷因子为 1.50。由结构一阶屈曲波形的对称性,计算模型取 1/4 板,按 4×4 网格进行非线性屈曲分析。

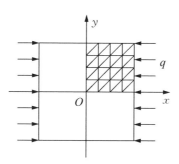

图 7.7 四边简支单向受压板

表 7.2 中比较了弧长法改进前后的计算效率。相应的载荷-中心点挠度曲线见图 7.8 和图 7.9。

表 7.2 简支方板计算结果

	无指定载荷后屈曲路径	有指定载荷后屈曲路径	
		线性近似	二次近似
一般弧长法	23/3.4/78①	30/3.2/96	30/3.3/99
改进弧长法	12/2.5/33	16/2.5/40	17/2.5/43

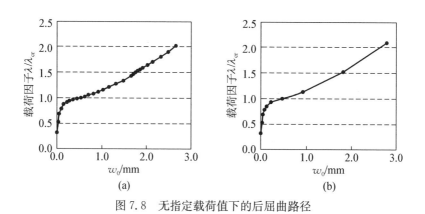

图 7.8 无指定载荷值下的后屈曲路径

(a)一般弧长法 (b)改进弧长法

① 表中数据 * / * / * 表示总增量步数/平均迭代次数/总迭代次数。

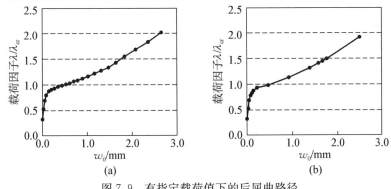

图 7.9 有指定载荷值下的后屈曲路径

(a) 一般弧长法 (b) 改进弧长法

7.3.2.2 复合材料层合柱块壳中心点受集中力的后屈曲分析

如图 7.10 所示复合材料层合柱块壳,中心点受集中力。直边简支,曲边自由,其几何尺寸为: $R = 2\,540$ mm, $L = 254$ mm, $\theta = 0.1$ rad。单层材料性质为: $E_1 = 3.3$ kN/mm², $E_2 = 1.1$ kN/mm², $G_{12} = 0.66$ kN/mm², $G_{13} = 0.44$ kN/mm², $\nu = 0.25$。铺层为:[0/90/0]正交铺设,指定收敛载荷因子为 0.17。由对称性,取 1/4 壳体按 8×8 网格进行计算,载荷-中心点位移曲线如图 7.11 所示。表 7.3 可见改进后的弧长法对柱块壳较复杂的后屈曲路径同样适用。

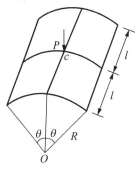

图 7.10 复合材料层合柱块壳

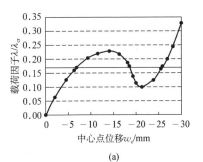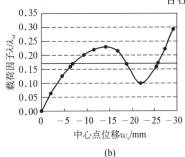

(a)   (b)

图 7.11 指定载荷 0.17 值的后屈曲路径(线性近似)

(a) 一般弧长法 (b) 改进弧长法

表 7.3 柱块壳计算结果

无指定载荷后屈曲路径		有指定载荷后屈曲路径	
		线性近似	二次近似
一般弧长	12/3.7/44[1]	20/3.2/64	24/3.0/72
改进弧长	11/3.1/34	14/2.5/35	20/3.1/62

① 表中数据 * / * / * 表示总增量步数/平均迭代次数/总迭代次数。

对上面两例的讨论：

在7.3.1节中四边简支单向受压方板和7.3.2节中中心受集中力的复合材料层合柱块壳两例都分别采用了一般弧长法和改进弧长法求解它们的非线性平衡路径。从表7.2和表7.3的计算结果可见改进弧长法大大提高了求解效率。

图7.8，图7.9和图7.10分别表示了方板和柱块壳在载荷作用下的后屈曲路径。图中纵坐标值为载荷因子λ/λ_{cr}，其中λ是无量纲外载荷，λ_{cr}为无量纲线性失稳临界力。因此，比值λ/λ_{cr}小于1反映了线性屈曲之前(前屈曲)的平衡路径；大于1反映了线性屈曲后(后屈曲)的平衡路径。由图7.8，图7.9可见受压方板具有潜在的后屈曲强度可供以利用，而图7.10说明受集中力的柱块壳在线性失稳载荷之前(λ/λ_{cr}约为0.23时)早已出现了第一个极值点，这一点意味着非线性极值型失稳。从这两个典型例子充分说明了结构非线性屈曲分析的必要性和重要性。

7.3.2.3　复合材料长圆柱形管在横向均压下的后屈曲破坏

复合材料长圆柱形管的几何形状、铺层情况和载荷作用方式见图7.12和图7.13(a)、(b)。在求解其非线性平衡路径中考虑了几何非线性(大变形)，接触非线性(接触面积随变形的增大而增大)，还考虑了材料内部的损伤破坏和相应的刚度折减。实际问题往往都是这样一个多重非线性的耦合问题。

经过分析认为，这是一个典型的平面应变问题，而且圆管截面具有对x_1，x_2轴的对称性，所以可以取四分之一截面作为计算模型。

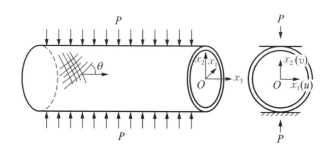

图7.12　在横向均压下复合材料长圆柱形管

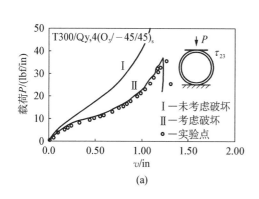

(a)

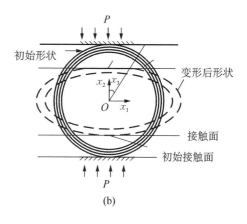

(b)

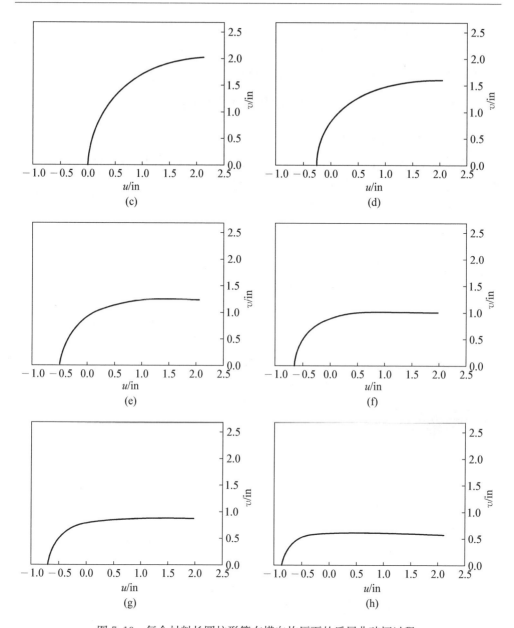

图 7.13 复合材料长圆柱形管在横向均压下的后屈曲破坏过程

（a）圆管顶点载荷-位移曲线 （b）圆管截面的变形过程 （c）$P = 0.0001\,\mathrm{lbf/in}$ （d）$P = -3.3941\,\mathrm{lbf/in}$ （e）$P = -5.423\,\mathrm{lbf/in}$ （f）$P = -7.5901\,\mathrm{lbf/in}$ （g）$P = -10.4261\,\mathrm{lbf/in}$ （h）$P = -19.6301\,\mathrm{lbf/in}$

计算结果见图 7.13。由图 7.13(a)中的曲线可见，曲线Ⅰ是只考虑了几何和接触非线性的计算结果，显然和实验点的差距还比较大。曲线Ⅱ是进一步考虑了材料内部损伤破坏后的结果，发现与实验点基本符合，从而说明对于复合材料结构，在受力变形过程中材料内部的薄弱区会出现纤维断裂、基体脱开等损伤破坏，因此会导致整个结构的刚度下降,这一因素对结构稳定性的影响是不可忽视的。

图 7.13 中(c)到(h)6 个图给出了在加载的各个阶段,1/4 圆管截面的变形图,同时可以看出载荷接触面由点到面,随着圆截面的压扁,接触面越来越大的过程。

7.4 复杂环境下的复合材料与结构的非线性问题

7.4.1 材料的湿热效应

随着科技的发展,人类探索能力的拓展,越来越多的结构将在极端环境下工作,如高温潮湿、高辐射和强腐蚀等环境,对在此类环境下工作的结构进行力学行为数值模拟,则会带来更多非线性问题。下面以热效应为例,介绍有限元处理方法。承受温度变化的结构会出现热胀冷缩行为,若受到约束不能自由变形就会产生热应力。热应力是由于物体内同一点的温度发生变化而引起的应力,产生热应力的必要条件是存在温差。如果热变形是自由的,则不会在结构内部产生热应力;相反,如果由于温度变化引起的结构变形受到约束时,即使没有外力作用,内部也会因温度分布不均,变形量不同而产生热应力。因此,可以将产生热应力的温度变化视为一种载荷,称之为温度载荷。

由传热学原理,一维等截面杆因温升而引起的杆长变化为

$$\Delta l = \alpha_T \Delta T \cdot l \tag{7-84}$$

式中:α_T 为材料的线膨胀系数;ΔT 为温度的变化值;l 为杆的原长。

由温度引起的热应变为

$$\varepsilon_T = \frac{\Delta l}{l} = \alpha_T \Delta T \tag{7-85}$$

对于各向同性的三维结构,以上应变在各个方向均相同,但并不产生剪应变,即存在下式:

$$\varepsilon_{xT} = \varepsilon_{tT} = \varepsilon_{sT} = \alpha_T \Delta T \tag{7-86}$$

$$V_{xtT} = V_{ysT} = V_{xsT} = 0 \tag{7-87}$$

因此,平面结构的热应变为

$$\boldsymbol{\varepsilon}_T = \{\varepsilon_{xT},\ \varepsilon_{yT},\ \varepsilon_{sT}\} = \alpha_T \{110\}^T \tag{7-88}$$

由于结构存在约束,伴随热应变的产生将产生热应力 σ_{xT}, σ_{yT}, σ_{sT}。而这些应力又会引起该点处发生变形。

结构的总应变为弹性应变 $\boldsymbol{\varepsilon}_E$ 和热应变 $\boldsymbol{\varepsilon}_T$ 之和:

$$\boldsymbol{\varepsilon} = \boldsymbol{\varepsilon}_E + \boldsymbol{\varepsilon}_T \tag{7-89}$$

弹性应变是由弹性应力引起的:

$$\boldsymbol{\sigma} = \boldsymbol{D\varepsilon}_{\mathrm{E}} \tag{7-90}$$

所以在存在热应变的情况下,结构物理方程为

$$\boldsymbol{\sigma} = \boldsymbol{D}(\boldsymbol{\varepsilon} - \boldsymbol{\varepsilon}_{\mathrm{T}}) = \boldsymbol{D}(\boldsymbol{Bq}^e - \boldsymbol{\varepsilon}_{\mathrm{T}}) \tag{7-91}$$

式中:$\boldsymbol{D}$ 为计算平面应力问题的弹性矩阵;$\boldsymbol{B}$ 为应变矩阵。根据弹性力学公式:

$$\boldsymbol{F}^e = \iint \boldsymbol{B}^{\mathrm{T}} \boldsymbol{\sigma} \mathrm{d}x\mathrm{d}y \tag{7-92}$$

将式(7-91)代入式(7-92)得

$$\boldsymbol{F}^e = \iint \boldsymbol{B}^{\mathrm{T}} \boldsymbol{B} \{q^e\} \mathrm{d}x\mathrm{d}y - \iint \boldsymbol{B}^{\mathrm{T}} \boldsymbol{D\varepsilon}_{\mathrm{T}} \mathrm{d}x\mathrm{d}y \tag{7-93}$$

写成矩阵形式为

$$\boldsymbol{k}_{\mathrm{E}}^e \boldsymbol{q}^e = \boldsymbol{F}^e + \boldsymbol{R}_{\mathrm{T}}^e \tag{7-94}$$

这里的 $\boldsymbol{k}_{\mathrm{E}}^e$ 和 $\boldsymbol{F}^e$ 是平面应力问题中的单元刚度矩阵和结点力矩阵。

$$\boldsymbol{R}_{\mathrm{T}}^e = \iint \boldsymbol{B}^{\mathrm{T}} \boldsymbol{D\alpha}_{\mathrm{T}} \Delta \mathrm{T} \mathrm{d}x\mathrm{d}y \tag{7-95}$$

式中:$\boldsymbol{R}_{\mathrm{T}}^e$ 就是由于温度变化而增加的结点载荷,称为单元变温等效结点载荷矩阵。

通过求解温度方程求出各个结点的温度值以后,就可以通过式(7-95)求出温度载荷,式中单元的温升可以取各个结点的温升的平均值 ΔT,以三结点三角形单元为例,则有

$$\Delta T = \frac{\Delta T_i + \Delta T_j + \Delta T_m}{3} = \frac{T_i + T_j + T_m}{3} - T_0 \tag{7-96}$$

式中:T_i,T_j,T_m 分别为计算出的结点温度;T_0 为结构的初始温度。

将求解域中所有单元的变温等效结点载荷叠加后,形成整个结构的温度载荷阵列,即

$$\boldsymbol{R}_{\mathrm{T}}^e = \sum_{e=1}^{n} \boldsymbol{R}_{\mathrm{T}}^e \tag{7-97}$$

最后,将式(7-97)得到的温度变化 $\boldsymbol{R}_{\mathrm{T}}$ 视为一种温度载荷,并形成温度载荷列阵后,就可以按与静力分析相同的方法求解热变形,则求解热变形的刚度方程为

$$\boldsymbol{Kq} = \boldsymbol{R}_{\mathrm{T}} \tag{7-98}$$

解上式可以求出结构的热变形 $\boldsymbol{q}$,再代入(7-91)就能求出相应的热应力。

7.4.2 考虑材料湿热效应的非线性问题

材料的弹性参数若随着温度的变化而改变,即材料的弹性参数是温度的函数,有限元弹性矩阵可表达为 $\boldsymbol{D}(T)$,这就是另一类材料非线性行为。对于热应力问题,

方程(7-94)改写为

$$[k(T)]_E^e \boldsymbol{q}^e = \boldsymbol{F}^e + \boldsymbol{R}_T^e \qquad (7-99)$$

其中

$$\boldsymbol{K}(T)_E^e = \iint \boldsymbol{B}^T [D(T)] \boldsymbol{B} \mathrm{d}x \mathrm{d}y \qquad (7-100)$$

$$\boldsymbol{R}_T^e = \iint \boldsymbol{B}^T [D(T)] \alpha_T \Delta T \mathrm{d}x \mathrm{d}y \qquad (7-101)$$

此种情况下,由于本构方程是随温度变化的,平衡方程(7-99)需针对温度的变化过程进行增量型求解。同时需要注意的是,对结构进行安全性校核时,材料的强度参数一般也是随温度变化的,不再是常数。材料升温和吸湿后物理效应是相同的,无约束时都表现为体积膨胀,故考虑湿度效应的分析过程与热效应在形式上相类似,在上述公式中将材料热参数替换为相应材料吸湿参数即可通用。

7.4.3　考虑材料湿热效应的有限元分析方法

由于在受热膨胀过程中受到约束作用,结构往往容易发生热屈曲,本节以复压材料层压板的线性和非线性屈曲问题为例,讲述具体的有限元分析方法。根据稳定性理论,采用变分原理可分别得到热载和热-机械力耦合作用下的层压板屈曲前和屈曲临界状态平衡方程的有限元分析表达式。

7.4.3.1　热载作用下复合材料层压板的屈曲分析

复合材料的力学和热性质是温度的函数,故在热载作用下复合材料层压板的屈曲分析是一个非线性分析问题,则必须采用增量法求解。

屈曲前层压板的增量型平衡方程为

$$\boldsymbol{K}(T)^t \Delta \boldsymbol{q} = \Delta \boldsymbol{P}^t \qquad (7-102)$$

热屈曲临界状态下层压板的增量型平衡方程为

$$(\boldsymbol{K}(T)^t + \lambda_t \boldsymbol{K}_\sigma (T)^t) \Delta \boldsymbol{q} = 0 \qquad (7-103)$$

在式(7-102)和式(7-103)中,$\boldsymbol{K}(T)^t$ 和 $\boldsymbol{K}_\sigma(T)^t$ 为层压板在即时温度下的总刚度阵和热载当量力总几何刚度阵,其是温度 T 的函数;$\Delta \boldsymbol{q}$ 为层压板的总结点位移增量向量;$\Delta \boldsymbol{P}^t$ 为即时温度下层压板结点当量热载增量向量;λ_t 为热载比例因子。

7.4.3.2　热-机械力耦合作用下复合材料层压板的屈曲分析

在热-机械力耦合作用下,层压板的屈曲分析可分为如下两种情况:

1) 在已知环境温度场下,复合材料层压板的屈曲临界载荷分析

屈曲前层压板的平衡方程为

$$\boldsymbol{K}^t \boldsymbol{q} = \boldsymbol{P} + \boldsymbol{P}^t \qquad (7-104)$$

屈曲临界状态下层压板的平衡方程为

$$(\boldsymbol{K}^{\mathrm{f}} + \boldsymbol{K}_\sigma^{\mathrm{t}})\boldsymbol{q} + \lambda \boldsymbol{K}_\sigma^{\mathrm{f}}\boldsymbol{q} = 0 \qquad (7-105)$$

在式(7-104)和式(7-105)中，$\boldsymbol{K}^{\mathrm{f}}$ 和 $\boldsymbol{K}_\sigma^{\mathrm{t}}$ 分别为在给定温度下层压板的总刚度阵和机械载荷总几何刚度阵。

2)在给定机械载荷作用下，复合材料层压板的热屈曲临界温度分析

屈曲前层压板的增量型平衡方程为

$$\boldsymbol{K}(T)^{\mathrm{t}}\Delta\boldsymbol{q} = \Delta\boldsymbol{P}^{\mathrm{t}} \qquad (7-106)$$

屈曲临界状态下层压板的增量型平衡方程为

$$(\boldsymbol{K}(T)^{\mathrm{t}} + \boldsymbol{K}_\sigma^{\mathrm{f}})\Delta\boldsymbol{q} + \lambda_t\boldsymbol{K}_\sigma(T)^{\mathrm{t}}\Delta\boldsymbol{q} = 0 \qquad (7-107)$$

方程式(7-103)和式(7-107)为增量型热屈曲定解方程。在微小的温度步长范围内，可认为材料的机械与热性质是不变的，亦可归结为一个求线性特征值问题，则可采用逐步施加微小温度增 c 的方法得到(7-105)和(7-109)两方程的解。当处在第 k 个温度增量步时，则当前温度 $t_k = t_{k-1} + \Delta t_k$，而应力 $\sigma_{ij}^k = \sigma_{ij}^{k-1} + \Delta\sigma_{ij}^k$，膜力 $N_{ij}^k = N_{ij}^{k-1} + \Delta N_{ij}^k$，其特征值为 λ_k，若 $|\lambda_k - 1| \leqslant \Delta$，其中 Δ 为给定的误差范围，则迭代已收敛，计算结束；否则，施加下一个温度增量 Δt_k，解出特征值 λ_{k+1}，直至满足收敛准则为止。当增量步接近收敛时，解有可能出现摆动现象，此时应按一定标准调整温度步长。

习题

1. 请根据接触非线性内容，试设计考虑接触单元的程序流程图。

2. CZM 双线性模型含有哪些基本参数？各自具有什么物理含义？

3. 热-机耦合作用下复合材料层压板的屈曲包含哪几种非线性问题作用(材料、几何、接触非线性)？

4. 胶单元与界面单元在功能上有何异同？

5. 请列举局部二次稳定性分析的优势。

6. 试分析采用内聚力双线性本构模型预测黏性界面不准的原因。

7. 试简述非线性分层 CZM 理论、VCCT 理论、XFEM 理论各自的特点及优势。

参考文献

[1] 杨乃宾,章怡宁.复合材料飞机结构设计[M].北京:航空工业出版社,2002.

[2] 王雪明,谢富源,李敏,等.热压罐成型复合材料构件分层缺陷影响因素分析[C]//全国复合材料学术会议.2008.

[3] ALLIX O, LADEVÉZE P, CORIGLIANO A. Damage analysis of interlaminar fracture specimens [J]. Composite Structures, 1995,31(1):61-74.

[4] CORIGLIANO A, MARIANI S, PANDOLFI A. Numerical modeling of rate-dependent debonding processes in composites [J]. Composite Structures, 2003,61(1):39-50.

[5] BAZANT Z P, JIRASEK M. Nonlocal integral formulations of plasticity and damage: survey of progress [J]. Journal of Engineering Mechanics, 2016,128(11):1119 - 1149.

[6] RAJU I S. Calculation of strain-energy release rates with high order and singular finite elements [J]. Engineering Fracture Mechanics, 1987,28(3):251 - 274.

[7] ZOU Z, REID S R, SODEN P D, et al. Mode separation of energy release rate for delamination in composite laminates using sublaminates [J]. International Journal of Solids & Structures, 2001,38(15):2597 - 2613.

[8] KRUEGER R. Virtual crack closure technique: history, approach, and applications [J]. Applied Mechanics Reviews, 2004,57(1):109 - 143.

[9] MOTAMEDI D. Nonlinear XFEM modeling of delamination in fiber reinforced composites considering uncertain fracture properties and effect of fiber bridging [D]. Vancouver: University of British Columbia, 2013.

[10] MOTAMEDI D, MILANI A S. 3D nonlinear XFEM simulation of delamination in unidirectional composite laminates: a sensitivity analysis of modeling parameters [J]. Open Journal of Composite Materials, 2013,03(4):113 - 126.

[11] MAHMOUD S, CHEN X, JANKOWSKI R. Structural pounding models with hertz spring and nonlinear damper [J]. Journal of Applied Sciences, 2008,8(10):1850 - 1858.

[12] HU G, HU Z, JIAN B, et al. On the determination of the damping coefficient of non-linear spring-dashpot system to model hertz contact for simulation by discrete element method [C]// Wase International Conference on Information Engineering. IEEE, 2010:295 - 298.

[13] CONRY T F, SEIREG A. A mathematical programming method for design of elastic bodies in contact [J]. Journal of Applied Mechanics, 1971,38(2):387.

[14] FISCHER U, MELOSH R J. Solving discretized contact problems using linear programming [J]. Computers & Structures, 1987,25(5):661 - 664.

[15] 钟万勰,张柔雷,孙苏明.参数二次规划法在计算力学中的应用(一)[J].计算力学学报, 1988,5(4):106 - 114.

[16] 钟万勰,张柔雷,孙苏明.参数二次规划法在计算力学中的应用(二)[J].计算力学学报, 1989,6(1):98 - 108.

[17] DJORDJE Perić D, OWEN D R J. Computational model for 3D contact problems with friction based on the penalty method [J]. International Journal for Numerical Methods in Engineering, 1992,35(6):1289 - 1309.

[18] 毛坚强.接触问题的一种有限元计算方法及其在岩土工程中的应用[D].成都:西南交通大学,2002.

[19] COGNARD J Y, CRÉAC H R, MAURICE J. Numerical analysis of the stress distribution in single-lap shear tests under elastic assumption—application to the optimization of the mechanical behaviour [J]. International Journal of Adhesion & Adhesives, 2011,31(7): 715 - 724.

[20] DRZAL L T, MADHUKAR M. Fibre-matrix adhesion and its relationship to composite mechanical properties [J]. Journal of Materials Science, 1993,28(3):569 - 610.

[21] GOYAL V K, JOHNSON E R, DÁVILA C G. Irreversible constitutive law for modeling

the delamination process using interfacial surface discontinuities [J]. Composite Structures, 2004,65(3 - 4):289 - 305.

[22] TURON A, CAMANHO P P, COSTA J, et al. A damage model for the simulation of delamination in advanced composites under variable-mode loading [J]. Mechanics of Materials, 2006,38(11):1072 - 1089.

[23] DS Simulia. ABAQUS6. 13 help documentation [M]. USA: Dassault Systems Simulia Corp, 2013.

[24] 庄茁. ABAQUS 非线性有限元分析与实例[M]. 北京:科学出版社,2005.

[25] Helwany S. Applied soil mechanics with ABAQUS applications [M]. John Wiley & Sons, 2007.

[26] KOUNDOUROS M. In-plane compressive behaviour of stiffened thin skinned composite panels with a stress concentrator [D]. London: Imperial College London, 2005:102 -120.

8 飞机结构中的典型非线性问题分析

8.1 飞机结构的稳定性设计

在飞机结构设计中,为了满足飞机的各项战术技术指标要求,必须最大限度地降低结构重量,提高结构效率,即提高单位结构重量下的承载能力。因此,飞机结构常常设计成薄壁加筋等轻薄型结构,有时甚至通过尽可能降低结构强度余量来降低结构重量系数。在这种情况下,结构的稳定性分析就成为飞机结构强度设计的一项非常重要的核心内容。

对于金属结构,受拉元件或部位应进行静强度校核,并考虑耐久性和损伤容限设计,而受压构件或部位则要进行稳定性校核。对于复合材料结构中的受压元件或部位,额外还需考虑冲击损伤的影响,考虑这些元件或部位受外来物冲击后的压缩强度许用值(CAI),而该问题的实质仍与局部分层失稳问题密不可分。因此,层合结构分层损伤失稳问题已成为国内外研究人员关注的热点。

在常规飞机结构设计中,稳定性校核的依据主要来自飞机设计规范和手册。其中所给出的公式、图表和方法的理论基础是线弹性理论(弹性的小变形理论)。而大量试验表明,一些层压板及其加筋结构在达到失稳载荷之后即进入了后屈曲阶段,这时该结构还可以继续承载。又如在完成结构的总体应力分析后,如果局部区域的应力超出屈服应力,则需对失稳临界应力的计算结果进行塑性修正。这些现象和做法都向人们阐述了同一个道理,即以初始失稳载荷作为结构设计的唯一控制载荷是不符合实际情况的。

过去受飞机结构设计水平和计算工具的限制,人们在处理一些实际问题时不得不进行种种线性化假设和简化,然后采用线性理论加以解决。即便如此,在采用线性理论进行结构设计时,仍然需要对有些明显不符合线性假设的结构设计做适当修正,如对某些部位加筋蒙皮结构进行整体稳定性校核时,允许部分蒙皮局部提前失稳进入张力场并继续承载。由于结构的稳定性主要取决于结构本身的刚度和边界支承条件,而弹性边界条件的准确模拟是异常困难的,这是导致稳定性试验结果分散性较大的主要原因。因此,国内外飞机设计师在大量的飞机设计实践中,积累了数以万计的试验图表、曲线和经验公式,用于指导飞机结构设计。

由此可见,线性理论分析的正确性和精度已不能满足现代飞机结构设计的需要。按照非线性理论研究结构的稳定性问题(屈曲、后屈曲行为),早在 20 世纪 80 年代就开始了,至今仍方兴未艾。近二三十年来国内外的研究人员不仅在理论和方法上取得了可喜的成果,而且已经应用到实际结构的设计中,最重要的是从飞机设计的指导思想上正在实现从线性到非线性的转变。

现代复合材料飞机结构的失稳破坏过程更为复杂,按照非线性理论和方法研究飞机结构的稳定性已势在必行。复合材料飞机结构的稳定性分析方法是在金属结构分析方法的基础上发展起来的,从理论上讲非线性理论也是由线性理论发展而来的,因此有必要回顾一下金属结构的稳定性分析的基本方法。

8.1.1 金属材料飞机结构稳定性分析的塑性修正

在以金属材料作为飞机结构材料时代,传统的稳定性分析是采用线弹性理论进行的。然而,结构件在失稳时的应力往往超过了材料的初始屈曲应力(比例极限),变形也往往超出了小变形的范围。此时,用线弹性理论计算的失稳临界力是不符合实际的,但在工程上要进行复杂的弹塑性和大变形分析是不可能的。所以,采取了对线性理论求得的结果进行适当的塑性修正,再加上工程设计人员长期的实践中积累的经验,做定性或定量的修正。

例如,受单向均压作用的简支平板的线弹性屈曲应力为

$$\sigma_{cr}^{e} = \frac{k\pi^2 E}{12(1-\nu_e^2)}\left(\frac{t}{b}\right)^2 \tag{8-1}$$

式中:k 为屈曲系数;E 和 ν_e 分别为材料的杨氏模量和泊松比;b 和 t 分别为平板受压方向的长度和平板的厚度。

当屈曲应力超过比例极限后,其应力应变关系($\sigma-\varepsilon$)不再是线性的,材料的弹性杨氏模量 E 和泊松比 ν_e 不再是常数,并影响到屈曲系数 k 的取值。为了工程上使用方便,把影响到屈曲应力的效应综合成一个塑性修正系数 η,即设 $\eta = \sigma_s^p/\sigma_{cr}^e$,其中 σ_s^p 为弹塑性失稳应力,代入上式得修正后的失稳临界力为

$$\sigma_{cr} = \eta \frac{k\pi^2 E}{12(1-\nu_s^2)}\left(\frac{t}{b}\right)^2 \tag{8-2}$$

关于 η 的推导十分复杂,涉及塑性流动法则、强化条件、ν 值的变化和加卸载准则等一整套塑性理论。工程技术人员在设计计算时,可从设计手册中查到塑性修正系数 η 的数值。

而对于近代飞机结构,大都采用了先进的复合材料。由于纤维增强复合材料多呈现脆性材料特点,材料的塑性性能不明显。而结构大变形的影响又不可忽视,所以,在结构稳定性分析中通常主要考虑几何非线性的影响。

8.1.2 局部二次稳定性分析方法

局部二次稳定性分析方法指的是完成结构总体应力分析(一次分析)后,取出原结构中可能出现失稳的部位或区域建立局部有限元分析模型(根据需要可以直接利用原有的网格,也可进一步细化网格),并进行第二次稳定性分析的方法。局部模型的边界条件来自原结构模型应力分析结果,通常取切开部位边界上的位移和内力,反加到二次分析的局部模型边界上,作为原模型提供给局部模型的弹性支承。然后,对局部有限元模型进行稳定性分析,即称为二次稳定性分析。

为了保证局部稳定性分析的正确性,必须保证局部模型的边界条件来自原整体模型的真实弹性边界条件,并保证该二次稳定性分析的局部应力场与原结构总体有限元分析所得的相应部位的应力场相同。

局部二次稳定性分析方法,从线弹性理论意义上讲无疑是一个事半功倍的好方法。该方法缩小了建模的规模,减少了分析计算的工作量。这主要是由于对同一结构进行稳定性分析时,不仅要了解整个结构是否失稳,还要了解每一蒙皮格子内是否失稳。因此,通常情况下,结构稳定性分析有限元网格要比应力分析有限元网格细得多。另外,该方法还充分利用了原总体结构的有限元分析结果。

但是,从非线性理论的观点来讲,却不可以采用局部二次稳定性分析方法。因为在加载过程中,局部模型的支承条件也在变化,而且是一个非线性的变化过程。因此,整体结构在某一载荷水平下得到的静力解,即使是非线性解,也不能提取其中一部分位移和内力用来作为局部分析的边界支承条件,原因就是对后屈曲问题,从整体模型中取出的局部结构其边界条件的变化是非线性的,整体和局部结构的力学量之间不是简单的线性关系,而是相互耦合影响的非线性关系。

然而,实际上对一个大型复杂结构,结果中包含了各个点上可能出现的应力极值点和位移极值点,它们既包括总体失稳,也包含局部失稳的各种模态,哪怕一个奇异点的产生都会在众多的应力-应变曲线上有所反应,很难判断哪些是主要的哪些是次要的,真实的失稳部位在哪里,对应什么样的失稳模态。

所以,尽管今天计算机的硬件条件及软件功能给结构分析提供了强有力的工具,但目前国内外还很少用大型的全机结构作为非线性后屈曲分析的计算模型,而一般采用的还是线弹性分析中的局部二次稳定性分析方法,即对全机总体模型进行线性静力分析的基础上,取出所关心的局部结构及其边界条件,建立局部模型,然后对局部模型进行非线性屈曲分析。

实践经验证明,这种做法在大部分情况下是可行的,而且比较符合实际情况。因为以薄壁加筋结构为主要特征的飞机结构,在几乎所有可能的工作状态下都不允许主承力部件(如机翼蒙皮、机身的骨架乃至纵梁、隔框等部件)的变形超出力学意义上小变形的范围,更不允许发生主承力部件整体失稳的情况。因此,全机模型提供给局部模型的弹性支承条件基本上与载荷呈线性关系,或者说在对局部模型进行非线性分析过程中,边界弹性支承性质的影响不大。所以,对局部受压/剪区域的非线性稳定性分析可以采用局部二次稳定性分析方法。

下面一节中给出几个数值实例。

8.2 非线性稳定性分析实例

本节中的三道算例全部是采用 COMPOSS 专用程序计算的。该程序是由大连理工大学工程力学系和沈阳飞机设计研究所在国家自然科学基金和航空基金的资助下花了十多年时间联合开发研制的。

COMPOSS 是复合材料加筋结构的屈曲、后屈曲和破坏分析的专用程序系统。该程序适用于复合材料薄壁加筋结构在机械载荷和温湿载荷作用下的线弹性强度和屈曲(分支型)分析;非线性的强度和屈曲(极值型)分析;后屈曲路径跟踪,以及考虑材料内部损伤积累和分层损伤的后屈曲强度和破坏分析。

根据现代飞机结构大都为复合材料薄壁加筋结构的特点,COMPOSS 开发了多种带旋转自由度的复合材料板(壳)单元和梁单元,有三角形拟协调层压板(壳)单元、四结点和八结点的等参层压板(壳)单元以及拟三维的非协调层合梁单元。这些单元基本可满足飞机结构件的分析需要,并且能保证求解的精度和可靠性。

该程序不仅采用了国内外在非线性结构分析方面通用的理论和方法,而且程序实现的正确、可靠性得到了许多典型算例的验证,特别是对多种实际复合材料薄壁结构和试验件分析计算,得到了试验结果的验证。

该程序作为对现有大型程序系统的补充,在飞机结构工程的设计和分析中曾经发挥了一定作用。但从目前来看,该程序在前后处理、计算规模、图形显示等方面已经不能满足飞机结构分析的实际需求。而作为相关理论和方法的研究还是一个很好的可利用的平台。

8.2.1 复合材料加筋板的稳定性分析

某型飞机机翼翼面为复合材料整体加筋板结构,加筋形式为角型。加筋板材料为碳纤维增强双马来酰亚胺树脂材料体系。由机翼的总体应力分析结果可知,上翼面出现一个受压/剪复合载荷的高应力区。为了考核该部位的稳定性和破坏强度,设计了一组试验件进行压剪复合稳定性及破坏试验,同时进行线性和非线性稳定性校核计算。

1) 已知条件

该试验件的材料为 T300/QY8911,尺寸为 300mm×300mm,如图 8.1(a)所示。两根筋条对称布置,筋条截面形状如图 8.1(b)所示。加筋板受压/剪载荷联合作用,即受 x 方向均匀轴压力强度(N_x)和面内均匀剪切力强度(N_{xy})作用,剪压比(N_{xy}/N_x)为 1.3。

其他参数如下:面板铺层为 $[45/-45/0/-45/90/45/0]_s$(共 14 层),筋条铺层为 $[45/-45/0/-45/0/45/90/45/0/-45/0]_s$(共 22 层),单层厚度为 $h = 0.119\,\text{mm}$,单层材料参数为 $E_1 = 1.16 \times 10^5\,\text{N/mm}^2$,$E_2 = 7.2 \times 10^3\,\text{N/mm}^2$,

$G_{12} = 4.1 \times 10^3 \, \text{N/mm}^2$, $\nu = 0.33$, $X_\text{T} = 1\,239 \, \text{N/mm}^2$, $X_\text{C} = 1\,081 \, \text{N/mm}^2$, $Y_\text{T} = 38.7 \, \text{N/mm}^2$, $Y_\text{C} = 189.4 \, \text{N/mm}^2$, $S = 89.9 \, \text{N/mm}^2$。

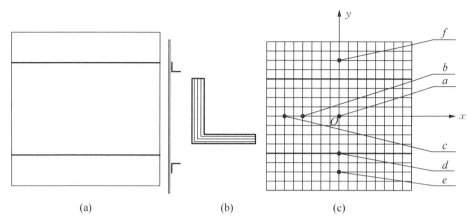

图 8.1　层压加筋板几何和有限元网格

(a) 层压加筋板　(b) 筋条截面　(c) 有限元网格

2) 计算模型

有限元分析模型取整板,采用四结点复合材料层合 Mindlin 板(壳)单元按 16×16 划分网格,网格划分如图 8.1(c),总共有 256 个板单元和 32 个梁单元。分别按四边简支和四边固支两种边界条件(面内可动)进行分析计算。

3) 计算结果

计算结果如表 8.1 以及图 8.2、图 8.3、图 8.4 和图 8.5 所示。

表 8.1　层压加筋板的计算结果

边　界	四边简支	四边固支
线性屈曲载荷 $N_x/(\text{N/mm})$	34.58	38.26
非线性破坏载荷 $N_x/(\text{N/mm})$	61.43	41.35

表 8.1 中非线性破坏载荷是根据本书第 7 章中所述的 Tsai-Hill 二维准则和有关的结构整体失效的破坏准则得到的。

图 8.2 和图 8.3 表示四边简支边界条件下的解,其中图 8.2 表示按线性屈曲理论计算得到的结果,图 8.3 表示按非线性屈曲理论计算得到的结果。图 8.2(a)给出了按线性屈曲理论计算得到的载荷-挠度曲线,当载荷 N_x 到达临界值 34.58 N/mm 时,结构突然发生屈曲破坏,相应的屈曲波形如图 8.2(b)所示。

图 8.3 给出了非线性理论的计算结果,其中图 8.3(a)表示加筋板中 a, b, c, d, e, f 各点的载荷-挠度曲线;图 8.3(b)~(d)表示加筋板的变形逐渐发展直至破坏过程中关于挠度 w 的等高线图。

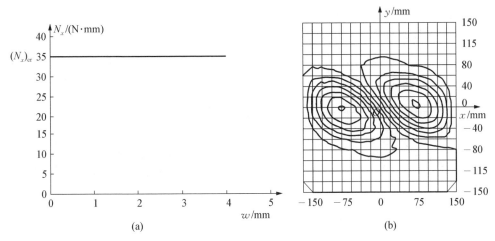

图 8.2　四边简支方板的线性分析结果

（a）载荷-挠度曲线　（b）屈曲波形

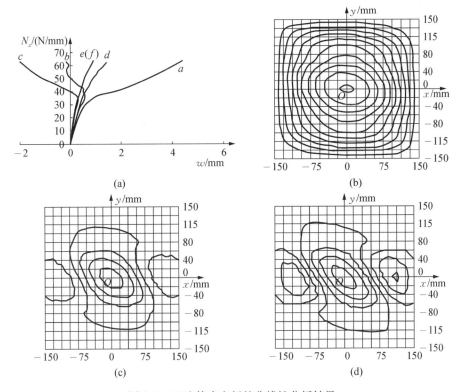

图 8.3　四边简支方板的非线性分析结果

（a）载荷-挠度曲线　（b）$N_x = 27.213$(N/mm)
（c）$N_x = 43.372$(N/mm)　（d）破坏波形 $N_x = 63.427$(N/mm)

图 8.4 和图 8.5 表示四边固支边界条件下的计算结果，其中图 8.4(a)给出了按

线性屈曲理论计算得到的载荷-挠度曲线,当载荷 N_x 到达临界值 38.26 N/mm 时,结构突然发生屈曲破坏,相应的屈曲波形如图 8.4(b)所示。

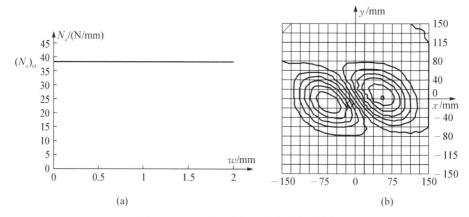

图 8.4　四边固支方板的线性分析结果

(a) 载荷-挠度曲线　(b) 屈曲波形

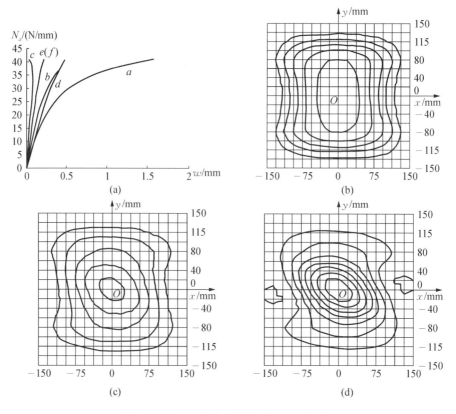

图 8.5　四边固支方板的非线性分析结果

(a) 载荷-挠度曲线　(b) $N_x = 11.008$ N/mm
(c) $N_x = 30.543$ N/mm　(d) 破坏波形 $N_x = 41.348$ N/mm

图 8.5 给出了非线性理论的计算结果,其中图 8.5(a)表示按照非线性屈曲理论计算得到的加筋板中 a, b, c, d, e, f 各点的载荷-挠度曲线,图 8.5(b)～(d)表示按照非线性屈曲理论计算得到加筋板的变形逐渐发展直至破坏过程中关于挠度 w 的等高线图。

4) 结果分析

(1) 仔细观察图 8.2(a)和图 8.3(a);图 8.4(a)和图 8.5(a),我们可以发现,图 8.2(a)、图 8.4(a)中的线性屈曲临界载荷值与图 8.3(a)、图 8.5(a)中各点载荷-挠度曲线上的转折点(变形从慢到快)的载荷值比较相近。这说明线性屈曲理论对这加筋板结构在实际的压剪载荷作用的问题具有一定的参考价值的。

(2) 本算例中加筋板结构按线性理论和非线性理论所得的变形和破坏情况存在着明显的差别。有关的试验研究也已经表明,加筋板结构在加载(压/剪载荷)过程中,不论是简支边界条件还是在固支边界条件,都不出现如线性理论预测的突发性的屈曲破坏,而它的变形破坏过程是一种变形逐渐加大并最终发生强度破坏的过程。也就是在非线性分析中,如图 8.3(a)和图 8.5(a)所示,反映了各条曲线经过转折点后,结构仍然具有一定的继续承载的能力,这就是后屈曲强度。显然,线性屈曲理论不能反映加筋板结构受载后的真实情况。以非线性屈曲理论为基础的结构设计的意义就在于充分利用这部分强度。

(3) 本例计算得出固支板的极限破坏载荷较简支板的要小,这一结果与试验完全符合。充分说明了结构的稳定性问题和强度问题是相互联系在一起的。因为计算模型在对结构进行非线性稳定性分析的同时,还考虑了材料内部损伤破坏准则,并实时进行强度校核和相应的刚度折减。

8.2.2　复杂载荷作用下层压板结构的多重非线性分析

复合材料分析涉及的多重非线性耦合问题的求解在飞机结构设计中是非常重要的,在 7.2.4 节中介绍了相关理论和解决方法。本节以具有不同损伤形状加筋板后屈曲性态和考虑界面破坏的复合材料加筋板承载能力分析两个算例为例,说明复合材料分析中多重非线性耦合问题。算例中研究了上面板与芯体脱粘后产生局部大变形所导致的几何非线性、因材料性能随温度变化所导致的物理非线性,以及脱粘损伤区上面板与芯体的接触非线性问题。

8.2.2.1　含损伤复合材料夹层板非线性热屈曲分析

图 8.6 所示为含面/芯脱粘损伤复合材料夹层板结构,在夹层板中部上面板与芯体间有一个圆形的脱粘损伤区。整个结构划分为上面板、下面板和芯体三个区域,分别以 Ⅰ、Ⅱ 和 Ⅲ 表示。铺设方式为 $[(0/45/-45/90)_{2s}/$芯体$/(0/45/-45/90)_{2s}]$;沿 $x=L/2$ 边,仅 x 方向线位移自由,其他自由度均固定,而 $y=L/2$ 边,为可移简支边界;沿 $x=L/2$ 边界作用均布压缩载荷;设芯体的材料性质不随温度变化,而夹层板上、下面板的复合材料单层板的材料性质是温度的线性函数,其中:

$$E_1 = E_1^0(1 - 0.5 \times 10^{-3}T)$$

$$E_2 = E_2^0(1 - 0.2 \times 10^{-3}T)$$

$$G_{12} = G_{12}^0(1 - 0.2 \times 10^{-3}T)$$

$$\alpha_1 = \alpha_2 = \alpha_1^0(1 - 0.5 \times 10^{-3}T)$$

式中:上标 0 表示常温下材料热弹性性质;T 为温度(℃)。

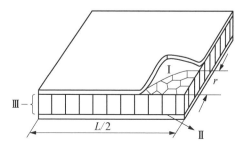

图 8.6 含面芯脱粘损伤夹层板示意图(结构的四分之一)

(1) 研究在温度载荷作用下,含有圆形脱粘损伤的夹层方板的线性和非线性热屈曲临界温度与面板铺设角的变化规律。设夹层板的铺设方式为 $[(\theta/-\theta)_{2s}/$ 芯体 $/(\theta/-\theta)_{2s}]$,脱粘损伤圆半径 $r = 30$ mm。图 8.7 分别给出了线性和非线性热屈曲临界温度 T_{cr}^L 和 T_{cr}^{NL} 与面板铺设角的变化规律。由图 8.7 曲线可以得到以下结论:在本算例条件下,线性解和非线性解间的差异与面板铺设角有关,当 $\theta = 45°$ 时,热屈曲临界温度值最低,且线性解和非线性解间的差异也最小,以 45° 为中心,随着 θ 的增大或减小,其热屈曲临界温度值及线性解和非线性解之间的差异都逐渐增大,其中在 0° 和 90° 时为最大,且线性解始终高于非线性解,所以若以临界温度作为设计控制载荷时,则线性解将偏于危险,因此在求解热屈曲临界温度时必须考虑材料随温度变化的影响。

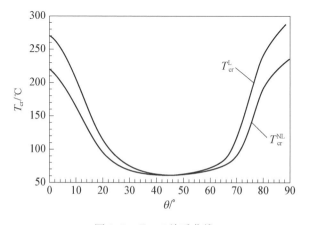

图 8.7 T_{cr}-θ 关系曲线

(2) 铺设方式为$[(0/45/-45/90)_s/芯体/(0/45/-45/90)_s]$,含有圆形脱粘损伤的夹层方板的热屈曲临界温度值随脱粘损伤面积大小的变化规律。图 8.8 给出了该夹层板脱粘损伤半径 r 与非线性热屈曲临界温度 T_{cr}^{NL} 的变化规律。由图看出,在脱粘面积较小时,夹层板具有较高的屈曲临界温度,但随着脱粘面积的增大,夹层板的屈曲临界温度迅速下降,当脱粘面积较大时,夹层板在很低温度下就发生屈曲,因此,具有这种大面积的脱粘破坏的夹层板应严格禁止应用于工程结构中。

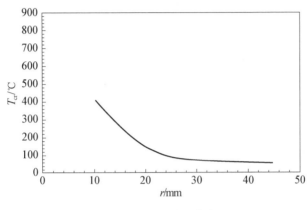

图 8.8 T_{cr}-r关系曲线

8.2.2.2 具有不同分层形状加筋板的后屈曲性态

设加筋板两筋间距离 $d/L=3/4$,筋高 $h=4H$,筋宽 $t_s=2H$;其具有三种面积相同而形状不同的椭圆分层,半轴长度分别为①$a=b=49$ mm;②$a=60$ mm,$b=40$ mm;③$a=40$ mm,$b=60$ mm。在本算例中考虑了加筋板屈曲大变形和蒙皮分层区上、下面板的接触效应两种非线性行为。

图 8.9(a)、(b)分别给出了这三种不同分层形状的加筋板分层中心点处上、下面板的后屈曲路径曲线 1,2 和 3。无量纲载荷 $\bar{P}=P/P_{cr}$,其中 P_{cr} 为 $a=b=49$ mm 圆形分层时加筋板的屈曲临界载荷值。由图可见,对于本算例加筋板来说,在初始屈曲阶段,结构上、下面板中心点的位移差别不大,屈曲模式也相同,即首先是上面板的局部屈曲,随着载荷的增加,下面板也出现屈曲,然后结构出现整体屈曲;当外载荷继续增加到某值时,尽管上述三种分层情况下层压板的上、下面板位移彼此差别不大,但其位移变形形貌却彼此有很大差异。其中,对于圆形分层和具有长轴沿受力方向的椭圆分层加筋板来说,其上面板将会再次出现大幅度的局部后屈曲变形,但后者后屈曲变形幅度比前者小得多;而对于短轴与受力方向一致的椭圆分层加筋板来说,其上、下面板中心点的位移是一致的。由此可见,对于分层面积相同而形状不同的含损复合材料加筋板,其后屈曲性态是完全不同的。

8.2.2.3 考虑界面破坏的复合材料加筋板承载能力分析

ABAQUS 软件具有较强的工程结构分析能力,可用于分析大型、复杂结构系统

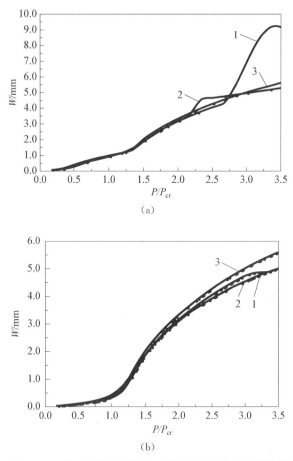

图 8.9　三种不同分层形状上、下面板中心点后屈曲路径

(a) 上面板　(b) 下面板

的非线性问题。ABAQUS 软件的非线性功能涵盖材料非线性、几何非线性和状态非线性等多个方面,其求解器可以解决某些软件不收敛问题,计算时则收敛速度较快,并更加容易操作和使用。在复合材料数值分析中,往往存在高度非线性问题和多重非线性耦合问题,采用 ABAQUS 软件可以实现高效计算。以下算例就是在此软件平台上计算的。

选取一帽形长桁壁板压缩试验件,两端加载边用钢板通过树脂浇注固化夹持。此算例结构是航空领域复合材料加筋板结构设计选型和验证阶段的典型构件级试验件,采用有限元方法对其承载能力和破坏模式进行了数值预测,分析结果可为试验方案设计提供重要参考,同时经试验数据校正后的数值模型还可作为替代试验的数值工具为设计人员提供帮助。本算例考虑后屈曲大变形、材料渐进损伤导致的材料非线性和蒙皮与筋条界面出现损伤并扩展三种非线性问题。

现采用 ABAQUS/Standard 求解器模拟帽形长桁壁板承受压缩载荷过程,蒙皮、长桁采用八结点线性减缩积分连续壳单元(SC8R),横杠结构采用减缩实体单元(C3D8R),筋条与蒙皮之间放置一层胶层,胶层模拟采用八结点有黏着性的实体单元(COH3D8)。长桁、蒙皮、横杠和胶层均采用连接(tie)绑定约束,实现部件之间的黏结。

有限元模型如图8.10所示,左右两条侧边为自由边。在两端树脂强化处约束除轴向外的5个自由度。固定端蒙皮边施加轴向约束,加载端蒙皮边施加位移载荷。

图 8.10 复合材料加筋板有限元模型

在此算例中,存在复合材料的损伤演化行为,材料的损伤导致结构刚度折减,这里采用基于应力描述的 Hashin 准则作为材料损伤判据,该准则在 ABAQUS 软件中已实现复合材料板层内多种模式的损伤过程预测,同时采用修正的 Camanho 退化模型进行材料损伤后弹性参数的折减;复合材料帽形加筋与蒙皮之间采用胶连接,在承载能力预测中胶层的失效行为也需要考虑,因此采用内聚力模型模拟胶层的初始损伤和后期的损伤演化,本算例中内聚力模型采用双线性本构关系,并分别采用二次名义应力强度准则判断单元是否萌生损伤,Power-law 能量释放率准则判断胶层损伤的扩展。

对上述模型进行非线性分析,模拟试验逐步加载,得到的载荷位移曲线如图8.11所示,在图8.12中给出了当达到极限载荷时的结构变形情况。

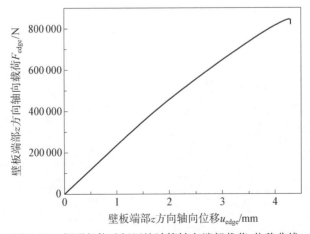

图 8.11 帽形长桁壁板压缩计算轴向端部载荷-位移曲线

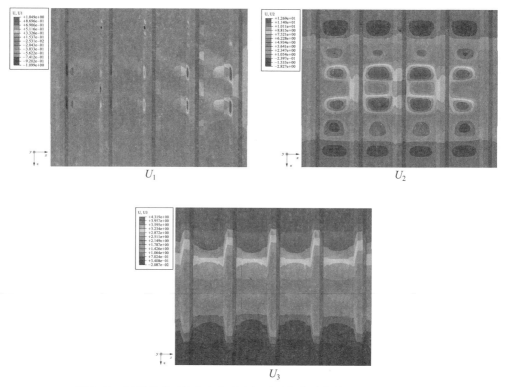

$$U_1 \qquad\qquad U_2$$

$$U_3$$

图 8.12　极限载荷时结构在宏观坐标系下各位移分量 U_1、U_2、U_3 云图

图 8.13 中给出了采用 Hashin 准则预测的失效行为,点代表材料已损伤,由图可以看出,蒙皮均未出现材料损伤。材料失效模式主要为基体拉伸失效、纤维压缩失效和纤维基体剪切失效,分布在加载端和固定端树脂未包裹处的帽形筋上。

蒙皮和帽形筋的黏结胶层出现了脱粘损伤,损伤演化如图 8.14 所示。由图可以看出,随着载荷的增加,胶层在帽形筋两侧的边缘处容易出现脱粘损伤并扩展。

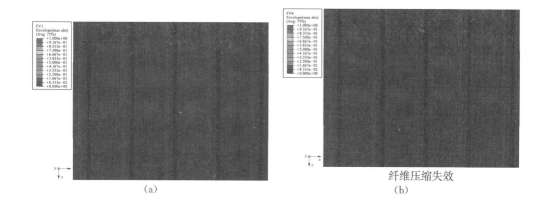

纤维压缩失效

(a) 　　　　　　　　　　　　　(b)

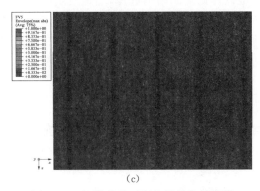

(c)

图 8.13　极限载荷下复合材料失效情况

（a）基体拉伸失效　（b）纤维压缩失效　（c）纤维基体剪切失效

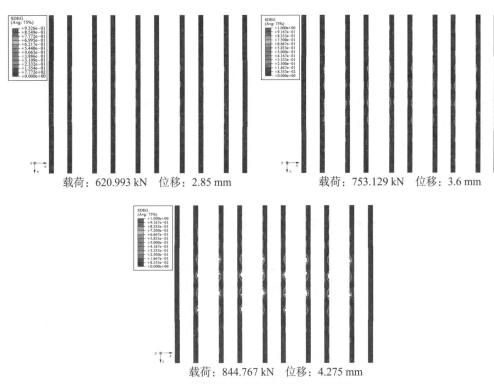

载荷：620.993 kN　位移：2.85 mm　　　　　　载荷：753.129 kN　位移：3.6 mm

载荷：844.767 kN　位移：4.275 mm

图 8.14　加载过程中胶层损伤演化过程

8.3　飞机结构稳定性试验

　　为了保证飞机结构的稳定性,除了需要进行大量的稳定性设计计算外,还需要有选择地进行一些稳定性试验,以确定具体的设计参数和考核分析方法。飞机结构的稳定性设计与分析最终的鉴定还要通过试验研究来完成。

　　稳定性试验无论是设计初期的结构选择,还是后期的稳定性校核试验和试验件的设计(包括材料、结构尺寸、支持条件、复合材料铺层、载荷形式等)都要尽量与真实结构保持一致,且所得到的试验数据和结果应经过一定的分析和处理之后,才能真正用于指导实际结构设计。一般情况下,在对试验数据和结果进行分析处理的时候,需要进行以下五个方面的工作。

8.3.1　试验结果的有效性分析

　　根据试验任务书的要求,每项试验完成后,都会得到大量的试验数据和有关的试验结果,必须对这些试验数据和试验结果进行有效性分析。有效性分析一般包括以下四个方面:

　　1) 确认试验件设计的具体背景

　　主要包括试验件所模拟的实际结构形式、典型结构尺寸、材料、铺层、加工工艺、制造要求、所受载荷、边界支持等情况。其目的就是要确认试验件的设计符合需要进行稳定性考核的具体结构部位,从而保证整个试验的有效性。

　　2) 确认试验件制造与加工质量

　　试验件制造与加工质量的好坏关系到试验数据和结果是否真实有效。试验前应对试验件的初始质量进行复验,检查试验件制造合格证和无损检测报告是否齐全,并对试验件在试验前的初始质量做详细记录。对于重要的试验件或者比较大的结构稳定性试验件,如果试验件制造方和试验方不在同一地方,需要对试验件进行转运,在运输过程中,很容易对试验件造成损伤,这时,试验方应对试验件进行试验前的无损检测复验,确定无损伤后再进行试验。

　　3) 检查试验过程各个环节的有效性

　　主要包括检查试验设备的完好性、试验件的支持条件、试验实施步骤、试验加载的均匀性、试验加载精度、试验数据采集频次和精度、试验数据处理等方面是否满足试验任务书的要求。

　　4) 检查试验数据的重复性并舍弃明显错误的试验数据

　　一般情况下,每个试验件在加载到失稳或破坏之前,都应进行多次测量,以保证试验数据的重复性。对于由于应变片失效、漂移等原因而得到的明显错误的数据应予舍弃,以免影响数据处理结果。

8.3.2　试验数据与设计可用数据的换算

　　试验数据一般可分为四类:①位移测量结果;②应变测量结果;③失稳及破坏载荷测量结果;④载荷-变形曲线。变形一般包括面内位移、面内应变、面外位移等。位移测量结果可直接使用,通常不需要换算。

　　应变测量结果在应用时一般也不需要进行换算。我们知道,复合材料结构在进行结构设计和强度校核时,使用设计许用应变(或总体失稳应变)和使用许用应变(或局部失稳应变)为许用值共同对结构设计参数进行控制,即要求结构设计满足在使用载荷下,工作应变不高于材料的使用许用应变或局部失稳应变,在设计载荷下,工作应变不高于材料的设计许用应变或总体失稳应变。由于失稳应变一般都远低于材料的许用应变,所以,结构受压区的参数设计常以失稳应变作为设计控制变量。

如果实际结构设计时需要将应变值换算成应力值,只需将应变值乘以相应方向的弹性模量即可。这里的弹性模量指的是已经经过计算的层压板的工程弹性模量。失稳载荷和破坏载荷一般不能直接使用,必须换算成层压板结构的面内膜力、应力或应变,才能供设计人员使用。

载荷-变形曲线一般用来监控结构在整个受载过程中某些重要部位的变形,结构设计时可以直接使用,也可用来检验分析软件。

8.3.3　试验数据的局限性分析

这里需要特别说明的是:由于在确定结构的设计许用值时,已经考虑了层压板各种常用铺层角、铺层顺序、铺层百分比的多种组合,还考虑了对不同层压板的设计许用值,而采用单向层压板弹性模量而造成的对多向层压板许用值的影响,已根据试验实测对单向层压板弹性模量进行了修正,因此,结构的设计许用值具有比较广泛的适用性。而由稳定性试验得到的局部和总体失稳应变则是在特定的结构形式和铺层下得到的试验数据,不具有普遍通用性。如果结构形式和铺层发生变化,该试验数据将只供参考。

8.3.4　试验原始数据的保留

试验数据通常都具有一定的分散性,特别是当试验件和试验情况较多的时候,试验数据量就更大。这时,在试验分析总结报告中可以不罗列全部数据,但是,在试验原始报告中必须包括全部试验数据、曲线和图片等试验原始资料,以备以后查阅或进行进一步的分析。这些原始数据很可能被以后的工程结构设计所应用,如目前人们普遍关注的基于可靠度指标的飞机复合材料结构设计许用值确定技术,就非常需要带有真实分散性的原始试验数据。

8.3.5　注意试验过程各个阶段的现象

试验结果中除了包括试验数据、曲线和图片外,还包括试验件在试验过程中各个阶段所表现出来的试验现象,特别是破坏时的现象。这些现象对于研究结构的承载机制和破坏机理,提高结构设计水平都具有重要意义,因此,要特别注意观察和记录试验件在试验过程中各个阶段的试验现象。

8.4　有限元数值仿真在飞机结构设计中的应用

8.4.1　飞机结构的计算机仿真设计

随着计算机分析软件的广泛采用,CAD/CAE/CAM 技术的发展已经形成了一个新兴的产业。它们的共同特点是以工程和科学为背景,建立计算机模型并进行计算机仿真分析。非线性有限元分析是核心之一。20 世纪 80 年代末,美国 NASA 实施的"先进复合材料技术"计划中也包含了对复合材料结构设计建立有关的专家系统和开展多目标的主动设计。目前,美、俄等一些发达国家已经率先将可视化技术应用于航空、航天器结构设计,基本实现了对结构非线性强度、稳定性和破坏过程的计算机仿真模拟和可自动调整的主动设计,正在逐步进入无图纸的设计时代。而且美、俄的几大航空研究院或公司非常重视研究成果的应用研究与综合设计能力转化,如苏联中央流体研究院的 ALGON 分析系统就是一个集气动、载荷、结构打样、强度校核和试验预测等于一体的软件系统,它在苏-27 等飞机设计中发挥了巨大作用。美国各大航空公司也都有各种操作性很强且在不断更新的设计手册。其目的就是把预研成果迅速转变为设计手段,让预研成果和已有的研究经验在当前和今后的飞机设计中发挥作用,不断提高飞机的综合设计水平。这就是当今虚拟工程与科学研究(virtual engineering and science)的划时代特色。这一学科发展将极大地推动航空工业生产突飞猛进,前景将难以估量。

Composs 是复合材料加筋结构的屈曲、后屈曲和破坏分析的专用程序系统。由本书作者在大连理工大学教学期间和她的研究生们在国家基金委和航空、航天部门的资助下,花了十多年时间开发完成的。该程序适用于复合材料薄壁加筋结构的线弹性强度和屈曲(分支型)分析,非线性的强度和屈曲(极值型)分析,后屈曲路径跟踪,以及考虑材料内部损伤积累和分层损伤的后屈曲强度和破坏分析。该程序不仅反映出国内外在非线性结构分析方面最新的理论和方法,而且程序实现的正确、可靠性得到了许多典型实例的验证,特别是对多种实际复合材料薄壁结构和试验件分析计算,得到试验结果的验证。该程序作为对现有大型程序系统的补充,在航空、航天工程结构中的设计和分析中已经发挥了一定的作用。

8.4.2　飞机结构设计中的虚拟试验概念

虚拟试验是在飞机结构设计中长期积累大量的有效数据、合理的力学模型的基础上,利用高性能计算机、网络环境、传感器及各种虚拟设备,建立能方便地进行人机交互的虚拟环境或者虚实结合的环境,在此环境中对实体、物理样机或虚拟样机进行试验,用可视化的方法观察被试物体的性能及其相互间的关系,并对试验结果进行分析和研究。

复合材料结构性能分析是飞机结构设计中重要的一部分。针对复合材料试验成本高、复用性差、数值模拟不成熟等问题,引入多层次结构虚拟试验技术来提高数值计算精度、降低试验成本。图 8.15 是虚拟力学测试及其试验需求示意图。

虚拟试验技术是商业有限元软件的延伸,现已广泛应用于实际工程中。例如哥伦比亚号航天飞机前翼缘复合材料承载力分析以及烧穿过程模拟。多层次结构虚拟试验技术是一种可以进行复合材料及金属材料结构破坏与寿命预测的分析软件系统(虚-实结合),使用模块化的方法进行材料发展、设计和认证,可以为试验提供可靠准确的预测结果。

美国联邦航空局对虚拟试验(结合 PFA、VCCT、DCZM)提出了认证要求,需要在试验前将表 8.2 的内容给出并封装。

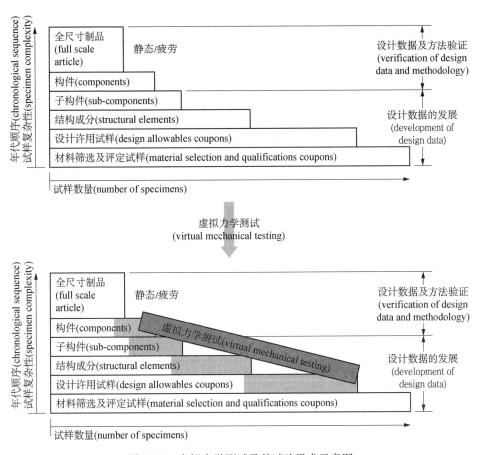

图 8.15 虚拟力学测试及其试验需求示意图

表 8.2 虚拟试验前封装内容

1	虚拟试验预测报告
2	裂纹萌生时结构应力/应变云图
3	裂纹扩展至加筋板时结构应力/应变云图
4	裂纹转折/折曲时结构应力/应变云图
5	裂纹扩展至结构边缘时结构应力/应变云图
6	加筋板远场载荷-位移曲线
7	裂纹长度-载荷曲线
8	指定关键点应力-应变曲线
9	最终破坏时结构几何形状:使结构失效的裂纹长度、裂纹是否发生转折,转向何方向
10	加筋板破坏参数:裂纹初始扩展载荷、裂纹扩展至加筋时载荷、裂纹扩展至结构边缘时载荷、最终破坏载荷、破坏形式

　　图 8.16～图 8.18 给出某新型战机机翼结构静力试验计算机模拟仿真系统实施的框图,作为抛砖引玉提供给读者参考。

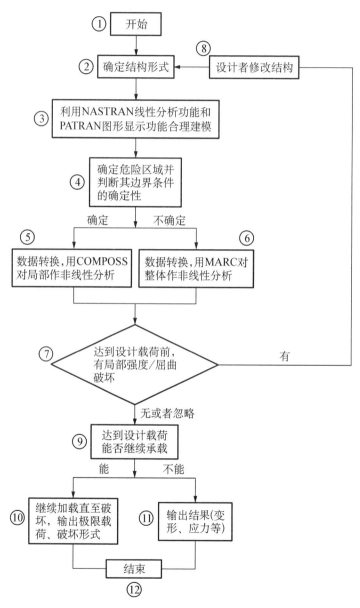

图 8.16　虚拟实验系统粗框图

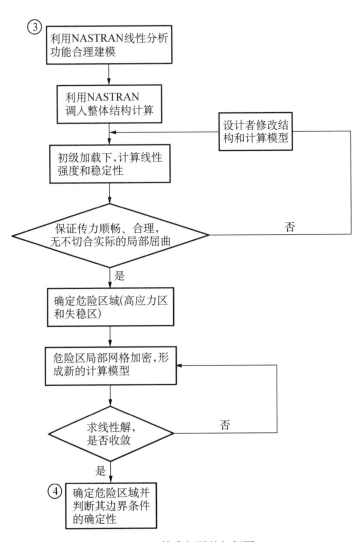

图 8.17 第③框图的细框图

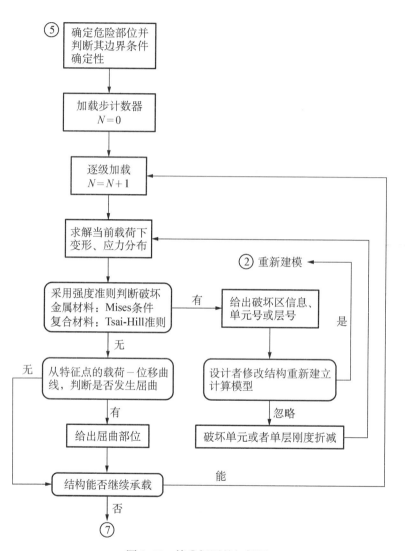

图 8.18 第⑤框图的细框图

传统的复合材料结构破坏分析集中于单层板和层压板尺度,然而实际服役中复合材料的损伤和破坏多始于纤维与基体的微观尺度上。虚拟试验可实现全层次建模,对细观力学损伤过程进行评估和跟踪,有助于了解复合材料结构何时、何处以及为什么发生破坏。虚拟试验系统可以保证预测的准确性。准确可靠的仿真和预测能力可减少零件、组件及整体结构的测试。此外,虚拟试验可基于少量试验数据,评估复合材料结构的维修需求。

虚拟试验系统的有效性验证是至关重要的。虚拟试验系统的有效性为计算程序与试验结果对比的量化结果。试验数据和计算程序的不确定性必须同时考虑,以进行校准和验证。

8.4.3　基于大型商业软件的虚拟试验与应用技巧

采用高效且准确的数值模型来预测服役过程中的结构组件的力学响应,可以替代某些力学试验测试,这样的计算机模拟方法即为"虚拟试验"。随着对材料行为认识的提高,虚拟试验可以在低的试验测试需求下,达到高度的准确性及工程有效性,适用于解决飞机设计中的材料结构问题。一般地,复合材料试验过程是一个集材料非线性、几何非线性和接触非线性问题耦合作用的失效过程,如果将考虑所有细节信息的大型结构部件直接在软件中计算,必定会导致计算的不收敛,导致求解失败。所以虚拟试验概念的本身也具有多层级性质。

本节主要讨论材料筛选级、材料级、结构成分级、子构件级、构件级 5 个基本层级下的虚拟试验。该虚拟试验实例是基于 ABAQUS 大型商用有限元软件完成,ABAQUS 是一套功能强大的工程模拟的有限元软件,可以分析复杂的固体力学结构力学系统,特别是能够驾驭非常庞大复杂的问题和模拟高度非线性问题。ABAQUS 具有两个主求解器——ABAQUS/Standard 和 ABAQUS/Explicit 两个模块。其中,ABAQUS/Standard 可分不同的增量步隐式求解方程组,主要用于各领域内的线性、非线性静态、准静态分析,并且可以方便对复杂的非线性耦合物理场进行求解分析。具体介绍见参考资料。

虚拟试验各层级模型综合考虑材料、几何、接触等多种复杂非线性耦合作用,目标是重现试验并指导试验,并应用于进一步的复合材料的材料/结构设计工作。以下将以实例介绍几种不同层次的虚拟试验。

8.4.3.1　材料筛选级虚拟试验

考虑材料筛选中的树脂基体匹配性虚拟试验,选择微滴脱粘试验来表征纤维和基体间的界面性能。图 8.19 为微滴脱粘测试试验装置示意图。

微滴模型具体的几何参数经光学显微镜测定。使用光学显微镜观察筛选后的样品,测量微滴几何参数:纤维埋入长度 L_e;树脂微滴高度 h;纤维半径 R_f;微滴浸润角 θ。微滴的几何尺寸基于 Carroll's 理论,相关数学表达如下列方程,在 solidworks 软件建立微滴形貌的几何曲线,并通过 ABAQUS 接口导入生成微滴几何模型。数学式为

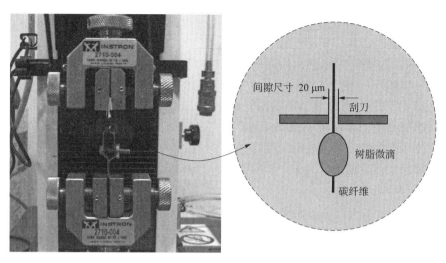

图 8.19 微滴脱粘测试示意图

$$\begin{cases} y^2 = h^2(1 - k^2\sin^2\phi) \\ x^2 = \pm\left[aR_{\mathrm{f}}F(\phi,\,k) + hE(\phi,\,k)\right] \end{cases}, \qquad (8-3)$$

微滴脱粘虚拟试验计算采用 ABAQUS/Standard,模型网格如图 8.20 所示,碳纤维和环氧树脂单元类型使用一种四结点/双线性/轴对称/四边形/减缩/沙漏控制

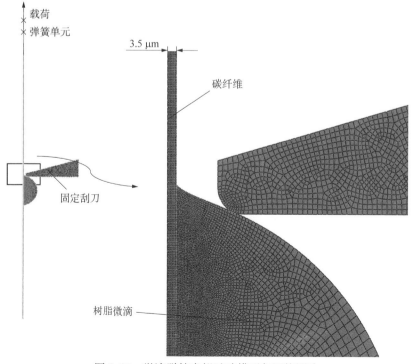

图 8.20 微滴脱粘虚拟试验模型与网格图片

单元(CAX4R)。固定刮刀采用轴对称刚体单元,不考虑其变形。由于界面接触收敛对网格的要求很高,纤维和树脂基体在邻近界面处的单元尺寸要足够小,并统一尺寸。由于单元数量过大,需要将微滴内部设置成渐变尺寸网格,靠近界面处网格尺寸较小,远离界面网格尺寸均匀增大,起到提高计算效率的效果。界面采用有黏着性的内聚力接触,界面基本性能参数基于真实试验的反演获得,采用内聚力模型常采用的双线性本构关系,二次名义应力强度准则判断单元是否萌生损伤,Power-law 能量释放率准则判断损伤是否扩展。刮刀和树脂在初始时刻具有一个纵向位移为 10^{-5} mm 的间隙,在加载过程中逐渐接触,接触属性参数设置为"硬接触""无摩擦"。

  模拟过程共分为两个分析步,第一步模拟固化降温过程;第二步模拟微滴拉出过程,将微滴从纤维中拉出直至界面脱粘。下面通过虚拟试验对失效过程的应力传递机制进行精细分析。自由长度修正后获得的载荷-位移曲线如图 8.21 所示,可以看出明显的非线性刚度存在。损伤扩展阶段,嵌入纤维的轴向应力分布与界面剪应力的分布分别如图 8.22(a)、(b)所示。

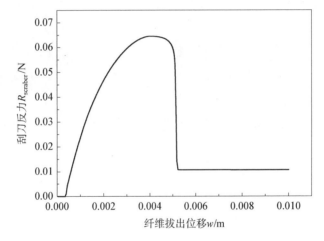

图 8.21 自由长度修正后虚拟试验获得的载荷-位移曲线

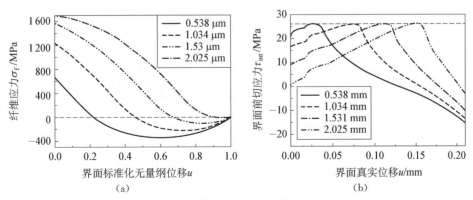

图 8.22 损伤扩展过程中不同位移载荷
(a)嵌入纤维应力分布 (b)界面剪应力应力分布

8.4.3.2　材料级虚拟试验

单应力材料级试验包括纵向拉伸、横向拉伸、纵向压缩、横向压缩和剪切试验。拉伸、压缩、剪切试验现场照片如图 8.23 所示。本虚拟试验使用有限元软件 ABAQUS/Standard,为了更真实地模拟试验中的边界条件,对夹持段和加强片也进行了建模,并将有效区和夹持段连接(tie)在一起。复合材料试验件和加强片均选取八结点六面体线性减缩积分单元(C3D8R),每个铺层划分一个网格,面内网格尺寸为 1 mm。采用基于应力描述的 Hashin 准则来判断材料失效(物理非线性),考虑的破坏模式包括纤维拉伸、纤维压缩、基体拉伸、基体压缩、纤维基体剪切和分层破坏。然后通过建立基于损伤变量的 Camanho 退化模型实现材料性能退化。

(a)　　　　　　　　　　　(b)　　　　　　　　　　　(c)

图 8.23　复合材料层板试验

(a) 横向/纵向拉伸　(b) 压缩　(c) 剪切试验现场

1) 纵向、横向拉伸虚拟试验实例

根据标准 ASTM D3039/D3039M–08 进行层压板纵向、横向拉伸试验。有限元模型如图 8.24 所示,在固定端限制三个方向线位移,加载端施加轴向位移并放松其他方向的自由度。

图 8.24　纵向、横向拉伸试验件的有限元模型

　　纵向拉伸试验有限元模拟预测的有效区破坏情况如图 8.25 所示,深色区域代表单元破坏。极限荷载时的主要破坏均发生在靠近固定端处沿-45°方向,破坏区域应力较高。±45°、90°铺层有较大面积基体拉伸失效。0°铺层出现纤维拉伸失效。由虚拟试验可以发现,按此标准设计的拉伸试验件的破坏容易出现在端部而非试验件中部,端部加强方式需要进行充分考虑和细致的设计。

图 8.25　有限元方法预测的有效区破坏情况

2) 压缩试验虚拟试验实例

　　根据标准 ASTM D3410/D3410M-03 进行层压板纵向、横向压缩试验。有限元模型如图 8.26 所示,固定端限制三个方向线位移,加载端施加轴向位移,放松其他方向的自由度。

图 8.26　纵向、横向压缩试验件的有限元模型

　　数值模拟预测的纵向压缩的主要破坏均发生在靠近固定端处沿横向(见图 8.27),且沿-45°方向也有损伤萌发。除 0°外其他铺层发生基体压缩失效。0°铺层发生大面积纤维压缩失效,±45°铺层也有小范围失效。

3) 剪切试验虚拟试验实例

　　剪切试验选择目前常用的 Losipescu 剪切试验方法进行,该方法可在试件工作区得到较均匀的剪应力场,且能使破坏基本发生在工作区。根据标准 ASTM D5379/D5379M-12 执行层压板剪切试验。有限元模型如图 8.28 所示,固定端限制三个方向线位移,加载端施加横向位移,放松其他方向的自由度。

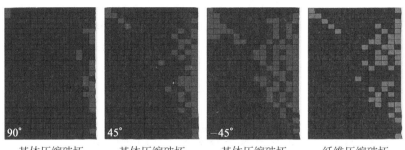

基体压缩破坏　　　基体压缩破坏　　　基体压缩破坏　　　纤维压缩破坏

图 8.27　虚拟试验预测的有效区破坏情况

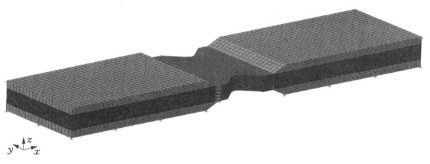

图 8.28　剪切试验件的有限元模型

　　剪切试验件数值模拟预测的主要破坏均发生在 V 形槽附近(见图 8.29)。±45°、90°铺层在靠近加载端的 V 形槽附近出现大面积基体拉伸破坏。所有铺层均在远离加载端的 V 形槽附近,出现基体压缩破坏。

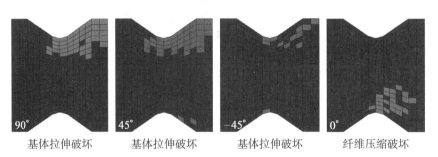

基体拉伸破坏　　　基体拉伸破坏　　　基体拉伸破坏　　　纤维压缩破坏

图 8.29　虚拟试验预测的有效区破坏情况

8.4.3.3　结构成分级虚拟试验

　　帽形压损筋元在试验中承受逐步施加的轴向压缩荷载,为将破坏控制在有效区内,两端包裹树脂(见图 8.30),蒙皮、长桁为某型号碳纤增强维复合材料。采用 Camanho 退化。长桁与蒙皮之间的胶接采用有黏着性的单元模拟。

　　虚拟试验计算采用 ABAQUS/Standard 模拟帽形压损筋元,研究其承受压缩荷

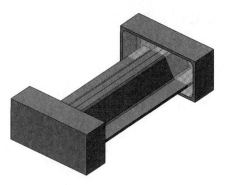

图 8.30 试验件外形及包覆形式

载的过程。蒙皮、长桁采用八结点线性减缩积分连续壳单元(SC8R),网格密度为 2 mm。帽形压损筋元有限元模型如图 8.31 所示。加载端树脂包裹范围内施加轴向位移荷载,并限制其余平动、转动自由度,固定端树脂包裹范围内限制所有的平动、转动自由度,两侧边限制离面位移。对所有帽形压损筋元进行特征值屈曲分析,将其中第一阶屈曲模态的横向位移作为初始扰动加入筋元轴压承载分析中,扰动系数取 0.01,通过编辑 INP 文件引入初始缺陷进行后屈曲承载能力求解。

图 8.31 帽形压损筋元有限元模型

非线性分析采用基于弧长法(riks),考虑材料非线性和几何非线性。本例中两端的边界条件尽量接近实际情况下的单轴压缩工况,考虑包裹树脂的影响,从而减少其对后屈曲路径以及计算的收敛性的影响。

计算中,使用内聚力模型模拟蒙皮和长桁之间的胶接失效。界面失效的不收敛情况可引入 10^{-5} 量级黏性系数来改善。接触设置注意主、从面的选择,一般选取刚度大的为主面,刚度小的为从面。

单轴压缩帽形长桁筋元 z 方向轴向压缩荷载-位移曲线如图 8.32 所示,蒙皮和长桁结构局部屈曲诱发的纤维压缩失效造成了结构承载能力的下降。帽形筋元变形及主要失效形式如图 8.33 所示,失效模式都接近于沿水平－45°方向。

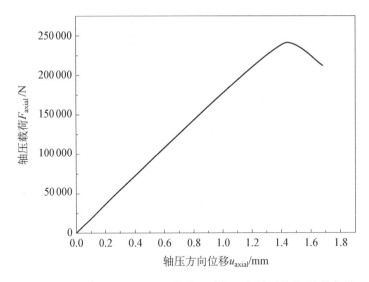

图 8.32 单轴压缩工况帽形长桁筋元端部 z 向轴压荷载-位移曲线

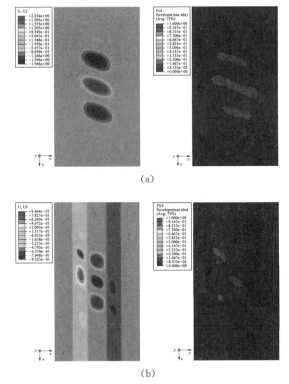

图 8.33 帽形筋元变形及主要失效形式

(a) 普通构型蒙皮变形及 0°铺层纤维压缩失效 　(b) 普通构型长桁变形及 0°铺层纤维压缩失效

8.4.3.4　构件级虚拟试验

分析试样由复合材料薄壁板、4 根 J 形复合材料加强筋和 2 根铝合金横梁组成。J 形加强筋与壁板间界面使用共固化工艺一次成型。加强筋、壁板的铺层顺序省略。试验通过拉剪试验夹具将试件装置到试验机上,采用对角拉伸方案对试验件施加双轴剪切载荷,试件及试验装置的安装方式如图 8.34 所示。

虚拟试验计算采用 ABAQUS/Standard 的 S4R 单元建模,单层板在厚度方向有 3 个积分点,面内网格尺寸为 5 mm,筋板之间定义为有黏着性的非线性

图 8.34　剪切试验件安装情况

界面,选择 10^{-5} 大小的黏性系数帮助界面处非线性计算收敛。平板夹具夹持的四条边分别耦合到对角两个参考点 RP_1、RP_2 上,使加强边上结点自由度与参考点一致,具体虚拟试验模型的加载方案如图 8.35 所示。加载过程的参考点 $RP_1(RP_2)$ 反力-位移曲线如图 8.36 所示。加筋板屈曲演化如图 8.37 所示。加筋板主要的破坏模式为纤维压缩破坏和基体压缩破坏,如图 8.38 所示。

图 8.35　拉伸剪切加载示意图

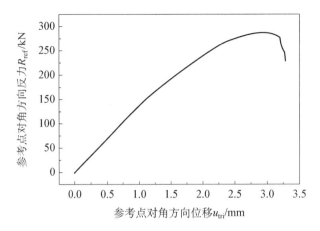

图 8.36　参考点位移-反力曲线

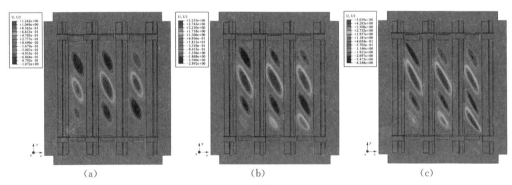

(a)　　　　　　　　　　　(b)　　　　　　　　　　　(c)

图 8.37　J 形加筋板屈曲演化过程

(a) 150 kN　(b) 240 kN　(c) 287 kN

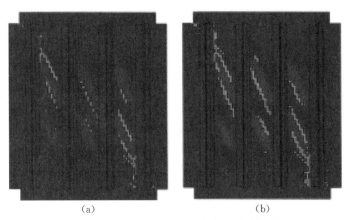

(a)　　　　　　　　　　　　　　(b)

图 8.38　J 形加筋板在极限载荷时的破坏模式

(a) 基体压缩破坏　(b) 纤维压缩破坏

8.4.3.5　部件级虚拟试验

由不同加筋壁板组成的复合材料盒段结构是航空结构中常用的复合材料部件,此类结构试验成本高,周期长,采用计算机虚拟试验方法来辅助和验证结构设计越来越受到重视。

飞机尾翼盒段结构弯曲加载及加载方式如图 8.39 所示。Ⅰ型盒段为等剖面、平直双梁结构形式的垂直尾翼盒段,其支持是通过六个过渡接头连接到承力墙上,为了避免加载盒段造成的局部应力集中,整个盒段结构的力学模型可视为一个悬臂结构。

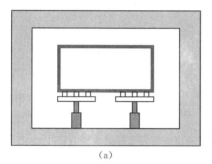

（a）　　　　　　　　　　　　　　　（b）

图 8.39　盒段

（a）实际弯曲加载　（b）加载方式

虚拟试验计算采用 ABAQUS/Standard,根据各构件实际受力情况首先要进行必要的模型简化。模型采用均匀壳单元建模,且忽略微小的倒角和细孔。因结构中层压板的铺层数量较多,特别是接头部分达到了 186 层,且多为对称铺层,所以将层压板等效简化为正交各向异性板。使用 S4R 单元类型划分网格,单元尺寸控制在 15～25 mm 之间,共 22 384 个单元。钛合金铆接和复合材料共固化连接处使用绑定连接。固支端忽略衬套影响,直接约束连接孔周的位移。

加载端略去钢制加载盒段的建模,将上下壁板实际中与加载盒段连接部分的结点除纵向以外的自由度耦合到参考点上,并对参考点施加向上集中力载荷,如图 8.40(b)所示。整体分析仅考虑结构几何大变形,不考虑材料非线性。

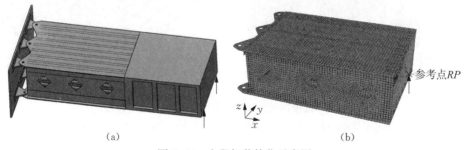

（a）　　　　　　　　　　　　　　　（b）

图 8.40　盒段加载简化示意图

（a）实际加载情况　（b）简化模型加载

　　整体结构施加弯曲载荷,加载至载荷峰值 731 kN 时结构整体失稳,如图 8.41 所示。上下加筋壁板除了固定端接头部分和加强筋侧向失稳部分应力较高之外,其他局部应力水平均较低(见图 8.42)。横向肋的变形主要为与梁腹板连接部位的侧向位移和局部屈曲引起的轴向起翘(见图 8.43)。

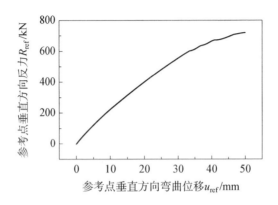

图 8.41　简化盒段虚拟试验模型端部参考点 z 方向弯曲承载能力曲线

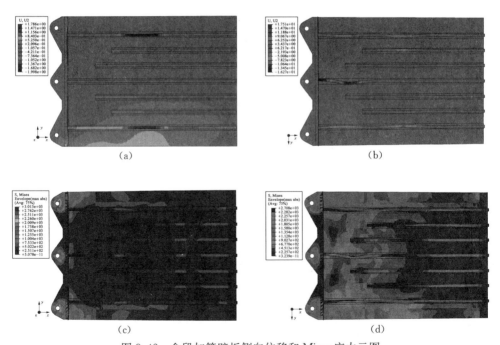

图 8.42　盒段加筋壁板侧向位移和 Mises 应力云图

(a) 下壁板侧向位移　(b) 上壁板侧向位移　(c) 下壁板应力　(d) 上壁板应力

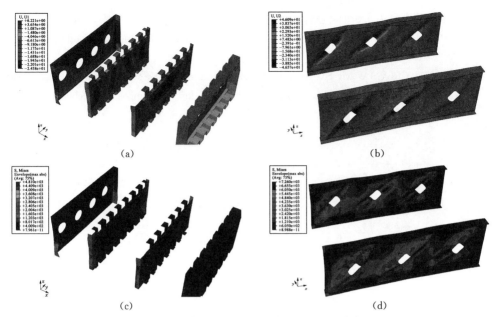

图 8.43 盒段横向肋与梁腹板位移和 Mises 应力云图
(a) 横向肋轴向位移 (b) 梁腹板侧向位移 (c) 横向肋应力 (d) 梁腹板应力

习题

利用你熟悉的商用软件进行包含两种以上非线性问题的飞机复材加筋板结构算例设计及计算。

参考文献

[1] HASHIN Z. Failure criteria for unidirectional fiber composites [J]. Journal of applied mechanics，1980,42(7):329-334.

[2] CAMANHO P, MATTHEWS F L. A progressive damage model for mechanically fastened joints in composite laminates [J]. Journal of Composite Materials, 1999, 33 (24): 2248-2280.

[3] BÖRGESSON L. ABAQUS [M]//Developments in geotechnical engineering. Elsevier, 1996,79:565-570.

[4] 杨鼎宁,邹经湘,盖登宇.计算机辅助工程(CAE)及其发展[J].力学与实践,2005,27(3):7-16.

[5] 朱菊芬,杨海平,汪海,等.复合材料加筋板壳结构的后屈曲强度及破坏分析程序系统[J].计算力学学报,1996,13(4):489-493.

[6] 罗树东.飞机结构强度虚拟试验技术研究[J].中国科技纵横,2014(18):84-85.

[7] 周凯.树脂基复合材料多尺度虚拟测试技术研究[D].哈尔滨:哈尔滨工业大学,2012.

[8] ZHANG B, YANG Z, SUN X, et al. A virtual experimental approach to estimate composite mechanical properties: modeling with an explicit finite element method [J]. Computational

Materials Science，2010,49(3):645 - 651.

[9] KHEMNANE A. Introduction to finite element analysis using MATLAB and ABAQUS [M]. CRC Press，2013.

[10] ASH J T，CROSS W M，SVALSTAD D，et al. Finite element evaluation of the microbond test: meniscus effect，interphase region，and vise angle [J]. Compos Sci Technol，2003;63 (5):641 - 651.

附录 A 张量概念简介

本书采用了弹塑性力学书中常常用到张量表示,用它推导公式简单、方便、不易出错。例如空间(三维)问题的平衡方程

$$\left.\begin{array}{l} \dfrac{\partial \sigma_x}{\partial x} + \dfrac{\partial \tau_{xy}}{\partial y} + \dfrac{\partial \tau_{xz}}{\partial z} + F_x = 0 \\[2mm] \dfrac{\partial \tau_{yx}}{\partial x} + \dfrac{\partial \sigma_y}{\partial y} + \dfrac{\partial \tau_{yz}}{\partial z} + F_y = 0 \\[2mm] \dfrac{\partial \tau_{zx}}{\partial x} + \dfrac{\partial \tau_{zy}}{\partial y} + \dfrac{\partial \sigma_z}{\partial z} + F_z = 0 \end{array}\right\} \qquad (A\text{-}1)$$

记为

$$\sigma_{ij,\,j} + F_i = 0 \qquad (A\text{-}2)$$

再如边界条件

$$\left.\begin{array}{l} \sigma_x l + \tau_{xy} m + \tau_{xz} n = T_x \\ \tau_{yx} l + \sigma_y m + \tau_{yz} n = T_y \\ \tau_{zx} l + \tau_{zy} m + \sigma_z n = T_z \end{array}\right\} \qquad (A\text{-}3)$$

可以表示为

$$\sigma_{ij} l_j = T_i \qquad (A\text{-}4)$$

这种书写方法有一定的规律可循。下面将介绍与此有关的求和约定和张量概念以供学习本教程时参考。以下的讨论仅限于三维空间的笛卡尔坐标系。

A.1 求和约定

A.1.1 下标记号法

直角坐标系下一点的坐标 $\boldsymbol{X}_i$ 表示为$(x_i,\ y_i,\ z_i)$,一点的位移 $\boldsymbol{U}_i$ 表示为$(u_i,\ v_i,\ w_i)$,三个量组成的集可用一个下标表示,称为一阶张量也就是通常所说的矢量。由 9 个量组成的集,用两个下标表示,如$(\sigma_x,\ \sigma_y,\ \sigma_z,\ \tau_{xy},\ \tau_{xz},\ \tau_{yz})$记为 σ_{ij};$(\epsilon_x,\ \epsilon_y,$

ϵ_z，ϵ_{xy}，ϵ_{xz}，ϵ_{yz})记为 $\boldsymbol{\epsilon}_{ij}$，称为二阶张量。当然,不是相互无关的任意数集都可用张量表示,而必须满足坐标转换关系。用三个下标表示的三阶张量有 n^3 个数,四阶张量 $\boldsymbol{C}_{ijkl}$ 则是由 $n^4(=81)$ 个数组成的数集。

A.1.2 求和约定

在同一项中重复出现的字母标号,称为求和标记(也称为哑标 dummy index),它表示该标号按顺序 1, 2, 3 求和。例如

$$\left.\begin{aligned}
a_{ii} &= a_{11} + a_{22} + a_{33} \\
a_i b_i &= a_1 b_1 + a_2 b_2 + a_3 b_3 \\
a_{ij} b_j &= a_{11} b_1 + a_{12} b_2 + a_{13} b_3 \\
J_2 &= \frac{1}{2} S_{ij} S_{ij} \\
&= \frac{1}{6} \big[(\sigma_x - \sigma_y)^2 + (\sigma_y - \sigma_z)^2 + (\sigma_z - \sigma_x)^2 + 6(\tau_{xy}^2 + \tau_{yz}^2 + \tau_{zx}^2) \big]
\end{aligned}\right\} \quad (A-5)$$

求和约定也适合于含有导数的项,例如

$$\left.\begin{aligned}
\sigma_{ij,j} &= \frac{\partial \sigma_{i1}}{\partial x_1} + \frac{\partial \sigma_{i2}}{\partial x_2} + \frac{\partial \sigma_{i3}}{\partial x_3} \\
\phi_{i,j} \mathrm{d} x_j &= \frac{\partial \phi_i}{\partial x_1} \mathrm{d} x_1 + \frac{\partial \phi_i}{\partial x_2} \mathrm{d} x_2 + \frac{\partial \phi_i}{\partial x_3} \mathrm{d} x_3 \\
\sigma_{i,jj} &= \frac{\partial^2 \sigma_i}{\partial x_1^2} + \frac{\partial^2 \sigma_i}{\partial x_2^2} + \frac{\partial^2 \sigma_i}{\partial x_3^2}
\end{aligned}\right\} \quad (A-6)$$

求和约定中需注意以下四点:

(1) 求和标号可采用任意字符,而不改变其含义。例如 $a_i b_i = a_j b_j$，$a_{ij,j} = a_{in,n}$，$\phi_{i,j} \mathrm{d} x_j = \phi_{j,i} \mathrm{d} x_i$。

(2) 在运算中使用括号要特别小心。例如 $a_{ii}^2 \neq (a_{ii})^2$。因为 $a_{ii}^2 = a_{11}^2 + a_{22}^2 + a_{33}^2$，而 $(a_{ii})^2 = (a_{11} + a_{22} + a_{33})^2$。

(3) 在张量相乘运算中,不要改变原式中下标的重次。例如 $\sigma_{ii} \sigma_{jj} \neq \sigma_{ii} \sigma_{ii}$，因为 $\sigma_{ii} \sigma_{jj} = (\sigma_{11} + \sigma_{22} + \sigma_{33})(\sigma_{11} + \sigma_{22} + \sigma_{33})$，$\sigma_{ii} \sigma_{ii} = (\sigma_{11}^2 + \sigma_{22}^2 + \sigma_{33}^2)$，因此,在和式相乘时,各和式应取不同的标号,如两矢量相乘 $\boldsymbol{A} \cdot \boldsymbol{B} = A_i \boldsymbol{e}_i B_j \boldsymbol{e}_j$。

(4) 有些公式中出现重复标号,但并不求和时需加以说明是下标还是符号,如等效应力需单独说明(放到下节说明)。由若干个屈服面构成的非正则屈服面,其中一个屈服面上的塑性应变增量

$$\mathrm{d} \epsilon_{ij}^p = h_a \frac{\partial f_a}{\partial \sigma_{ij}} \frac{\partial f_a}{\partial \sigma_{kl}} \mathrm{d} \sigma_{kl} \quad (\text{对 } \alpha \text{ 不求和}) \quad (A-7)$$

A.1.3 自由标号

同一项内不重复的标号称为自由标号,可分别取 1, 2, 3 中任意值,如 σ_{ij} 和 ϵ_{ij} 表

示有 9 个应力分量和应变分量或指其中任意一个分量。又如 $A_{ij}x_j = B_i$，其中 i 为自由标号，当 i 分别取 1，2，3 时，可写出如下三个方程式，成为一组代数方程组

$$
\left.
\begin{array}{l}
A_{11}x_1 + A_{12}x_2 + A_{13}x_3 = B_1 \\
A_{21}x_1 + A_{22}x_2 + A_{23}x_3 = B_2 \\
A_{31}x_1 + A_{32}x_2 + A_{33}x_3 = B_3
\end{array}
\right\}
\tag{A-8}
$$

再如 $A_{ij}x_{jk} = y_{ik}$ 中 i，k 为自由标号，分别取 1，2，3，可写出九个方程式。

由上述说明可见，在一个方程式中等号两边的自由标号必须相同。并且根据自由标号的定义，在同一方程中，不能任意改变其中一项或部分项的自由标号的字母，要改就得全部改，这样才不至于丧失方程原有的含义。如

$$
A_{ij} + x_j + B_{ik}y_k = C_i
\tag{A-9}
$$

可将上式的自由标号 i 改为 n，即

$$
A_{nj} + x_j + B_{nk}y_k = C_n
$$

A.2 张量的概念

张量由一组标量组成，这些标量称为张量的分量，张量分量具有一种基本特性，即当坐标转换时，各分量的变化存在一定的规则。张量常用来描述某一类型的物理量，如一点的应力和应变状态都是张量，并且都是三维直角坐标系下的张量。此外还有 n 维空间中各种抽象几何性质的张量。

A.2.1 标量

标量是零阶张量，是由一个正数或负数所确定的物理量。标量分两种，绝对标量和相对标量。绝对标量与坐标选择无关，如质量、温度等，相对标量与坐标的选择有关，如矢量的三个分量 a_1，a_2，a_3。

A.2.2 矢量

矢量是一阶张量，设 (x, y, z) 坐标系中矢量 $\boldsymbol{u}$，则 $\boldsymbol{u} = u_i \boldsymbol{e}_i$，当转动到 (x', y', z') 坐标系下，矢量 $\boldsymbol{u}$ 不变，$\boldsymbol{u} = u_j' \boldsymbol{e}_j'$，并且

$$
u_i \boldsymbol{e}_i = u_j' \boldsymbol{e}_j'
\tag{A-10}
$$

上式两边同乘 $\boldsymbol{e}_j'$，得

$$
u_i \boldsymbol{e}_i \boldsymbol{e}_j' = u_j' \boldsymbol{e}_j' \boldsymbol{e}_j'
\tag{A-11}
$$

化简得

$$
u_j' = u_i l_{ji}
\tag{A-12}
$$

坐标转换构成一个方向余弦，如表 A.1 所示。

表 A.1　坐 标 转 换

新	旧		
	x	y	z
x'	l_{11}	l_{12}	l_{13}
y'	l_{21}	l_{22}	l_{23}
z'	l_{31}	l_{32}	l_{33}

如将式(A-10)两边同乘 e_i,得 $u_i e_i e_i = u'_j e'_j e_i$,化简得

$$u_i = u'_j l_{ji} \tag{A-13}$$

A.2.3　δ_{ij} 符号

δ_{ij} 是张量分析中的一个基本符号,称为 Kronecker delta,它是非线性有限元理论推导中一个不可缺少的数学符号。其定义为

$$\delta_{ij} = \begin{cases} 1 & i = j \\ 0 & i \neq j \end{cases} \tag{A-14}$$

(1) 关于 δ_{ij} 的运算:

$$\delta_{ij}\delta_{ij} = \delta_{ii} = 3,\ \delta_{ij}\delta_{jk} = \delta_{ik},\ a_{ij}\delta_{ij} = a_{ii}$$

(2) δ_{ij} 与轴向单位矢量的关系

$$e_i e_j = \begin{cases} 1 & i = j \\ 0 & i \neq j \end{cases} \tag{A-15}$$

因此有 $e_i e_j = \delta_{ij}$。

由此标量可用张量表示

$$(\mathrm{d}s)^2 = \mathrm{d}x_1^2 + \mathrm{d}x_2^2 + \mathrm{d}x_3^2 = \mathrm{d}x_{ii}^2 = \mathrm{d}x_i \mathrm{d}x_j \delta_{ij} \tag{A-16}$$

张量可用标量表示

$$a_i x_j \delta_{ij} = a_i x_i \tag{A-17}$$

(3) δ_{ij} 与坐标旋转的关系:

设原坐标 $(x, y, z)(e_1, e_2, e_3)$,新坐标 $(x', y', z')(e'_1, e'_2, e'_3)$,则由 $e_i = l_{ki}e'_k$, $e_j = l_{nj}e'_n$ 可得

$$e_i e_j = l_{ki}e'_k l_{nj}e'_n = l_{ki}l_{nj}\delta_{kn} = l_{ki}l_{kj} \tag{A-18}$$

由 $l_{ki}l_{kj} = \delta_{ij}$ 和 $l_{ik}l_{jk} = \delta_{ij}$ 得

$$\left. \begin{aligned} e_i e'_j &= l_{ki}e'_k e'_j = l_{kl}\delta_{kj} = l_{ji} \\ e'_i e_j &= l_{ij} \end{aligned} \right\} \tag{A-19}$$

表 A.2 为两轴间夹角的余弦,其中 l_{ij} 为 x_i' 和 x_j 两轴夹角的余弦 $\cos(x_i', x_j)$。

表 A. 2 两轴夹角余弦

新	旧		
	$x(\boldsymbol{e}_1)$	$y(\boldsymbol{e}_2)$	$z(\boldsymbol{e}_3)$
$x'(\boldsymbol{e}_1')$	l_{11}	l_{12}	l_{13}
$y'(\boldsymbol{e}_2')$	l_{21}	l_{22}	l_{23}
$z'(\boldsymbol{e}_3')$	l_{31}	l_{32}	l_{33}

(4) 利用 δ_{ij} 符号的性质做力学推导举例:

a. 主应力方程组的张量表示。

在弹性力学中求解一点应力状态 (σ_{ij}) 的主应力方程组为

$$\begin{cases} (\sigma_{11} - \sigma_n)l_1 + \sigma_{12}l_2 + \sigma_{13}l_3 = 0 \\ \sigma_{21}l_1 + (\sigma_{22} - \sigma_n)l_2 + \sigma_{23}l_3 = 0 \\ \sigma_{31}l_1 + \sigma_{32}l_2 + (\sigma_{33} - \sigma_n)l_3 = 0 \end{cases} \qquad (A-20)$$

式中:σ_n 为三个主应力。上式可缩写为 $\sigma_{ij}l_j - \sigma_n l_i = 0$,用代换法则置换符号后可写为

$$(\sigma_{ij} - \sigma_n\delta_{ij})l_j = 0 \qquad (A-21)$$

b. 体积应变的求导。

设体积应变

$$\theta = (\boldsymbol{\epsilon}_{11} + \boldsymbol{\epsilon}_{22} + \boldsymbol{\epsilon}_{33}) = \boldsymbol{\epsilon}_{kk}$$

则对应变分量的导数

$$\frac{\partial \theta}{\partial \boldsymbol{\epsilon}_{ij}} = \frac{\partial \boldsymbol{\epsilon}_{kk}}{\partial \boldsymbol{\epsilon}_{ij}} = \delta_{ij} \qquad (A-22)$$

A.2.4 二阶张量

三维空间中的二阶张量有 9 个分量,一点的应力(应变)状态就是二阶张量,这些张量满足下面的转轴公式:

$$\sigma_{mn}' = \sigma_{ij}l_{mi}l_{nj} \qquad (A-23)$$

以下将式(A-23)展开:

当 $i = j = 1$ 时,先对 m 再对 n 展开:

$$\begin{aligned} \sigma_{11}' &= \sigma_{1n}l_{11}l_{1n} + \sigma_{2n}l_{21}l_{1n} + \sigma_{3n}l_{31}l_{1n} \\ &= \sigma_{11}l_{11}l_{11} + \sigma_{12}l_{11}l_{12} + \sigma_{13}l_{11}l_{13} + \sigma_{21}l_{21}l_{12} + \sigma_{22}l_{21}l_{12} + \sigma_{23}l_{21}l_{13} + \\ &\quad \sigma_{31}l_{31}l_{13} + \sigma_{32}l_{31}l_{12} + \sigma_{33}l_{31}l_{13} \\ &= \sigma_{11}l_{11}^2 + \sigma_{22}l_{21}^2 + \sigma_{33}l_{31}^2 + 2\tau_{12}l_{11}l_{21} + 2\tau_{23}l_{21}l_{31} + 2\tau_{31}l_{31}l_{11} \end{aligned}$$

当 $i=1$, $j=2$ 时,

$$\sigma'_{12} = \sigma_{11}l_{11}l_{12} + \sigma_{22}l_{21}l_{22} + \sigma_{33}l_{31}l_{32} + $$
$$\sigma_{12}(l_{11}l_{22} + l_{21}l_{12}) + \sigma_{23}(l_{21}l_{32} + l_{31}l_{22}) + \sigma_{31}(l_{31}l_{12} + l_{11}l_{22})$$

其余各量可将标号轮换得到,这一关系正好满足一点应力状态的转轴公式(从平衡方程得到的)。另外,张量的对称性不随坐标变换而改变。张量可以叠加和分解,如本书第 5 章中所述的对相对位移张量的分解。

附录 B   轴对称问题的弹塑性分析程序

B.1   源程序 AXIMN. FOR

```
1   **************************************************
    *** PROGRAM FOR THE ELASTIC-PLASTIC  *
3   *** ANALYSIS OF AXIAL-SYMMETRIC PROBLEM  *
    **************************************************
5         PROGRAM AXI
    **************************************************
7   *** 变量说明
    * FILE1:输入文件名
9   * FILE2:输出文件名
    * NNODE:结点数
11  * MELEM:单元数
    * IFU:R 方向指定位移数
13  * IFW:Z 方向指定位移数
    * IPF:面力载荷数
15  * IPR:集中力载荷数
    * NPP:弹性极限之后剩余荷载加载步数
17  * NRM:确定 m 值的迭代次数
    * NRR:N-R 迭代标记,大于 0 时进行
19  * MFS:0(调用切线模量);1(调用割线模量)
    * NUNLOAD:载荷步数
21  * EPI0:单元高斯点的应变
    * EXP:N-R 迭代收敛精度
23  * NM:单元号数组
    * A:单元结点号数组
25  * NN:结点号数组
    * R,Z:结点坐标数组
27  * BWD1:总刚度矩阵最大半带宽
    * BWD2:总刚度矩阵最大全带宽
29  * BANK1:一维总刚度阵半带宽存储维数
    * BANK2:一维总刚度阵全带宽存储维数
31  * NFU, FU:R 方向指定位移载荷的结点号及相应位移值
    * NFW, FW:Z 方向指定位移载荷的结点号及相应位移值
```

```
33    * NPF:作用面力个数
      * MPQ, NPQ, PQ:面载荷信息
35    * NPR:作用集中力个数
      * NPRNRZ, PRNRZ:集中力信息
37    * HAC:材料强化模型指示数
      * HM:求硬化系数的幂指数
39    * E, EMU, SSS:材料的弹性模量,泊松比,屈服应力
      * HH:硬化系数
41    * UNLOAD:0 无卸载;1 有卸载
      * RMC:单元弹塑性比例系数
43    * SI0:单元高斯点上的等效应力
      ****************************************************
45              INTEGER A,BWD1,BWD2,BANK1,BANK2,EN1,HAC,NUNLOAD
                CHARACTER FILE1 * 20,FILE2 * 20
47              DIMENSION EK(136),ID(200),IDD(400),SUMKK(5000),
                & U(400),EN1(16),SUMKK1(5000),U1(400),
49              & PP0(400),PP(400),U0(400),XU(400)
                DIMENSION DU(400)
51              COMMON/HAC/HAC
                COMMON/LEM/A(100,8)
53              COMMON/COORD/R(200),Z(200)
                COMMON/NUW/NFU(50),NFW(50)
55              COMMON/FIXUW/FU(50),FW(50)
                COMMON/NPQ/NPRNRZ(30),NPQ(30),MPQ(30)
57              COMMON/PQP/PRNRZ(30,2),PQ(30,4)
                COMMON/EMODL/E,EMU,SSS,HH,HM
59              COMMON/STR0/SR0(100,9),SY0(100,9),SZ0(100,9),SRZ0(100,9)
                COMMON/STR1/SR1(100,9),SY1(100,9),SZ1(100,9),SRZ1(100,9)
61              COMMON/RM/RMC(100,9)
                COMMON/SI/SI0(100,9)
63              COMMON/DE/DE(4,4)
                COMMON/UNLOAD/UNLOAD
65              WRITE( * , * ) 'INPUT␣FILE␣NAME:'
                READ( * ,'(A)') FILE1
67              OPEN(1,FILE=FILE1,STATUS=' OLD')
                WRITE( * , * ) 'OUTPUT␣FILE␣NAME:'
69              READ( * ,'(A)') FILE2
                OPEN(5,FILE=FILE2,STATUS=' NEW')
71              READ(1, * ) NNODE,MELEM,IFU,IFW,IPF,IPR,NPP,NRM,NRR,HAC,MFS
                READ(1, * ) NUNLOAD
73              WRITE( * , * ) NUNLOAD
                IF(NRR. GT. 0) READ(1, * )EXP
75              WRITE( * ,100)
                WRITE( * ,101) NNODE,MELEM,IFU,IFW,IPF,IPR,NPP,NRM
77              WRITE (5,100)
                WRITE(5,101) NNODE,MELEM,IFU,IFW,IPF,IPR,NPP,NRM
79    100       FORMAT(2X,'NODE',2X,' ELEMENT',2X,' NPU',2X,' NPW',2X,
                & ' NPF',2X,' NPR',2X,' NPP',2X,' NRM')
```

```
81     101    FORMAT(1X,I4,2X,I4,4X,2I4,4X,4I4)
              CALL INPUTD(NNODE,MELEM,IFU,IFW,IPF,IPR,HAC,NUNLOAD)
83            SAVEE=E
              N2=NNODE+NNODE
85            LL=4
              MM=16
87            MX=MM*(MM+1)/2
              CALL SCH
89            CALL DEMATR
              CALL SKD(NNODE,MELEM,N2,ID,IDD,BWD1,BWD2,BANK1,BANK2)
91            DO 10 I=1,BANK2
              SUMKK(I)=0.0
93            IF(I.LE.N2) U(I)=0.0
       10     CONTINUE
95            DO 20 K=1,MELEM
              DO 19 I=1,9
97            RMC(K,I)=1.0
              SI0(K,I)=0.0
99     19     CONTINUE
              CALL ESTIF(K,LL,MM,MX,EN1,EK)
101           CALL KKAK(N2,BANK2,MM,MX,EN1,IDD,EK,SUMKK)
       20     CONTINUE
103           CALL RIGHT(IPF,IPR,N2,U)
              DO 25 I=1,N2
105    25     PP0(I)=U(I)
              CALL DEALUW(IFU,IFW,BANK2,N2,IDD,SUMKK,U)
107           CALL LDLT(N2,BANK2,IDD,SUMKK)
              CALL SLVEQ(2,N2,1,BWD2,BANK2,IDD,U,SUMKK)
109    60     CALL STRES1(MELEM,LL,MM,N2,U)
              IF(NPP.EQ.0) THEN
111           WRITE(*,110)
              WRITE(5,110)
113    110    FORMAT(/2X,'*****␣ALL␣ELASTIC␣RESULTS␣*****')
              CALL OUTPU1(NNODE,N2,U,PP0)
115           CALL OUTPU2(SR1,SY1,SZ1,SRZ1,SI0,RMC,MELEM,0)
              GOTO 999
117           ENDIF
*** 进行弹塑性计算 ***
119           CALL ELAST(MELEM,N2,NPP,PP,PP0,U,U0,AL)
              WRITE(*,120)
121           WRITE(5,120)
       120    FORMAT(/4X,'******␣ELASTIC␣LIMIT␣RESULTS␣*****')
123           CALL OUTPU1(NNODE,N2,U0,PP0)
              CALL OUTPU2(SR0,SY0,SZ0,SRZ0,SI0,RMC,MELEM,1)
125           NSTEP=0
              WRITE(*,129)
127           WRITE(5,129)
       129    FORMAT(/4X,'******␣ELASTIC␣PLASTIC␣RESULTS␣*****')
```

129	001	NSTEP＝NSTEP＋1
		NQQ＝0.0
131		**WRITE**(＊,130) NSTEP
		WRITE(5,130) NSTEP
133	130	**FORMAT**(/10X,' LOAD␣STEP␣NUMBER␣=',I3)

*** 确定弹塑性比例系数 m ***

135	003	NQQ＝NQQ＋1
		DO 29 I＝1,BANK2
137	29	SUMKK(I)＝0.0
		DO 30　K＝1,MELEM
139		**IF**(MFS. EQ. 0) **THEN**
		CALL ESTIFE(K,LL,MM,MX,EN1,EK)
141		**END IF**
		CALL ESTIF(K,LL,MM,MX,EN1,EK)
143		**CALL** KKAK(N2,BANK2,MM,MX,EN1,IDD,EK,SUMKK)
	30	**CONTINUE**
145		**DO** 35 I＝1,N2
	35	U(I)＝PP(I)
147		**CALL** DEALUW(IFU,IFW,BANK2,N2,IDD,SUMKK,U)
		CALL LDLT(N2,BANK2,IDD,SUMKK)
149		**DO** 63 II＝1,BANK2
	63	SUMKK1(II)＝SUMKK(II)
151		**CALL** SLVEQ(2,N2,1,BWD2,BANK2,IDD,U,SUMKK)
	177	**FORMAT**(2x,' dlt－u=',/1x,6(7(e10.3,1x),/1X))
153		**CALL** STRES1(MELEM,LL,MM,N2,U)
		CALL RCM(MELEM,AL)
155		**IF**(NQQ. LT. NRM) **GOTO** 003
		CALL ADDUP(MELEM,N2,U,U0,PP,PP0)

*** N-R 迭代 ***

157		**IF**(NRR. LT. 0) **GOTO** 888
159		**DO** 78 I＝1,N2
	78	U1(I)＝U(I)
161		NNN＝0
	11	NNN＝NNN＋1
163		**WRITE**(＊,66) NNN
	66	**FORMAT**(/10X,' N－R=',I4)
165		**CALL** RESIDU(MELEM,N2,U,LL,MM)
		WRITE(＊,68) (U(I),I＝1,N2)
167		**DO** 62 I＝1,N2
		XU(I)＝PP0(I)－U(I)
169	62	U(I)＝XU(I)
		NQQ＝0
171		**IF**(NNN. NE. 1) **THEN**
	9000	NQQ＝NQQ＋1
173		**DO** 9100 I＝1,BANK2
	9100	SUMKK(I)＝0.0
175		**DO** 9200 K＝1,MELEM
		IF(MFS. EQ. 0) **THEN**

```
177        CALL ESTIFE(K,LL,MM,MX,EN1,EK)
           ELSE
179        CALL ESTIF(K,LL,MM,MX,EN1,EK)
           END IF
181        CALL KKAK(N2,BANK2,MM,MX,EN1,IDD,EK,SUMKK)
    9200   CONTINUE
183        CALL DEALUW(IFU,IFW,BANK2,N2,IDD,SUMKK,XU)
           CALL LDLT(N2,BANK2,IDD,SUMKK)
185        DO 9400 II=1,BANK2
    9400   SUMKK1(II)=SUMKK(II)
187        CALL SLVEQ(2,N2,1,BWD2,BANK2,IDD,XU,SUMKK)
           CALL STRES1(MELEM,LL,MM,N2,XU)
189        CALL RCM(MELEM,AL)
           IF(NQQ. LT. NRM) GOTO 9000
191        END IF
    68     FORMAT(2X,' RESPONSE␣FORCE',/1X,6(7(E10. 3,1X),/1X))
193        IF(MFS. EQ. 0) THEN
           DO 61 I=1,BANK2
195  61    SUMKK(I)=0. 0
           DO 1120 K=1,MELEM
197        CALL ESTIFE(K,LL,MM,MX,EN1,EK)
           CALL KKAK(N2,BANK2,MM,MX,EN1,IDD,EK,SUMKK)
199  1120  CONTINUE
           END IF
201        CALL DEALUW(IFU,IFW,BANK2,N2,IDD,SUMKK,U)
           IF(MFS. EQ. 0) THEN
203        CALL SLVEQ(2,N2,1,BWD2,BANK2,IDD,U,SUMKK)
           ELSE
205        CALL SLVEQ(2,N2,1,BWD2,BANK2,IDD,U,SUMKK1)
           END IF
207        CALL STRES1(MELEM,LL,MM,N2,U)
           WRITE( * ,177)(u(i),i=1,n2)
209        DO 67 I=1,N2
    67     DU(I)=0. 0
211        CALL ADDUP(MELEM,N2,U,U0,DU,PP0)
           DO 74 I=1,N2
213  74    DU(I)=U1(I)−U(I)
           DO 77 I=1,N2
215  77    U1(I)=U(I)
           UMAX=0. 0
217        DO 65 I=1,N2
           IF(ABS(DU(I)). GT. UMAX) UMAX=ABS(DU(I))
219  65    CONTINUE
           IF(UMAX. GT. EXP) GOTO 11
221  888   CONTINUE
           WRITE(5,889) NNN
223  889   FORMAT(1X,' N−R=',i10)
           CALL OUTPU1(NNODE,N2,U0,PP0)
```

```
225        CALL OUTPU2(SR0,SY0,SZ0,SRZ0,SI0,RMC,MELEM,1)
           IF(NSTEP.LT.NPP) GOTO 001
227        WRITE(5,*)'UNLOAD'
           IF(NUNLOAD.EQ.1) THEN
229        WRITE(*,*) E
           E=SAVEE
231        WRITE(*,*) E
           WRITE(*,*) UNLOAD
233        CALL SCH
           CALL DEMATR
235        CALL SKD(NNODE,MELEM,N2,ID,IDD,BWD1,BWD2,BANK1,BANK2)
           DO 210 I=1,BANK2
237        SUMKK(I)=0.0
           IF(I.LE.N2) U(I)=0.0
239   210  CONTINUE
           DO 220 K=1,MELEM
241        DO 219 I=1,9
           RMC(K,I)=1.0
243   219  CONTINUE
           CALL ESTIF(K,LL,MM,MX,EN1,EK)
245        CALL KKAK(N2,BANK2,MM,MX,EN1,IDD,EK,SUMKK)
      220  CONTINUE
247        CALL RIGHT(IPF,IPR,N2,U)
           DO 225 I=1,N2
249   225  U(I)=-U(I)*UNLOAD
           CALL DEALUW(IFU,IFW,BANK2,N2,IDD,SUMKK,U)
251        CALL LDLT(N2,BANK2,IDD,SUMKK)
           CALL SLVEQ(2,N2,1,BWD2,BANK2,IDD,U,SUMKK)
253   260  CALL STRES1(MELEM,LL,MM,N2,U)
           DO 267 I=1,N2
255   267  DU(I)=-PP0(I)*UNLOAD
           CALL ADDUP(MELEM,N2,U,U0,DU,PP0)
257        CALL OUTPU1(NNODE,N2,U0,PP0)
           CALL OUTPU2(SR0,SY0,SZ0,SRZ0,SI0,RMC,MELEM,1)
259        END IF
      999  STOP
261        END

           *************************************************
263        *** 形成单元切线刚度矩阵 $K_T$
           *************************************************
265        SUBROUTINE ESTIF(K,LL,MM,MX,EN1,EK)
           INTEGER EN,EN1,A,G
267        REAL JD
           DIMENSION EN1(MM),B(4,16),C(4,16),EK(MX)
269        COMMON/LEM/A(100,8)
           COMMON/DE/DE(4,4)
271        COMMON/RM/RMC(100,9)
           COMMON/DEP/DEP(4,4)
```

```
273        COMMON/STR0/SR0(100,9),SY0(100,9),SZ0(100,9),SRZ0(100,9)
           COMMON/EN/EN(8)
275        COMMON/H/H(3)
           COMMON/RZ/RC,RA,ZC,ZA
277        COMMON/JD/JD/RN/RN
           DO 1 I1=1,MX
279     1  EK(I1)=0.0
           DO 3 J=1,8
281        EN(J)=A(K,J)
           I2=J+J
283        J0=EN(J)
           EN1(I2−1)=J0+J0−1
285        EN1(I2)=J0+J0
        3  CONTINUE
287        G=0
           DO 10 I1=1,3
289        DO 10 J1=1,3
           CALL RZCA(I1,J1)
291        JD=RC*ZA−RA*ZC
           IF(JD.LE.0.0) THEN
293        WRITE(*,6)EN
        6  FORMAT(1X,6HERROR;,4X,9H/JD/.LE.0,7X,7HA(I,J)=,8I6)
295        END IF
           G=G+1
297        Q1=JD*RN*H(I1)*H(J1)
           CALL BMATR(I1,J1,LL,MM,B)
299        R=RMC(K,G)
           IF(R.EQ.1.0) THEN
301        CALL MTMULT(0,LL,LL,LL,MM,LL,MM,DE,B,C)
           ELSE
303        CALL EPDMAT(K,G,SR0(K,G),SY0(K,G),SZ0(K,G),SRZ0(K,G))
           CALL MTMULT(0,LL,LL,LL,MM,LL,MM,DEP,B,C)
305        END IF
           DO 60 K1=1,MM
307        K2=K1*(K1−1)/2
           DO 60 L1=1,K1
309        S=0.0
           DO 65 M1=1,LL
311     65 S=S+B(M1,K1)*C(M1,L1)
           EK(K2+L1)=EK(K2+L1)+S*Q1
313     60 CONTINUE
        10 CONTINUE
315        RETURN
           END
317 ************************************************
    *** 形成弹性矩阵 D
319 ************************************************
           SUBROUTINE DEMATR
```

```
321          COMMON/EMODL/E,EMU,SSS,HH,HM
             COMMON/DE/DE(4,4)
323          CALL CLEAR(4,4,DE)
             D=E/(1+EMU)/(1-EMU-EMU)
325          D1=D*(1-EMU)
             D12=D*EMU
327          DO 11 I=1,3
             DE(I,I)=D1
329          DO 11 J=1,2
             IF(I+J. LE. 3) THEN
331          DE(I,I+J)=D12
             DE(I+J,I)=D12
333          END IF
       11    CONTINUE
335          DE(4,4)=D*(1-2*EMU)/2.0
             RETURN
337          END
```

```
*****************************************************
```
*** 形成弹塑性矩阵 D_{EP}
```
*****************************************************
```

```
341          SUBROUTINE EPDMAT(K,NG,XX1,XX2,XX3,XX4)
             INTEGER HAC
343          COMMON/HAC/HAC
             COMMON/EMODL/E,EMU,SSS,HH,HM
345          COMMON/RM/RMC(100,9)
             COMMON/DE/DE(4,4)
347          COMMON/SI/SI0(100,9)
             COMMON/EPI0/EPI0(100,9)
349          COMMON/DEP/DEP(4,4)
             IF (HAC. NE. 0) THEN
351          B=HM*SI0(K,NG)/EPI0(K,NG)
             HH=E*B/(E-B)
353          END IF
             XXX=(XX1+XX2+XX3)/3.0
355          Z1=XX1-XXX
             Z2=XX2-XXX
357          Z3=XX3-XXX
             Z4=XX4
359          SXX=Z1*Z1
             SYY=Z2*Z2
361          SZZ=Z3*Z3
             SSXZ=Z4*Z4
363          SSI=SI0(K,NG)
             SSI=SSI*SSI
365          HOU=EMU/(1-EMU-EMU)
             GG=E/(1+EMU)/2.0
367          D=1+HOU
             OMEGA=9.0*GG/2.0/SSI/(HH+3.0*GG)
```

```
369        DEP(1,1)=D-OMEGA*SXX
           DEP(2,2)=D-OMEGA*SYY
371        DEP(3,3)=D-OMEGA*SZZ
           DEP(4,4)=0.5-OMEGA*SSXZ
373        DEP(1,2)=HOU-OMEGA*Z1*Z2
           DEP(2,1)=DEP(1,2)
375        DEP(1,3)=HOU-OMEGA*Z1*Z3
           DEP(3,1)=DEP(1,3)
377        DEP(2,3)=HOU-OMEGA*Z2*Z3
           DEP(3,2)=DEP(2,3)
379        DEP(1,4)=-OMEGA*Z1*Z4
           DEP(4,1)=DEP(1,4)
381        DEP(2,4)=-OMEGA*Z2*Z4
           DEP(4,2)=DEP(2,4)
383        DEP(3,4)=-OMEGA*Z3*Z4
           DEP(4,3)=DEP(3,4)
385        RM=RMC(K,NG)
           GG=GG+GG
387        DO 10 I=1,4
           DO 10 J=1,4
389   10   DEP(I,J)=GG*(1.0-RM)*DEP(I,J)+RM*DE(I,J)
           RETURN
391        END
      ***********************************************
393   *** 输入结构、单元和载荷信息
      ***********************************************
395        SUBROUTINE INPUTD(NNODE,MELEM,IFU,IFW,IPF,IPR,HAC,NUNLOAD)
           INTEGER A,NM(200),NN(200),HAC
397        COMMON/LEM/A(100,8)
           COMMON/COORD/R(200),Z(200)
399        COMMON/NUW/NFU(50),NFW(50)
           COMMON/FIXUW/FU(50),FW(50)
401        COMMON/NPQ/NPRNRZ(30),NPQ(30),MPQ(30)
           COMMON/PQP/PRNRZ(30,2),PQ(30,4)
403        COMMON/EMODL/E,EMU,SSS,HH,HM
           COMMON/UNLOAD/UNLOAD
405   *** 输入单元结点号 ***
           READ(1,*)(NM(I),(A(I,J),J=1,8),I=1,MELEM)
407        WRITE(*,10)
           WRITE(*,11)(NM(I),(A(I,J),J=1,8),I=1,MELEM)
409        WRITE(5,10)
           WRITE(5,11)(NM(I),(A(I,J),J=1,8),I=1,MELEM)
411   *** 输入结点坐标 ***
           READ(1,*)(NN(I),R(I),Z(I),I=1,NNODE)
413        WRITE(*,12)
           WRITE(*,13)(NN(I),R(I),Z(I),I=1,NNODE)
415        WRITE(5,12)
           WRITE(5,13)(NN(I),R(I),Z(I),I=1,NNODE)
```

```
417     *** 输入 R 方向指定位移 ***
            IF(IFU. NE. 0) READ(1, * )(NFU(I),FU(I),I=1,IFU)
419     *** 输入 Z 方向指定位移 ***
            IF(IFW. NE. 0) READ(1, * )(NFW(I),FW(I),I=1,IFW)
421     *** 输入面内分布载荷信息 ***
            IF(IPF. NE. 0) READ(1, * )(MPQ(I),NPQ(I),(PQ(I,J)
423     &  ,J=1,4),I=1,IPF)
        *** 输入集中载荷信息 ***
425         IF(IPR. NE. 0) READ(1, * )(NPRNRZ(I),(PRNRZ(I,J)
            &  ,J=1,2),I=1,IPR)
427         IF(IFU. NE. 0) THEN
            WRITE( * ,14)
429         WRITE( * ,15)(NFU(I),FU(I),I=1,IFU)
            WRITE(5,14)
431         WRITE(5,15)(NFU(I),FU(I),I=1,IFU)
            END IF
433         IF(IFW. NE. 0) THEN
            WRITE( * ,16)
435         WRITE( * ,15)(NFW(I),FW(I),I=1,IFW)
            WRITE(5,16)
437         WRITE(5,15)(NFW(I),FW(I),I=1,IFW)
            END IF
439         IF(IPF. NE. 0) THEN
            WRITE( * ,17)
441         WRITE( * ,18)(MPQ(I),NPQ(I),(PQ(I,J),J=1,4),I=1,IPF)
            WRITE(5,17)
443         WRITE(5,18)(MPQ(I),NPQ(I),(PQ(I,J),J=1,4),I=1,IPF)
            END IF
445         IF(IPR. NE. 0) THEN
            WRITE( * ,19)
447         WRITE( * ,20)(NPRNRZ(I),(PRNRZ(I,J),J=1,2),I=1,IPR)
            WRITE(5,19)
449         WRITE(5,20)(NPRNRZ(I),(PRNRZ(I,J),J=1,2),I=1,IPR)
            END IF
451     *** 输入材料的幂硬化系数 m ***
            IF(HAC. NE. 0) THEN
453             GOTO(110,120,130,140),HAC
        110     HM=0. 0
455             GOTO 300
        120     HM=1. 0/3. 0
457             GOTO 300
        130     HM=0. 5
459             GOTO 300
        140     HM=2. 0/3. 0
461             GOTO 300
        300     CONTINUE
463             WRITE( * ,25)
                WRITE( * ,26)HM
```

```
465        WRITE(5,25)
           WRITE(5,26)HM
467    25  FORMAT(5X,' HM=')
       26  FORMAT(2X,F10.4)
469   *** 输入材料性质参数 ***
           READ(1,*) E,EMU,SSS
471        WRITE(*,23)
           WRITE(*,24) E,EMU,SSS
473        WRITE(5,23)
           WRITE(5,24) E,EMU,SSS
475    23  FORMAT(5X,'E',3X,' MU',3X,' SIGMAS')
       24  FORMAT(2X,E10.3,3X,F10.3,3X,E12.5)
477        END IF
           IF(HAC.NE.0) GOTO 200
479        READ(1,*) E,EMU,SSS,HH
           WRITE(*,21)
481        WRITE(*,22) E,EMU,SSS,HH
           WRITE(5,21)
483        WRITE(5,22) E,EMU,SSS,HH
       10  FORMAT(2X,'␣ELEMENT␣',20X,' A(I,J)')
485    11  FORMAT(/5X,I3,2X,8I6)
       12  FORMAT(/5X,4HNODE,7X,1HX,13X,1HZ/)
487    13  FORMAT(1X,I8,2F14.6)
       14  FORMAT(/5X,4HNODE,10X,1HU/)
489    16  FORMAT(/5X,4HNODE,10X,1HW/)
       15  FORMAT(1X,I8,F14.6)
491    17  FORMAT(/5X,7HELEMENT,4X,4HSIDE,12X,2HPQ/)
       18  FORMAT(1X,2I8,4F12.6)
493    19  FORMAT(/5X,4HNODE,12X,5HPRNXZ/)
       20  FORMAT(3X,I8,2F9.2)
495    21  FORMAT(5X,'E',3X,'MU',3X,' SIGMAS',3X,' HH')
       22  FORMAT(2X,E9.4,3X,F10.3,3X,E12.5,3X,F10.3)
497   200  CONTINUE
           IF(NUNLOAD.EQ.1) THEN
499        READ(1,*) UNLOAD
           WRITE(*,*) UNLOAD
501        END IF
           RETURN
503        END
     **************************************************
505   *** 计算结构反力
     **************************************************
507        SUBROUTINE RESIDU(MELEM,N2,UU,LL,MM)
           INTEGER EN,A,G
509        REAL JD
           DIMENSION U1(16),UU(N2),B(4,16)
511        COMMON/EN/EN(8)
           COMMON/LEM/A(100,8)
```

```
513     COMMON/JD/JD/RN/RN
        COMMON/RZ/RC,RA,ZC,ZA
515     COMMON/H/H(3)
        COMMON/STR0/SR0(100,9),SY0(100,9),SZ0(100,9),SRZ0(100,9)
517     WRITE( * ,33)((SR0(K,G),G=1,9),K=1,MELEM)
   33   FORMAT(2X,' SUB-SX0',/1X,9E8.1)
519     DO 71 I=1,N2
   71   UU(I)=0.0
521     DO 20 K=1,MELEM
        DO 1 I1=1,MM
523  1  U1(I1)=0.0
        DO 3 J=1,8
525  3  EN(J)=A(K,J)
        G=0
527     DO 10 I1=1,3
        DO 10 J1=1,3
529     CALL RZCA(I1,J1)
        JD=RC * ZA-RA * ZC
531     G=G+1
        Q1=JD * RN * H(I1) * H(J1)
533     CALL BMATR(I1,J1,LL,MM,B)
        DO 11 I=1,MM
535     U1(I)=U1(I)+(B(1,I) * SR0(K,G)+B(2,I) * SY0(K,G)+
        & B(3,I) * SZ0(K,G)+B(4,I) * SRZ0(K,G)) * Q1
537 11  CONTINUE
    10  CONTINUE
539     DO 12 JJ=1,8
        J0=EN(JJ)
541     UU(J0+J0-1)=UU(J0+J0-1)+U1(JJ+JJ-1)
        UU(J0+J0)=UU(J0+J0)+U1(JJ+JJ)
543 12  CONTINUE
    20  CONTINUE
545     DO 30 I=1,N2,4
    30  WRITE( * ,100)UU(I),UU(I+1),UU(I+2),UU(I+3)
547 100 FORMAT(1X,4(E12.4,2X))
        RETURN
549     END

        ********************************************
551     *** 输出结点载荷和位移
        ********************************************
553     SUBROUTINE OUTPU1(NNODE,N2,U,PP)
        DIMENSION U(N2),PP(N2)
555     WRITE( * ,500)
        WRITE(5,500)
557 500 FORMAT(/20X,4HLOAD,15X,12HDISPLACEMENT,/2X,
        & 4HNODE,8X,2HPR,12X,2HPZ,12X,1HU,12X,1HW)
559     DO 400 I=1,NNODE
        I0=I+I
```

```
561        J0=I0-1
           PR=PP(J0)
563        PZ=PP(I0)
           UR=U(J0)
565        UZ=U(I0)
           WRITE( * ,350) I,PR,PZ,UR,UZ
567        WRITE(5,350) I,PR,PZ,UR,UZ
     350   FORMAT(3X,I4,4E12.4)
569  400   CONTINUE
           RETURN
571        END

     *****************************************
573  *** 输出单元高斯点的应力
     *****************************************
575        SUBROUTINE OUTPU2(SX,SY,SZ,SXZ,SI,RMC,MELEM,L)
           DIMENSION SX(100,9),SZ(100,9),SXZ(100,9),
577       & RMC(100,9),SY(100,9),SI(100,9),TS(6)
           DO 600 K=1,MELEM
579        WRITE( * ,610) K
           WRITE(5,610) K
581  610   FORMAT(/10X,' ELEMENT=',I4)
           WRITE( * ,620)
583        WRITE(5,620)
     620   FORMAT(/1X,'N-G',8X,'SR',10X,'SY',10X,'SZ',10X,
585       & 'SRZ',10X,'SI',6X,'RM')
           DO 630 I=1,9
587        TS(1)=SX(K,I)
           TS(2)=SY(K,I)
589        TS(3)=SZ(K,I)
           TS(4)=SXZ(K,I)
591        IF(L.EQ.0) THEN
           TS(5)=0.0
593        ELSE
           TS(5)=SI(K,I)
595        END IF
           TS(6)=RMC(K,I)
597        WRITE( * ,640) I,(TS(J),J=1,6)
           WRITE(5,640) I,(TS(J),J=1,6)
599  640   FORMAT(1X,I3,4X,5(F10.4,2X),F8.3)
     630   CONTINUE
601  600   CONTINUE
           RETURN
603        END

     *****************************************
605  *** 载荷、位移、应力更新
     *****************************************
607        SUBROUTINE ADDUP(MELEM,N2,U,U0,PP,PP0)
           REAL J2
```

```
609         DIMENSION U(N2),U0(N2),PP(N2),PP0(N2)
            COMMON/STR0/SR0(100,9),SY0(100,9),SZ0(100,9),SRZ0(100,9)
611         COMMON/STR1/SR1(100,9),SY1(100,9),SZ1(100,9),SRZ1(100,9)
            COMMON/SI/SI0(100,9)
613         COMMON/EPI1/EPI1(100,9)
            COMMON/EPI0/EPI0(100,9)
615         DO 40 I=1,N2
            U0(I)=U0(I)+U(I)
617         PP0(I)=PP0(I)+PP(I)
      40    CONTINUE
619         DO 45 K=1,MELEM
            DO 45 J=1,9
621         SR0(K,J)=SR0(K,J)+SR1(K,J)
            SY0(K,J)=SY0(K,J)+SY1(K,J)
623         SZ0(K,J)=SZ0(K,J)+SZ1(K,J)
            SRZ0(K,J)=SRZ0(K,J)+SRZ1(K,J)
625         EPI0(K,J)=EPI0(K,J)+EPI1(K,J)
            CALL SJ2(SR0(K,J),SY0(K,J),SZ0(K,J),SRZ0(K,J),
627       & J2,Z1,Z2,Z3,Z4)
            SI2=SQRT(3*J2)
629         SI0(K,J)=SI2
      45    CONTINUE
631         RETURN
            END
633   *****************************************************
      *** 计算弹性极限载荷
635   *****************************************************
            SUBROUTINE ELAST(MELEM,N2,NPP,PP,PP0,U,U0,AL)
637         INTEGER G
            REAL M0
639         DIMENSION PP(N2),PP0(N2),U(N2),U0(N2)
            COMMON/EMODL/E,EMU,SSS,HH,HM
641         COMMON/STR0/SR0(100,9),SY0(100,9),SZ0(100,9),SRZ0(100,9)
            COMMON/STR1/SR1(100,9),SY1(100,9),SZ1(100,9),SRZ1(100,9)
643         COMMON/EPI0/EPI0(100,9)
            COMMON/EPI1/EPI1(100,9)
645         COMMON/EPIC/EPIC(100,9)
            COMMON/SI/SI0(100,9)
647         COMMON/RM/RMC(100,9)
            SIMX=0.0
649         AL=0.0
            DO 100 K=1,MELEM
651         DO 100 G=1,9
            CALL SJ2(SR1(K,G),SY1(K,G),SZ1(K,G),SRZ1(K,G),SJ,Z1,Z2,Z3,Z4)
653         SII=SQRT(3.0*SJ)
            SI0(K,G)=SII
655         IF(SII.GT.SIMX) SIMX=SII
            EGI=EPI1(K,G)
```

```
657        IF(EGI. GT. AL) AL=EGI
      100    CONTINUE
659        M0=SSS/SIMX
           AL=AL * M0
661        DO 110 K=1,MELEM
           DO 110 G=1,9
663        SR0(K,G)=M0 * SR1(K,G)
           SY0(K,G)=M0 * SY1(K,G)
665        SZ0(K,G)=M0 * SZ1(K,G)
           SRZ0(K,G)=M0 * SRZ1(K,G)
667        SI0(K,G)=M0 * SI0(K,G)
           EPI0(K,G)=EPI1(K,G) * M0
669        EPIC(K,G)=(1-M0) * EPI1(K,G)/NPP
      110    CONTINUE
671        DO 120 I=1,N2
           U0(I)=M0 * U(I)
673        PP(I)=(1-M0) * PP0(I)/NPP
           PP0(I)=M0 * PP0(I)
675   120    CONTINUE
           WRITE(5, * )'M0=',M0
677        RETURN
           END
679   ***********************************************
      *** 求局部坐标对全局坐标的一阶导数
681   ***********************************************
           SUBROUTINE RZCA(I,J)
683        INTEGER EN
           REAL NC,NA,N
685        COMMON/COORD/R(200),Z(200)
           COMMON/RZ/RC,RA,ZC,ZA
687        COMMON/EN/EN(8)
           COMMON/NCA/NC(5,5,8),NA(5,5,8)
689        COMMON/RN/RN/ZN/ZN
           COMMON/N/N(5,5,8)
691        RC=0. 0
           RA=0. 0
693        ZC=0. 0
           ZA=0. 0
695        RN=0. 0
           ZN=0. 0
697        DO 10 K=1,8
           P=NC(I,J,K)
699        Q=NA(I,J,K)
           X=N(I,J,K)
701        L=EN(K)
           A=R(L)
703        B=Z(L)
           RC=RC+P * A
```

```
705        RA=RA+Q*A
           ZC=ZC+P*B
707        ZA=ZA+Q*B
           RN=RN+X*A
709        ZN=ZN+X*B
    10     CONTINUE
711        RETURN
           END
713 ***********************************************
    *** 形成单元几何矩阵 B
715 ***********************************************
           SUBROUTINE BMATR(I,J,L,M,B)
717        REAL N,NC,NA,JD,NIR,NIZ
           DIMENSION B(L,M)
719        COMMON/N/N(5,5,8)
           COMMON/NCA/NC(5,5,8),NA(5,5,8)
721        COMMON/RZ/RC,RA,ZC,ZA
           COMMON/JD/JD/RN/RN
723        CALL CLEAR(L,M,B)
           DO 1 K=1,8
725        W=NC(I,J,K)
           S=NA(I,J,K)
727        NIR=(ZA*W-ZC*S)/JD
           NIZ=(RC*S-RA*W)/JD
729        M1=K+K-1
           M2=K+K
731        B(1,M1)=NIR
           B(2,M1)=N(I,J,K)/RN
733        B(3,M2)=NIZ
           B(4,M1)=NIZ
735        B(4,M2)=NIR
    1      CONTINUE
737        RETURN
           END
739 ***********************************************
    *** 计算单元高斯点的弹塑性比例系数
741 ***********************************************
           SUBROUTINE RCM(MELEM,AL)
743        INTEGER G
           COMMON/EPI1/EPI1(100,9)
745        COMMON/EPI0/EPI0(100,9)
           COMMON/EPIC/EPIC(100,9)
747        COMMON/RM/RMC(100,9)
           COMMON/SI/SI0(100,9)
749        COMMON/EMODL/E,EMU,SSS,HH,HM
           DO 11 K=1,MELEM
751        DO 11 G=1,9
           CC=EPIC(K,G)
```

```
753        EPE=EPI0(K,G)
           RM=(AL-EPE)/CC
755        SI2=SI0(K,G)
           IF(SI2. GE. SSS. AND. RM. LT. 0. 001) THEN
757        RM=0. 0
           ELSEIF(SI2. LT. SSS. AND. RM. GT. 0. 999) THEN
759        RM=1. 0
           END IF
761        RMC(K,G)=RM
      11   CONTINUE
763        RETURN
           END
765   **************************************************
      *** 计算等效应力和应力偏量
767   **************************************************
           SUBROUTINE SJ2(XX,XY,XZ,XXZ,SI,Z1,Z2,Z3,Z4)
769        XM=(XX+XY+XZ)/3. 0
           Z1=XX-XM
771        Z2=XY-XM
           Z3=XZ-XM
773        Z4=XXZ
           SI=(Z1*Z1+Z2*Z2+Z3*Z3+2. 0*Z4*Z4)/2. 0
775        RETURN
           END
777   **************************************************
      *** 计算应力增量
779   **************************************************
           SUBROUTINE STRES1(MELEM,LL,MM,N2,U)
781        INTEGER EN,EN1,A,G
           REAL JD
783        DIMENSION EN1(16),U(N2),B(4,16),C(4,16),TS(4)
           COMMON/LEM/A(100,8)
785        COMMON/EN/EN(8)
           COMMON/DE/DE(4,4)
787        COMMON/RM/RMC(100,9)
           COMMON/DEP/DEP(4,4)
789        COMMON/STR0/SR0(100,9),SY0(100,9),SZ0(100,9),SRZ0(100,9)
           COMMON/STR1/SR1(100,9),SY1(100,9),SZ1(100,9),SRZ1(100,9)
791        COMMON/SI/SI0(100,9)
           COMMON/EPI1/EPI1(100,9)
793        COMMON/EPIC/EPIC(100,9)
           COMMON/JD/JD/RN/RN
795        COMMON/RZ/RC,RA,ZC,ZA
           COMMON/H/H(3)
797        COMMON/EMODL/E,EMU,SSS,HH,HM
           DO 100 K=1,MELEM
799        DO 10 J=1,8
           EN(J)=A(K,J)
```

```
801         I2=J+J
            J0=2 * EN(J)
803         EN1(I2-1)=J0-1
            EN1(I2)=J0
805    10   CONTINUE
            G=0. 0
807         DO 90 I1=1,3
            DO 90 J1=1,3
809         CALL RZCA(I1,J1)
            JD=RC * ZA-RA * ZC
811         CALL BMATR(I1,J1,LL,MM,B)
            G=G+1
813         CALL SDBU(LL,MM,N2,TS,EN1,B,U,1. 0)
            EP1=TS(1)
815         EP2=TS(2)
            EP3=TS(3)
817         EP4=TS(4)
            EPI1(K,G)=SQRT((((EP1-EP2) * (EP1-EP2)+(EP2-EP3) * (EP2-
819         &EP3)+(EP3-EP1) * (EP3-EP1)+1. 5 * EP4 * EP4) * 2. 0)/3. 0
            IF(SI0(K,G). LT. SSS) EPI1(K,G)=EPI1(K,G) * 1. 5/(1+EMU)
821         EPIC(K,G)=EPI1(K,G)
            RM=RMC(K,G)
823         IF(RM. EQ. 1. 0) THEN
            CALL MTMULT(0,LL,LL,LL,MM,LL,MM,DE,B,C)
825         ELSE
            CALL EPDMAT(K,G,SR0(K,G),SY0(K,G),SZ0(K,G),SRZ0(K,G))
827         CALL MTMULT(0,LL,LL,LL,MM,LL,MM,DEP,B,C)
            ENDIF
829         CALL SDBU(LL,MM,N2,TS,EN1,C,U,1. 0)
            SR1(K,G)=TS(1)
831         SY1(K,G)=TS(2)
            SZ1(K,G)=TS(3)
833         SRZ1(K,G)=TS(4)
       90   CONTINUE
835   100   CONTINUE
            RETURN
837         END
      ********************************************
839   *** 计算应力或应变 T=S * U 或 e=B * U
      ********************************************
841         SUBROUTINE SDBU(LL,MM,N2,TS,EN1,C,U,R)
            INTEGER EN1
843         DIMENSION TS(LL),C(LL,MM),U(N2),EN1(MM)
            DO 2 I=1,LL
845    2    TS(I)=0. 0
            DO 4 L1=1,LL
847         DO 4 M1=1,MM
       4    TS(L1)=TS(L1)+C(L1,M1) * U(EN1(M1)) * R
```

```
849              RETURN
                 END
851    ***********************************************
       *** 处理指定位移边界条件
853    ***********************************************
                 SUBROUTINE DEALUW(IFU,IFW,NN2,N2,IDD,SUMKK,U)
855              DIMENSION IDD(N2),U(N2),SUMKK(NN2)
                 COMMON/NUW/NFU(50),NFW(50)
857              COMMON/FIXUW/FU(50),FW(50)
                 IF (IFU. EQ. 0) GOTO 10
859              DO 20 I=1,IFU
                 CALL FIXDIS(2*NFU(I)-1,FU(I),N2,NN2,IDD,SUMKK,U)
861    20        CONTINUE
       10        IF(IFW. EQ. 0) GOTO 11
863              DO 21 I=1,IFW
                 CALL FIXDIS(NFW(I)*2,FW(I),N2,NN2,IDD,SUMKK,U)
865    21        CONTINUE
       11        CONTINUE
867              RETURN
                 END
869    ***********************************************
       *** 处理给定零位移约束
871    ***********************************************
                 SUBROUTINE FIXDIS(K,V,NN,N1,ID,AA,F)
873              DIMENSION ID(NN),AA(N1),F(NN)
                 IF(K-1) 10,1,3
875    1         IDK=1
                 GOTO 5
877    3         IDK1=ID(K-1)
                 IDK=ID(K)
879              KF=IDK1-IDK+1+K
                 KM1=K-1
881              DO 2 I=KF,KM1
       2         F(I)=F(I)-V*AA(IDK-K+I)
883              IDK11=IDK1+1
                 IDKM1=IDK-1
885              DO 4 I=IDK11,IDKM1
       4         AA(I)=0.0
887    5         K1=K+1
                 DO 6 I=K1,NN
889              IF((ID(I)-ID(I-1))-(I-K+1)) 6,11,11
       11        NIK=ID(I)-I+K
891              F(I)=F(I)-V*AA(NIK)
                 AA(NIK)=0.0
893    6         CONTINUE
                 AA(IDK)=1.0
895              F(K)=V
       10        RETURN
```

```
897              END

       ***************************************************
899    *** 采用 LDLT 方法求解时对总体刚度矩阵做三角化分解
       ***************************************************
901              SUBROUTINE LDLT(N,M,A,K)
                 INTEGER P,Q,H,P0,P1,P2,A(N)
903              REAL K(M)
                 DO 10 I=2,N
905              L=A(I-1)+I+1-A(I)
                 DO 10 J=L,I
907              Q=A(I)-I+J
                 IF(J.EQ.1) THEN
909              H=J+1-A(J)
                 ELSE
911              H=A(J-1)-A(J)+J+1
                 ENDIF
913              IF(H.LT.L) H=L
                 DO 10 P=H,J-1
915              P0=A(J)-J+P
                 P1=A(I)-I+P
917              P2=A(P)
                 K(Q)=K(Q)-K(P0)/K(P2)*K(P1)
919    10        CONTINUE
                 RETURN
921              END

       ***************************************************
923    *** 线性代数方程组求解
       ***************************************************
925              SUBROUTINE SLVEQ(I1,I2,I3,MX,SS,A,Q,K)
                 INTEGER P,P0,P1,SS,A(I2)
927              REAL K(SS)
                 DIMENSION Q(I2)
929              DO 10 I=I1,I2
                 DO 10 P=A(I-1)+I+1-A(I),I-1
931              P0=A(I)-I+P
                 P1=A(P)
933              Q(I)=Q(I)-K(P0)*Q(P)/K(P1)
       10        CONTINUE
935              DO 70 I=I2,I3,-1
                 IF(I+MX-1.LT.I2) THEN
937              L=I+MX-1
                 ELSE
939              L=I2
                 END IF
941              DO 30 P=I+1,L
                 IF(I.GT.A(P-1)+P-A(P)) THEN
943              P0=A(P)-P+I
                 Q(I)=Q(I)-K(P0)*Q(P)
```

```
945            END IF
     30        CONTINUE
947            P0=A(I)
               Q(I)=Q(I)/K(P0)
949  70        CONTINUE
               RETURN
951            END

     **************************************************
953  *** 矩阵相乘
     **************************************************
955            SUBROUTINE MTMULT(KK,L1,L2,M1,M2,N1,N2,A,B,C)
               DIMENSION A(L1,L2),B(M1,M2),C(N1,N2)
957            CALL CLEAR(N1,N2,C)
               IF(KK. NE. 0) GOTO 100
959            DO 10 I=1,L1
               DO 10 K=1,M2
961            DO 10 J=1,L2
     10        C(I,K)=C(I,K)+A(I,J)*B(J,K)
963            GOTO 500
     100       IF (KK. LT. 0) GOTO 200
965            DO 20 I=1,L2
               DO 20 K=1,M2
967            DO 20 J=1,L1
     20        C(I,K)=C(I,K)+A(J,I)*B(J,K)
969            GOTO 500
     200       DO 30 I=1,L1
971            DO 30 K=1,M1
               DO 30 J=1,L2
973  30        C(I,K)=C(I,K)+A(I,J)*B(K,J)
     500       RETURN
975            END

     **************************************************
977  *** 矩阵清零
     **************************************************
979            SUBROUTINE CLEAR(M,N,A)
               DIMENSION A(M,N)
981            DO 10 I=1,M
               DO 10 J=1,N
983  10        A(I,J)=0. 0
               RETURN
985            END

     **************************************************
987  *** 对总体刚度矩阵形成一维存储的指示矩阵
     **************************************************
989            SUBROUTINE SKD(NNODE,MELEM,N2,ID,IDD,BWD1,BWD2,BANK1,BANK2)
               INTEGER A,BWD1,BWD2,BANK1,BANK2,EN,D1,D2,D5
991            DIMENSION ID(NNODE),IDD(N2)
               COMMON/LEM/A(100,8)
```

```
993        COMMON/EN/EN(8)
           DO 10 I=1,NNODE
995    10  ID(I)=NNODE
           DO 20 I=1,MELEM
997        DO 30 J=1,8
       30  EN(J)=A(I,J)
999        L=EN(8)
           DO 40 J=1,7
1001       IF (EN(J).LT.L) L=EN(J)
       40  CONTINUE
1003       DO 20 J=1,8
           M=EN(J)
1005       IF(L.LT.ID(M)) ID(M)=L
       20  CONTINUE
1007       DO 50 I=1,NNODE
           IF(I.EQ.1) THEN
1009       ID(1)=1
           ELSE
1011       ID(I)=ID(I-1)+I-ID(I)+1
           END IF
1013   50  CONTINUE
           DO 60 I=1,NNODE
1015       IF (I.EQ.1) THEN
           D5=0
1017       D2=0
           ELSE
1019       D5=ID(I-1)
           D2=IDD(I+I-2)
1021       END IF
           L=2*(ID(I)-D5-1)+1
1023       IDD(I+I-1)=D2+L
           IDD(I+I)=IDD(I+I-1)+L+1
1025   60  CONTINUE
           BWD1=0
1027       DO 80 I=1,NNODE
           IF (I.EQ.1) THEN
1029       D1=0
           ELSE
1031       D1=ID(I-1)
           END IF
1033       IF(ID(I)-D1.GT.BWD1) BWD1=ID(I)-D1
       80  CONTINUE
1035       BWD2=0
           DO 70 I=1,N2
1037       IF (I.EQ.1) THEN
           D2=0
1039       ELSE
           D2=IDD(I-1)
```

```
1041              END IF
                  IF (IDD(I)-D2. GT. BWD2) BWD2=IDD(I)-D2
1043       70     CONTINUE
                  BANK1=ID(NNODE)
1045              BANK2=IDD(N2)
                  WRITE( * ,11)BWD1,BWD2,BANK1,BANK2
1047              WRITE (5,11) BWD1,BWD2,BANK1,BANK2
           11     FORMAT (/,1X,5HBWD1=,I3,7X,5HBWD2=,I3,7X,' BANK1=',I4,7X,
1049             & ' BANK2=',I6/)
                  RETURN
1051              END
           *************************************************
1053       *** 形成高斯积分的权系数及其参数坐标值
           *************************************************
1055              SUBROUTINE SCH
                  REAL N,NC,NA
1057              DIMENSION XX(5),CI(8),AI(8)
                  COMMON/NCA/NC(5,5,8),NA(5,5,8)
1059              COMMON/H/H(3)
                  COMMON/N/N(5,5,8)
1061              H(1)=0. 555555555556
                  H(2)=0. 888888888889
1063              H(3)=H(1)
                  XX(1)=0. 77459666924148
1065              XX(2)=0. 0
                  XX(3)=-XX(1)
1067              XX(4)=-1. 0
                  XX(5)=1. 0
1069              DO 10 K=1,8
                  GOTO(11,21,31,31,31,21,11,11),K
1071       11     CI(K)=-1. 0
                  GOTO 10
1073       21     CI(K)=0. 0
                  GOTO 10
1075       31     CI(K)=1. 0
           10     CONTINUE
1077              DO 20 K=1,8
                  GOTO (12,12,12,22,32,32,32,22),K
1079       12     AI(K)=-1. 0
                  GOTO 20
1081       22     AI(K)=0. 0
                  GOTO 20
1083       32     AI(K)=1. 0
           20     CONTINUE
1085              DO 100 I=1,5
                  C=XX(I)
1087              DO 100 J=1,5
                  A=XX(J)
```

```
1089        DO 100 K=1,8
            CK=CI(K)
1091        AK=AI(K)
            GOTO (15,25,15,35,15,25,15,35),K
1093   15   N(I,J,K)=(1.0+CK*C)*(1.0+AK*A)*(CK*C+AK*A−1.0)/4.
            NC(I,J,K)=CK*(1.0+AK*A)*(CK*C+CK*C+AK*A)/4.
1095        NA(I,J,K)=AK*(1.0+CK*C)*(CK*C+AK*A+AK*A)/4.
            GOTO 100
1097   25   N(I,J,K)=(1.0−C*C)*(1.0+AK*A)/2.
            NC(I,J,K)=−C*(1.0+AK*A)
1099        NA(I,J,K)=AK*(1.0−C*C)/2.
            GOTO 100
1101   35   N(I,J,K)=(1.0−A*A)*(1.0+CK*C)/2.
            NC(I,J,K)=CK*(1.0−A*A)/2.
1103        NA(I,J,K)=−A*(1.0+CK*C)
       100  CONTINUE
1105        RETURN
            END
1107   *****************************************
       *** 单元刚度矩阵向总体刚度矩阵累加
1109   *****************************************
            SUBROUTINE KKAK(N2,NN2,MM,MX,EN1,IDD,EK,SUMKK)
1111        INTEGER P,Q,R,EN1
            DIMENSION IDD(N2),SUMKK(NN2),EK(MX),EN1(MM)
1113        DO 10 I=1,MM
            P=EN1(I)
1115        L=I*(I−1)/2
            DO 10 J=1,I
1117        Q=EN1(J)
            IF (Q.LT.P) THEN
1119        R=IDD(P)−P+Q
            ELSE
1121        R=IDD(Q)−Q+P
            END IF
1123        SUMKK(R)=SUMKK(R)+EK(L+J)
       10   CONTINUE
1125        RETURN
            END
1127   *****************************************
       *** 形成右端外力向量项
1129   *****************************************
            SUBROUTINE RIGHT(IPF,IPR,N2,U)
1131        INTEGER A,EN
            DIMENSION U(N2)
1133        COMMON/LEM/A(100,8)
            COMMON/NPQ/NPRNRZ(30),NPQ(30),MPQ(30)
1135        COMMON/PQP/PRNRZ(30,2),PQ(30,4)
            COMMON/EN/EN(8)
```

```
1137        COMMON/H/H(3)
            IF (IPF. EQ. 0) GOTO 201
1139        DO 200 I=1,IPF
            L=MPQ(I)
1141        DO 20 J=1,8
        20  EN(J)=A(L,J)
1143        L1=NPQ(I)
            GOTO(100,110,120,130),L1
1145   100  DO 40 J=1,3
        40  CALL QRIT(I,1,3,J,4,. TRUE. ,N2,U)
1147        GOTO 250
       110  DO 50 J=1,3
1149    50  CALL QRIT(I,3,5,5,J,. FALSE. ,N2,U)
            GOTO 250
1151   120  DO 60 J=1,3
        60  CALL QRIT(I,5,7,J,5,. TRUE. ,N2,U)
1153        GOTO 250
       130  DO 70 J=1,3
1155    70  CALL QRIT(I,7,1,4,J,. FALSE. ,N2,U)
       250  CONTINUE
1157   200  CONTINUE
       201  IF (IPR. EQ. 0) GOTO 301
1159        DO 300 I=1,IPR
            J=NPRNRZ(I)
1161        L=J+J
            U(L-1)=U(L-1)+PRNRZ(I,1)
1163        U(L)=U(L)+PRNRZ(I,2)
       300  CONTINUE
1165   301  RETURN
            END
1167   ***************************************************
       *** 处理均布载荷为结点力
1169   ***************************************************
            SUBROUTINE QRIT(I,I0,I1,K,M,BC,N2,U)
1171        INTEGER EN,P
            REAL N
1173        LOGICAL BC
            DIMENSION U(N2)
1175        COMMON/COORD/R(200),Z(200)
            COMMON/PQP/PRNRZ(30,2),PQ(30,4)
1177        COMMON/RN/RN/ZN/ZN
            COMMON/H/H(3)
1179        COMMON/EN/EN(8)
            COMMON/N/N(5,5,8)
1181        COMMON/RZ/RC,RA,ZC,ZA
            J0=EN(I0)
1183        J1=EN(I1)
            CALL RZCA(K,M)
```

```
1185        IF (BC) THEN
            X=SQRT(RC*RC+ZC*ZC)
1187        X=X*H(K)
            ELSE
1189        X=SQRT(RA*RA+ZA*ZA)
            X=X*H(M)
1191        END IF
            X=X*RN
1193        S=SQRT((RN-R(J1))**2+(ZN-Z(J1))**2)/
            &  SQRT((R(J0)-R(J1))**2+(Z(J0)-Z(J1))**2)
1195        QR=PQ(I,2)+(PQ(I,1)-PQ(I,2))*S
            QZ=PQ(I,4)+(PQ(I,3)-PQ(I,4))*S
1197        DO 40 P=1,8
            L=EN(P)*2
1199        S=N(K,M,P)
            U(L-1)=U(L-1)+X*S*QR
1201        U(L)=U(L)+X*S*QZ
       40   CONTINUE
1203        RETURN
            END
1205   *****************************************
       *** 计算单元割线刚度矩阵
1207   *****************************************
            SUBROUTINE ESTIFE(K,LL,MM,MX,EN1,EK)
1209        INTEGER EN,EN1,A,G
            REAL JD
1211        DIMENSION EN1(MM),B(4,16),C(4,16),EK(MX)
            COMMON/EMODL/E,EMU,SSS,HH,HM
1213        COMMON/LEM/A(100,8)
            COMMON/DE/DE(4,4)
1215        COMMON/RM/RMC(100,9)
            COMMON/DEP/DEP(4,4)
1217        COMMON/STR0/SR0(100,9),SY0(100,9),SZ0(100,9),SRZ0(100,9)
            COMMON/SI/SI0(100,9)
1219        COMMON/EPI0/EPI0(100,9)
            COMMON/EN/EN(8)
1221        COMMON/H/H(3)
            COMMON/RZ/RC,RA,ZC,ZA
1223        COMMON/JD/JD/RN/RN
            DO 1 I1=1,MX
1225   1    EK(I1)=0.0
            DO 3 J=1,8
1227        EN(J)=A(K,J)
            I2=J+J
1229        J0=EN(J)
            EN1(I2-1)=J0+J0-1
1231        EN1(I2)=J0+J0
       3    CONTINUE
```

```
1233        G=0
            DO 10 I1=1,3
1235        DO 10 J1=1,3
            CALL RZCA(I1,J1)
1237        JD=RC*ZA−RA*ZC
            IF (JD.LE.0.0) THEN
1239        WRITE(*,6)EN
        6   FORMAT(1X,6HERROR;,4X,9H/JD/.LE.0,7X,7HA(I,J)=,8I6)
1241        END IF
            STRESS=SI0(I1,J1)
1243        STRAIN=EPI0(I1,J1)
            EE=STRESS/STRAIN
1245        E=EE
            CALL DEMATR
1247        G=G+1
            Q1=JD*RN*H(I1)*H(J1)
1249        CALL BMATR(I1,J1,LL,MM,B)
            R=RMC(K,G)
1251        IF (R.EQ.1.0) THEN
            CALL MTMULT(0,LL,LL,LL,MM,LL,MM,DE,B,C)
1253        ELSE
            CALL EPDMAT(K,G,SR0(K,G),SY0(K,G),SZ0(K,G),SRZ0(K,G))
1255        CALL MTMULT(0,LL,LL,LL,MM,LL,MM,DEP,B,C)
            ENDIF
1257        DO 60 K1=1,MM
            K2=K1*(K1−1)/2
1259        DO 60 L1=1,K1
            S=0.0
1261        DO 65 M1=1,LL
        65  S=S+B(M1,K1)*C(M1,L1)
1263        EK(K2+L1)=EK(K2+L1)+S*Q1
        60  CONTINUE
1265    10  CONTINUE
            RETURN
1267        END
```

B.2 输入文件示例 AXIMN. IN

```
1       23,4,0,18,1,0,4,2,2,2,0
3       1
        0.1E−9
5       1,1,2,3,11,17,16,15,10
        2,3,4,5,12,19,18,17,11
7       3,5,6,7,13,21,20,19,12
        4,7,8,9,14,23,22,21,13
9       1,10,0.0
        2,11.25,0.0
11      3,12.5,0.0
```

	4,13. 75,0. 0
13	5,15,0. 0
	6,16. 25,0. 0
15	7,17. 5,0. 0
	8,18. 75,0. 0
17	9,20,0. 0
	10,10,5
19	11,12. 5,5
	12,15,5
21	13,17. 5,5
	14,20,5
23	15,10,10
	16,11. 25,10
25	17,12. 5,10
	18,13. 75,10
27	19,15,10
	20,16. 25,10
29	21,17. 5,10
	22,18. 75,10
31	23,20,10
	1,0. 0,2,0. 0,3,0. 0,4,0. 0,5,0. 0,6,0. 0,7,0. 0,8,0. 0,9,0. 0
33	15,0. 0,16,0. 0,17,0. 0,18,0. 0,19,0. 0,20,0. 0,21,0. 0,22,0. 0,23,0. 0
	1,4,12. 5,12. 5,0. 0,0. 0
35	0. 8667E5,0. 3,17. 32
	1. 0

附录 C 轴对称问题的大变形分析程序

C. 1 源程序 AXIGN. FOR

```
1    ***************************************************
     *** PROGRAM FOR THE FINITE STRAIN *
3    *** ANALYSIS OF AXIAL - SYMMETRIC PROBLEM *
     ***************************************************
5            PROGRAM AXI
     ***************************************************
7    *** 变量说明
     * FILE1:输入文件
9    * FILE2:输出文件
     * TU:迭代方法指示数,1(Total - Lagrange 法);2(Update - Lagrange 法)
11   * NNODE:结点总数
     * MELEM:单元总数
13   * IFU:R 方向指定位移数
     * IFW:Z 方向指定位移数
15   * IPF:面力载荷数
     * IPR:集中力载荷数
17   * NPP:指定载荷加载步数
     * EXP:N - R 迭代收敛精度
19   * NM:单元号数组
     * A:单元结点号数组
21   * NN:结点号数组
     * R,Z:结点坐标数组
23   * NFU,FU:R 方向指定位移作用的结点号及指定位移值
     * NFW,FW:Z 方向指定位移作用的结点号及指定位移值
25   * IPF:面力个数
     * MPQ,NPQ,PQ:面力载荷信息
27   * IPR:集中力载荷个数
     * NPRNRZ,PRNRZ:集中力信息
29   * E,EMU:材料弹性模量,泊松比
     * DELTAP:外载荷增量数组
31   ***************************************************
             INTEGER A,BWD1,BWD2,BANK1,BANK2,EN1
```

```
33      INTEGER TU
        CHARACTER FILE1 * 20,FILE2 * 20
35      DIMENSION EK(136),ID(200),IDD(400),SUMKK(5000),
        & U(400),EN1(16),DELTAP(400),P(400),UU(400),
37      & DU(400),U1(400),R0(200),Z0(200)
        COMMON/LEM/A(100,8)
39      COMMON/COORD/R(200),Z(200)
        COMMON/NUW/NFU(50),NFW(50)
41      COMMON/FIXUW/FU(50),FW(50)
        COMMON/NPQ/NPRNRZ(30),NPQ(30),MPQ(30)
43      COMMON/PQP/PRNRZ(30,2),PQ(30,4)
        COMMON/EMODL/E,EMU
45      COMMON/STR0/SUMSIGMAR(100,9),SUMSIGMAY(100,9),SUMSIGMAZ(100,9),
        & SUMSIGMARZ(100,9)
47      COMMON/STRAIN/DELTASTRAINR(100,9),DELTASTRAINY(100,9),
        & DELTASTRAINZ(100,9),DELTASTRAINRZ(100,9)
49      COMMON/STRESS/DELTASTRESSR(100,9),DELTASTRESSY(100,9),
        & DELTASTRESSZ(100,9),DELTASTRESSRZ(100,9)
51      COMMON/SUMU/SUMU(400)
        COMMON/DE/DE(4,4)
53      WRITE( * , * )'INPUT    FILE    NAME:'
        READ( * , * ) FILE1
55      OPEN(1,FILE=FILE1)
        WRITE( * , * )'OUTPUT    FILE    NAME:'
57      READ( * , * ) FILE2
        OPEN(5,FILE=FILE2)
59      WRITE( * , * )
        WRITE( * , * )'CHOOSE    SOLVE    WAY:TOTAL———1.    UPDATA———2.'
61      READ(1, * ) TU
        READ(1, * ) NNODE,MELEM,IFU,IFW,IPF,IPR,NPP
63      READ(1, * )EXP
        WRITE( * ,100)
65      WRITE( * ,101) TU,NNODE,MELEM,IFU,IFW,IPF,IPR,NPP
        WRITE(5,100)
67      WRITE(5,101) TU,NNODE,MELEM,IFU,IFW,IPF,IPR,NPP
    100 FORMAT(2X,' TU',2X,' NODE',2X,' ELEMENT',2X,' NPU',2X,' NPW',2X,
69      & ' NPF',2X,' NPR',2X,' NPP')
    101 FORMAT(1X,I4,2X,I4,2X,I4,4X,2I4,2X,I4,1X,I4,1X,I4)
71      CALL INPUTD(NNODE,MELEM,IFU,IFW,IPF,IPR)
        R0=R
73      Z0=Z
        N2=NNODE+NNODE
75      LL=4
        MM=16
77      MX=MM * (MM+1)/2
        CALL SCH
79      CALL DEMATR
        CALL SKD(NNODE,MELEM,N2,ID,IDD,BWD1,BWD2,BANK1,BANK2)
```

```
 81        CALL RIGHT(IPF,IPR,N2,U)
           DO 5000 I=1,N2
 83        DELTAP(I)=U(I)/NPP
     5000  CONTINUE
 85  *** SUMSIGMAR,SUMSIGMAY,SUMSIGMAZ,SUMSIGMARZ 分别是
     *** 单元高斯点应力分量 σ_r,σ_θ,σ_z,σ_rz
 87        DO 5010 I=1,MELEM
           DO 5010 J=1,9
 89        SUMSIGMAR(I,J)=0.
           SUMSIGMAY(I,J)=0.
 91        SUMSIGMAZ(I,J)=0.
           SUMSIGMARZ(I,J)=0.
 93  5010  CONTINUE
     *** SUMU 是位移向量 ***
 95        DO 5011 I=1,N2
           SUMU(I)=0.
 97  5011  CONTINUE
     *** 非线性迭代求解 ***
 99        DO 5001 NSTEP=1,NPP
           DO 5002 I=1,N2
101  5002  P(I)=DELTAP(I)*NSTEP
           NR=0
103  *** 第 NSTEP 步平衡迭代 ***
           DO 11 I=1,N2
105        U1(I)=0.0
      11   CONTINUE
107  5555  NR=NR+1
           DO 10 I=1,BANK2
109        SUMKK(I)=0.0
      10   CONTINUE
111        IF (TU.EQ.2) THEN
           DO 6000 I=1,NNODE
113        R(I)=R0(I)+SUMU(2*I-1)
           Z(I)=Z0(I)+SUMU(2*I)
115  6000  CONTINUE
           ENDIF
117  *** 计算单元刚度矩阵,总体刚度矩阵累加 ***
           DO 20 K=1,MELEM
119        CALL ESTIF(K,LL,MM,MX,EN1,EK,TU)
           CALL KKAK(N2,BANK2,MM,MX,EN1,IDD,EK,SUMKK)
121   20   CONTINUE
           CALL RESIDU(MELEM,N2,UU,LL,MM,TU)
123  *** 计算不平衡力,此时 U 存储的是右端力向量 ***
           DO 5020 I=1,N2
125        U(I)=P(I)-UU(I)
     5020  CONTINUE
127        CALL DEALUW(IFU,IFW,BANK2,N2,IDD,SUMKK,U)
           CALL LDLT(N2,BANK2,IDD,SUMKK)
```

```
129        CALL SLVEQ(2,N2,1,BWD2,BANK2,IDD,U,SUMKK)
     *** 此时 U 存储的是位移增量 ***
131        CALL STRAINANDSTRESS(MELEM,N2,LL,MM,U,TU)
           CALL ADDUP(MELEM,N2,U)
133        DO 74 I=1,N2
     74    DU(I)=U1(I)-U(I)
135        DO 77 I=1,N2
     77    U1(I)=U(I)
137        UMAX=0.0
           DO 65 I=1,N2
139        IF(ABS(DU(I)).GT.UMAX) UMAX=ABS(DU(I))
     65    CONTINUE
141  *** 迭代收敛判断 ***
           IF(UMAX.GT.EXP) GOTO 5555
143        WRITE(5,889) NR
     889   FORMAT(1X,' N-R=',i10)
145        WRITE(5,*) NSTEP
           CALL OUTPUT1(NNODE,N2,SUMU,P)
147        CALL OUTPUT2(SUMSIGMAR,SUMSIGMAY,SUMSIGMAZ,SUMSIGMARZ,MELEM)
     5001  CONTINUE
149  999   STOP
           END
151  ***************************************************
     *** 形成单元刚度矩阵
153  ***************************************************
           SUBROUTINE ESTIF(K,LL,MM,MX,EN1,EK,TU)
155        INTEGER EN,EN1,A,G,TU
           REAL JD
157        DIMENSION EN1(MM),B(LL,MM),BB(LL,MM),C(LL,MM),CC(LL,MM),EK(MX)
           REAL GMATRIX(LL,MM),MMATRIX(LL,LL)
159        COMMON/BL1/BL1MATRIX(4,16)
           COMMON/LEM/A(100,8)
161        COMMON/DE/DE(4,4)
           COMMON/RM/RMC(100,9)
163        COMMON/STR0/SUMSIGMAR(100,9),SUMSIGMAY(100,9),SUMSIGMAZ(100,9),
           & SUMSIGMARZ(100,9)
165        COMMON/EN/EN(8)
           COMMON/H/H(3)
167        COMMON/RZ/RC,RA,ZC,ZA
           COMMON/JD/JD/RN/RN
169        DO 1 I1=1,MX
     1     EK(I1)=0.0
171        DO 3 J=1,8
           EN(J)=A(K,J)
173        I2=J+J
           J0=EN(J)
175        EN1(I2-1)=J0+J0-1
           EN1(I2)=J0+J0
```

```
177   3      CONTINUE
             G=0
179          DO 10 I1=1,3
             DO 10 J1=1,3
181          CALL RZCA(I1,J1)
             JD=RC*ZA-RA*ZC
183          IF(JD.LE.0.0)THEN
             WRITE(*,6)EN
185          STOP
      6      FORMAT(1X,6HERROR,4X,9H/JD/.LE.0,7X,7HA(I,J)=,8I6)
187          ENDIF
             G=G+1
189          Q1=JD*RN*H(I1)*H(J1)
             CALL BMATR(I1,J1,LL,MM,B)
191          IF(TU.EQ.1)THEN
             CALL BL1MATR(I1,J1,LL,MM,BL1MATRIX,K)
193          ELSE
             CALL CLEAR(4,16,BL1MATRIX)
195          ENDIF
             CALL GMATR(I1,J1,LL,MM,GMATRIX)
197          CALL MMATR(G,LL,LL,MMATRIX,K)
             DO 2 II=1,LL
199          DO 2 JJ=1,MM
             BB(II,JJ)=B(II,JJ)+BL1MATRIX(II,JJ)
201   2      CONTINUE
             CALL MTMULT(0,LL,LL,LL,MM,LL,MM,DE,BB,C)
203          CALL MTMULT(0,LL,LL,LL,MM,LL,MM,MMATRIX,GMATRIX,CC)
             DO 60 K1=1,MM
205          K2=K1*(K1-1)/2
             DO 60 L1=1,K1
207          S=0.0
             SS=0.0
209          DO 65 M1=1,LL
             S=S+BB(M1,K1)*C(M1,L1)
211   65     SS=SS+GMATRIX(M1,K1)*CC(M1,L1)
             EK(K2+L1)=EK(K2+L1)+S*Q1+SS*Q1
213   60     CONTINUE
      10     CONTINUE
215          RETURN
             END
217   **********************************************
      *** 形成单元弹性矩阵 D
219   **********************************************
             SUBROUTINE DEMATR
221          COMMON/EMODL/E,EMU
             COMMON/DE/DE(4,4)
223          CALL CLEAR(4,4,DE)
             D=E/(1+EMU)/(1-EMU-EMU)
```

```
225        D1=D*(1-EMU)
           D12=D*EMU
227        DO 11 I=1,3
           DE(I,I)=D1
229        DO 11 J=1,2
           IF(I+J.LE.3) THEN
231        DE(I,I+J)=D12
           DE(I+J,I)=D12
233        END IF
    11     CONTINUE
235        DE(4,4)=D*(1-2*EMU)/2.0
           RETURN
237        END
     **********************************************
239  *** 读入结构、单元、载荷信息
     **********************************************
241        SUBROUTINE INPUTD(NNODE,MELEM,IFU,IFW,IPF,IPR)
           INTEGER A,NM(200),NN(200)
243        COMMON/LEM/A(100,8)
           COMMON/COORD/R(200),Z(200)
245        COMMON/NUW/NFU(50),NFW(50)
           COMMON/FIXUW/FU(50),FW(50)
247        COMMON/NPQ/NPRNRZ(30),NPQ(30),MPQ(30)
           COMMON/PQP/PRNRZ(30,2),PQ(30,4)
249        COMMON/EMODL/E,EMU
     *** 读入单元结点信息 ***
251        READ(1,*)(NM(I),(A(I,J),J=1,8),I=1,MELEM)
           WRITE(*,10)
253        WRITE(*,11)(NM(I),(A(I,J),J=1,8),I=1,MELEM)
           WRITE(5,10)
255        WRITE(5,11)(NM(I),(A(I,J),J=1,8),I=1,MELEM)
     *** 读入结点坐标信息 ***
257        READ(1,*)(NN(I),R(I),Z(I),I=1,NNODE)
           WRITE(*,12)
259        WRITE(*,13)(NN(I),R(I),Z(I),I=1,NNODE)
           WRITE(5,12)
261        WRITE(5,13)(NN(I),R(I),Z(I),I=1,NNODE)
     *** 读入 R 方向指定位移 ***
263        IF(IFU.NE.0) READ(1,*)(NFU(I),FU(I),I=1,IFU)
     *** 读入 Z 方向指定位移 ***
265        IF(IFW.NE.0) READ(1,*)(NFW(I),FW(I),I=1,IFW)
     *** 读入表面载荷信息 ***
267        IF(IPF.NE.0)READ(1,*)(MPQ(I),NPQ(I),(PQ(I,J),
          & J=1,4),I=1,IPF)
     *** 读入集中载荷信息 ***
           IF(IPR.NE.0)READ(1,*)(NPRNRZ(I),(PRNRZ(I,J),
271       & J=1,2),I=1,IPR)
           IF(IFU.NE.0)THEN
```

```
273        WRITE( * ,14)
           WRITE( * ,15)(NFU(I),FU(I),I=1,IFU)
275        WRITE(5,14)
           WRITE(5,15)(NFU(I),FU(I),I=1,IFU)
277        ENDIF
           IF(IFW. NE. 0)THEN
279        WRITE( * ,16)
           WRITE( * ,15)(NFW(I),FW(I),I=1,IFW)
281        WRITE(5,16)
           WRITE(5,15)(NFW(I),FW(I),I=1,IFW)
283        ENDIF
           IF(IPF. NE. 0)THEN
285        WRITE( * ,17)
           WRITE( * ,18)(MPQ(I),NPQ(I),(PQ(I,J),J=1,4),I=1,IPF)
287        WRITE(5,17)
           WRITE(5,18)(MPQ(I),NPQ(I),(PQ(I,J),J=1,4),I=1,IPF)
289        ENDIF
           IF(IPR. NE. 0)THEN
291        WRITE( * ,19)
           WRITE( * ,20)(NPRNRZ(I),(PRNRZ(I,J),J=1,2),I=1,IPR)
293        WRITE(5,19)
           WRITE(5,20)(NPRNRZ(I),(PRNRZ(I,J),J=1,2),I=1,IPR)
295        ENDIF
     *** 读入材料属性 ***
297        READ(1, * )E,EMU
           WRITE( * ,23)
299        WRITE( * ,24)E,EMU
           WRITE(5,23)
301        WRITE(5,24)E,EMU
     23    FORMAT(5X,' E',3X,' MU')
303  24    FORMAT(2X,E10. 3,3X,F10. 3)
     10    FORMAT(2X,'_ELEMENT_',20X,' A(I,J)')
305  11    FORMAT(/5X,I3,2X,8I6)
     12    FORMAT(/5X,4HNODE,7X,1HX,13X,1HZ/)
307  13    FORMAT(1X,I8,2F14. 6)
     14    FORMAT(/5X,4HNODE,10X,1HU/)
309  16    FORMAT(/5X,4HNODE,10X,1HW/)
     15    FORMAT(1X,I8,F14. 6)
311  17    FORMAT(/5X,7HELEMENT,4X,4HSIDE,12X,2HPQ/)
     18    FORMAT(1X,2I8,4F12. 6)
313  19    FORMAT(/5X,4HNODE,12X,5HPRNXZ/)
     20    FORMAT(3X,I8,2F9. 2)
315  21    FORMAT(5X,' E',3X,' MU')
           RETURN
317        END

     *********************************************
319  *** 计算结构反力
     *********************************************
```

```
321    SUBROUTINE RESIDU(MELEM,N2,UU,LL,MM,TU)
       INTEGER EN,A,G,TU
323    REAL JD
       DIMENSION U1(16),UU(N2),B(4,16)
325    COMMON/BL1/BL1MATRIX(4,16)
       COMMON/EN/EN(8)
327    COMMON/LEM/A(100,8)
       COMMON/JD/JD/RN/RN
329    COMMON/RZ/RC,RA,ZC,ZA
       COMMON/H/H(3)
331    COMMON/STR0/SUMSIGMAR(100,9),SUMSIGMAY(100,9),SUMSIGMAZ(100,9),
       &  SUMSIGMARZ(100,9)
333    DO 71 I=1,N2
    71 UU(I)=0.0
335    DO 20 K=1,MELEM
       DO 1 I1=1,MM
337  1 U1(I1)=0.0
       DO 3 J=1,8
339  3 EN(J)=A(K,J)
       G=0
341    DO 10 I1=1,3
       DO 10 J1=1,3
343    CALL RZCA(I1,J1)
       JD=RC*ZA−RA*ZC
345    G=G+1
       Q1=JD*RN*H(I1)*H(J1)
347    CALL BMATR(I1,J1,LL,MM,B)
       IF(TU.EQ.1)THEN
349    CALL BL1MATR(I1,J1,LL,MM,BL1MATRIX,K)
       ELSE
351    CALL CLEAR(4,16,BL1MATRIX)
       ENDIF
353    DO 2 II=1,LL
       DO 2 JJ=1,MM
355    B(II,JJ)=B(II,JJ)+BL1MATRIX(II,JJ)
     2 CONTINUE
357    DO 11 I=1,MM
       U1(I)=U1(I)+(B(1,I)*SUMSIGMAR(K,G)+B(2,I)*SUMSIGMAY(K,G)+
359    &  B(3,I)*SUMSIGMAZ(K,G)+B(4,I)*SUMSIGMARZ(K,G))*Q1
    11 CONTINUE
361 10 CONTINUE
       DO 12 JJ=1,8
363    J0=EN(JJ)
       UU(J0+J0−1)=UU(J0+J0−1)+UI(JJ+JJ−1)
365    UU(J0+J0)=UU(J0+J0)+UI(JJ+JJ)
    12 CONTINUE
367 20 CONTINUE
       DO 30 I=1,N2,4
```

```
369    IF((N2-I).LT.4) THEN
       MMI=N2-I
371    GOTO 30
       END IF
373    WRITE(*,100)UU(I),UU(I+1),UU(I+2),UU(I+3)
    30 CONTINUE
375    DO 40 K=1,MM1
       WRITE(*,100)UU(K)
377 40 CONTINUE
   100 FORMAT(1X,4(E12.4,2X))
379    RETURN
       END
381    **************************************************
    *** 输出结点力和位移
383    **************************************************
       SUBROUTINE OUTPUT1(NNODE,N2,U,PP)
385    DIMENSION U(N2),PP(N2)
       WRITE(*,500)
387    WRITE(5,500)
   500 FORMAT(/20X,4HLOAD,15X,12HDISPLACEMENT,/2X,
389  & 4HNODE,8X,2HPR,12X,2HPZ,12X,1HU,12X,1HW)
       DO 400 I=1,NNODE
391    I0=I+I
       J0=I0-1
393    PR=PP(J0)
       PZ=PP(I0)
395    UR=U(J0)
       UZ=U(I0)
397    WRITE(*,350) I,PR,PZ,UR,UZ
       WRITE(5,350) I,PR,PZ,UR,UZ
399 350 FORMAT(3X,I4,4E12.4)
   400 CONTINUE
401    RETURN
       END
403    **************************************************
    *** 输出单元高斯点的应力
405    **************************************************
       SUBROUTINE OUTPUT2(SR,SY,SZ,SRZ,MELEM)
407    DIMENSION SR(100,9),SY(100,9),SZ(100,9),SRZ(100,9),TS(4)
       DO 600 K=1,MELEM
409    WRITE(*,610)K
       WRITE(5,610)K
411 610 FORMAT(/10X,' ELEMENT=',I4)
       WRITE(*,620)
413    WRITE(5,620)
   620 FORMAT(/1X,'N-G',8X,'SR',10X,'SY',10X,'SZ',10X,'SRZ')
415    DO 630 I=1,9
       TS(1)=SR(K,I)
```

```
417        TS(2)=SY(K,I)
           TS(3)=SZ(K,I)
419        TS(4)=SRZ(K,I)
           WRITE(*,640) I,(TS(J),J=1,4)
421        WRITE(5,640) I,(TS(J),J=1,4)
      640  FORMAT(1X,I3,4X,4(F10.4,2X))
423   630  CONTINUE
      600  CONTINUE
425        RETURN
           END
427   *************************************************
      *** 计算结构总位移和单元高斯点总应力
429   *************************************************
           SUBROUTINE ADDUP(MELEM,N2,U)
431        DIMENSION U(N2)
           COMMON/STR0/SUMSIGMAR(100,9),SUMSIGMAY(100,9),SUMSIGMAZ(100,9),
433        & SUMSIGMARZ(100,9)
           COMMON/STRAIN/DELTASTRAINR(100,9),DELTASTRAINY(100,9),
435        & DELTASTRAINZ(100,9),DELTASTRAINRZ(100,9)
           COMMON/STRESS/DELTASTRESSR(100,9),DELTASTRESSY(100,9),
437        & DELTASTRESSZ(100,9),DELTASTRESSRZ(100,9)
           COMMON/SUMU/SUMU(400)
439        DO 40 I=1,N2
           SUMU(I)=SUMU(I)+U(I)
441   40   CONTINUE
           DO 45 K=1,MELEM
443        DO 45 J=1,9
           SUMSIGMAR(K,J)=SUMSIGMAR(K,J)+DELTASTRESSR(K,J)
445        SUMSIGMAY(K,J)=SUMSIGMAY(K,J)+DELTASTRESSY(K,J)
           SUMSIGMAZ(K,J)=SUMSIGMAZ(K,J)+DELTASTRESSZ(K,J)
447        SUMSIGMARZ(K,J)=SUMSIGMARZ(K,J)+DELTASTRESSRZ(K,J)
      45   CONTINUE
449        RETURN
           END
451   *************************************************
      *** 计算局部坐标对全局坐标的一阶导数
453   *************************************************
           SUBROUTINE RZCA(I,J)
455        INTEGER EN
           REAL NC,NA,N
457        COMMON/COORD/R(200),Z(200)
           COMMON/RZ/RC,RA,ZC,ZA
459        COMMON/EN/EN(8)
           COMMON/NCA/NC(5,5,8),NA(5,5,8)
461        COMMON/RN/RN/ZN/ZN
           COMMON/N/N(5,5,8)
463        RC=0.0
           RA=0.0
```

```
465        ZC=0.0
           ZA=0.0
467        RN=0.0
           ZN=0.0
469        DO 10 K=1,8
           P=NC(I,J,K)
471        O=NA(I,J,K)
           X=N(I,J,K)
473        L=EN(K)
           A=R(L)
475        B=Z(L)
           RC=RC+P*A
477        RA=RA+Q*A
           ZC=ZC+P*B
479        ZA=ZA+Q*B
           RN=RN+X*A
481        ZN=ZN+X*B
    10     CONTINUE
483        RETURN
           END
485 ***************************************
    *** 形成单元几何矩阵 B_LO
487 ***************************************
           SUBROUTINE BMATR(I,J,L,M,B)
489        REAL N,NC,NA,JD,NIR,NIZ
           DIMENSION B(L,M)
491        COMMON/N/N(5,5,8)
           COMMON/NCA/NC(5,5,8),NA(5,5,8)
493        COMMON/RZ/RC,RA,ZC,ZA
           COMMON/JD/JD/RN/RN
495        CALL CLEAR(L,M,B)
           DO 1 K=1,8
497        W=NC(I,J,K)
           S=NA(I,J,K)
499        NIR=(ZA*W-ZC*S)/JD
           NIZ=(RC*S-RA*W)/JD
501        M1=K+K-1
           M2=K+K
503        B(1,M1)=NIR
           B(2,M1)=N(I,J,K)/RN
505        B(3,M2)=NIZ
           B(4,M1)=NIZ
507        B(4,M2)=NIR
    1      CONTINUE
509        RETURN
           END
511 ***************************************
    *** 计算矩阵 A,为求单元 B_L1 做准备
```

```
513  ******************************************
     SUBROUTINE AMATR(I,J,L,M,AMATRIX,K)
515  INTEGER A
     REAL N,NC,NA,JD,NTR,NIZ
517  DIMENSION AMATRIX(L,M)
     COMMON/LEM/A(100,8)
519  COMMON/N/N(5,5,8)
     COMMON/NCA/NC(5,5,8),NA(5,5,8)
521  COMMON/RZ/RC,RA,ZC,ZA
     COMMON/JD/JD/RN/RN
523  COMMON/SUMU/SUMU(400)
     CALL CLEAR(L,L,AMATRIX)
525  DUDR=0.0
     DWDR=0.0
527  DUDZ=0.0
     DWDZ=0.0
529  DO 1 NN=1,8
     NMD1=A(K,NN)*2-1
531  NMD2=NMD1+1
     W=NC(I,J,NN)
533  S=NA(I,J,NN)
     NIR=(ZA*W-ZC*S)/JD
535  NIZ=(RC*S-RA*W)/JD
     DUDR=DUDR+NIR*SUMU(NMD1)
537  DWDR=DWDR+NIR*SUMU(NMD2)
     DUDZ=DUDZ+NIZ*SUMU(NMD1)
539  DWDZ=DWDZ+NIZ*SUMU(NMD2)
1    CONTINUE
541  AMATRIX(1,1)=DUDR
     AMATRIX(1,2)=DWDR
543  AMATRIX(3,3)=DUDZ
     AMATRIX(3,4)=DWDZ
545  AMATRIX(4,1)=DUDZ
     AMATRIX(4,2)=DWDZ
547  AMATRIX(4,3)=DUDR
     AMATRIX(4,4)=DWDR
549  RETURN
     END
551  ******************************************
     *** 计算矩阵 G,为计算单元的 B_{L1} 做准备
553  ******************************************
     SUBROUTINE GMATR(I,J,L,M,GMATRIX)
555  REAL N,NC,NA,JD,NIR,NIZ
     DIMENSION GMATRIX(L,M)
557  COMMON/N/N(5,5,8)
     COMMON/NCA/NC(5,5,8),NA(5,5,8)
559  COMMON/RZ/RC,RA,ZC,ZA
     COMMON/JD/JD/RN/RN
```

```
561       CALL CLEAR(L,M,GMATRIX)
          DO 1 K=1,8
563       W=NC(I,J,K)
          S=NA(I,J,K)
565       NIR=(ZA*W−ZC*S)/JD
          NIZ=(RC*S−RA*W)/JD
567       M1=K+K−1
          M2=K+K
569       GMATRIX(1,M1)=NIR
          GMATRIX(2,M2)=NIR
571       GMATRIX(3,M1)=NIZ
          GMATRIX(4,M2)=NIZ
573  1    CONTINUE
          RETURN
575       END
     ***************************************************
577  *** 形成单元高斯点的应力矩阵
     ***************************************************
579       SUBROUTINE MMATR(G,L,M,MMATRIX,K)
          INTEGER G
581       REAL MMATRIX(L,M)
          COMMON/STR0/SUMSIGMAR(100,9),SUMSIGMAY(100,9),SUMSIGMAZ(100,9),
583       & SUMSIGMARZ(100,9)
          CALL CLEAR(L,L,MMATRIX)
585       MMATRIX(1,1)=SUMSIGMAR(K,G)
          MMATRIX(1,3)=SUMSIGMARZ(K,G)
587       MMATRIX(2,2)=SUMSIGMAR(K,G)
          MMATRIX(2,4)=SUMSIGMARZ(K,G)
589       MMATRIX(3,1)=SUMSIGMARZ(K,G)
          MMATRIX(3,3)=SUMSIGMAZ(K,G)
591       MMATRIX(4,2)=SUMSIGMARZ(K,G)
          MMATRIX(4,4)=SUMSIGMAZ(K,G)
593       RETURN
          END
595  ***************************************************
     *** 求单元的 B_{L1}=AG
597  ***************************************************
          SUBROUTINE BL1MATR(I,J,L,M,BL1MATRIX,K)
599       REAL N,NC,NA,JD
          INTEGER A
601       DIMENSION AMATRIX(L,L),GMATRIX(L,M)
          DIMENSION BL1MATRIX(L,M)
603       COMMON/LEM/A(100,8)
          COMMON/N/N(5,5,8)
605       COMMON/NCA/NC(5,5,8),NA(5,5,8)
          COMMON/RZ/RC,RA,ZC,ZA
607       COMMON/JD/JD/RN/RN
          COMMON/SUMU/SUMU(400)
```

```
609       CALL AMATR(I,J,L,L,AMATRIX,K)
          CALL GMATR(I,J,L,M,GMATRIX)
611       CALL MTMULT(0,L,L,L,M,L,M,AMATRIX,GMATRIX,BL1MATRIX)
          RETURN
613       END

*************************************************
615   *** 计算单元高斯点的应变和应力
*************************************************
617       SUBROUTINE STRAINANDSTRESS(MELEM,N2,LL,MM,U,TU)
          INTEGER A,G,EN,TU
619       REAL NC,NA,N
          REAL JD
621       DIMENSION EU(16),STRAIN(4),STRESS(4),U(N2)
          DIMENSION B(LL,MM),BL1MATRIX(LL,MM)
623       COMMON/DE/DE(4,4)
          COMMON/JD/JD/RN/RN
625       COMMON/RZ/RC,RA,ZC,ZA
          COMMON/STRAIN/DELTASTRAINR(100,9),DELTASTRAINY(100,9),
627   &.  DELTASTRAINZ(100,9),DELTASTRAINRZ(100,9)
          COMMON/STRESS/DELTASTRESSR(100,9),DELTASTRESSY(100,9),
629   &.  DELTASTRESSZ(100,9),DELTASTRESSRZ(100,9)
          COMMON/LEM/A(100,8)
631       COMMON/COORD/R(200),Z(200)
          COMMON/EN/EN(8)
633       COMMON/NCA/NC(5,5,8),NA(5,5,8)
          COMMON/N/N(5,5,8)
635       DO 10 K=1,MELEM
          DO 20 J=1,8
637       EN(J)=A(K,J)
          I2=J+J
639       J0=A(K,J)
          EU(I2-1)=U(J0+J0-1)
641       EU(I2)=U(J0+J0)
      20  CONTINUE
643       G=0
          DO 30 I1=1,3
645       DO 30 J1=1,3
          G=G+1
647       CALL RZCA(I1,J1)
          JD=RC*ZA-RA*ZC
649       CALL BMATR(I1,J1,LL,MM,B)
          IF(TU.EQ.1) THEN
651   *** Total-Lagrange 法需要计算 $\boldsymbol{B}_{L1}$ ***
          CALL BL1MATR(I1,J1,LL,MM,BL1MATRIX,K)
653       ELSE
      *** Update-Lagrange 法中 $\boldsymbol{B}_{L1}=\boldsymbol{0}$ ***
655       CALL CLEAR(4,16,BL1MATRIX)
          ENDIF
```

```
657    *** 忽略增量位移非线性项，[B]_NL=0 ***
              DO 40 II=1,LL
659           DO 40 JJ=1,MM
              B(II,JJ)=B(II,JJ)+BL1MATRIX(II,JJ)
661   40      CONTINUE
       *** 计算单元应变 ***
663           CALL MTMULT(0,LL,MM,MM,1,LL,1,B,EU,STRAIN)
              DELTASTRAINR(K,G)=STRAIN(1)
665           DELTASTRAINY(K,G)=STRAIN(2)
              DELTASTRAINZ(K,G)=STRAIN(3)
667           DELTASTRAINRZ(K,G)=STRAIN(4)
       *** 计算单元应力 ***
669           CALL MTMULT(0,LL,LL,LL,1,LL,1,DE,STRAIN,STRESS)
              DELTASTRESSR(K,G)=STRESS(1)
671           DELTASTRESSY(K,G)=STRESS(2)
              DELTASTRESSZ(K,G)=STRESS(3)
673           DELTASTRESSRZ(K,G)=STRESS(4)
       30     CONTINUE
675    10     CONTINUE
              END
677    *******************************************
       *** 在总体刚度矩阵中处理给定位移
679    *******************************************
              SUBROUTINE DEALUW(IFU,IFW,NN2,N2,IDD,SUMKK,U)
681           DIMENSION IDD(N2),U(N2),SUMKK(NN2)
              COMMON/NUW/NFU(50),NFW(50)
683           COMMON/FIXUW/FU(50),FW(50)
              IF(IFU. EQ. 0) GOTO 10
685           DO 20 I=1,IFU
              CALL FIXDIS(2*NFU(I)-1,FU(I),N2,NN2,IDD,SUMKK,U)
687    20     CONTINUE
       10     IF(IFW. EQ. 0) GOTO 11
689           DO 21 I=1,IFW
              CALL FIXDIS(NFW(I)*2,FW(I),N2,NN2,IDD,SUMKK,U)
691    21     CONTINUE
       11     CONTINUE
693           RETURN
              END
695    *******************************************
       *** 对特定自由度固定位移边条进行处理
697    *******************************************
              SUBROUTINE FIXDIS(K,V,NN,N1,ID,AA,F)
699           DIMENSION ID(NN),AA(N1),F(NN)
              IF(K-1) 10,1,3
701    1      IDK=1
              GOTO 5
703    3      IDK1=ID(K-1)
              IDK=ID(K)
```

```
705        KF=IDK1-IDK+1+K
           KM1=K-1
707        DO 2 I=KF,KM1
      2    F(I)=F(I)-V*AA(IDK-K+I)
709        IDK11=IDK1+1
           IDKM1=IDK-1
711        DO 4 I=IDK11,IDKM1
      4    AA(I)=0.0
713   5    K1=K+1
           DO 6 I=K1,NN
715        IF((ID(I)-ID(I-1))-(I-K+1)) 6,11,11
      11   NIK=ID(I)-I+K
717        F(I)=F(I)-V*AA(NIK)
           AA(NIK)=0.0
719   6    CONTINUE
           AA(IDK)=1.0
721        F(K)=V
      10   RETURN
723        END
***************************************************
725        *** 线性代数方程组求解中的三角分解
***************************************************
727        SUBROUTINE LDLT(N,M,A,K)
           INTEGER P,Q,H,P0,P1,P2,A(N)
729        REAL K(M)
           DO 10 I=2,N
731        L=A(I-1)+I+1-A(I)
           DO 10 J=L,I
733        Q=A(I)-I+J
           IF(J.EQ.1) THEN
735        H=J+1-A(J)
           ELSE
737        H=A(J-1)-A(J)+J+1
           ENDIF
739        IF(H.LT.L) H=L
           DO 10 P=H,J-1
741        P0=A(J)-J+P
           P1=A(I)-I+P
743        P2=A(P)
           K(Q)=K(Q)-K(P0)/K(P2)*K(P1)
745   10   CONTINUE
           RETURN
747        END
***************************************************
749   *** 增量平衡方程回代求解
***************************************************
751        SUBROUTINE SLVEQ(I1,I2,I3,MX,SS,A,Q,K)
           INTEGER P,P0,P1,SS,A(I2)
```

```
753        REAL K(SS)
           DIMENSION Q(I2)
755        DO 10 I=I1,I2
           DO 10 P=A(I-1)+I+1-A(I),I-1
757        P0=A(I)-I+P
           P1=A(P)
759        Q(I)=Q(I)-K(P0)*Q(P)/K(P1)
     10    CONTINUE
761        DO 70 I=I2,I3,-1
           IF(I+MX-1.LT.I2) THEN
763        L=I+MX-1
           ELSE
765        L=I2
           ENDIF
767        DO 30 P=I+1,L
           IF(I.GT.A(P-1)+P-A(P)) THEN
769        P0=A(P)-P+I
           Q(I)=Q(I)-K(P0)*Q(P)
771        ENDIF
     30    CONTINUE
773        P0=A(I)
           Q(I)=Q(I)/K(P0)
775  70    CONTINUE
           RETURN
777        END

     *************************************************
779  *** 矩阵相乘运算
     *************************************************
781        SUBROUTINE MTMULT(KK,L1,L2,M1,M2,N1,N2,A,B,C)
           DIMENSION A(L1,L2),B(M1,M2),C(N1,N2)
783        CALL CLEAR(N1,N2,C)
           IF(KK.NE.0) GOTO 100
785        DO 10 I=1,L1
           DO 10 K=1,M2
787        DO 10 J=1,L2
     10    C(I,K)=C(I,K)+A(I,J)*B(J,K)
789        GOTO 500
     100   IF(KK.LT.0) GOTO 200
791        DO 20 I=1,L2
           DO 20 K=1,M2
793        DO 20 J=1,L1
     20    C(I,K)=C(I,K)+A(J,I)*B(J,K)
795        GOTO 500
     200   DO 30 I=1,L1
797        DO 30 K=1,M1
           DO 30 J=1,L2
799  30    C(I,K)=C(I,K)+A(I,J)*B(K,J)
     500   RETURN
```

```
801        END
           ***********************************************
803   *** 矩阵清零
           ***********************************************
805        SUBROUTINE CLEAR(M,N,A)
           DIMENSION A(M,N)
807        DO 10 I=1,M
           DO 10 J=1,N
809   10   A(I,J)=0.0
           RETURN
811        END

           ***********************************************
813   *** 形成一维存储指示矩阵
           ***********************************************
815        SUBROUTINE SKD(NNODE,MELEM,N2,ID,IDD,BWD1,BWD2,BANK1,BANK2)
           INTEGER A,BWD1,BWD2,BANK1,BANK2,EN,D1,D2,D5
817        DIMENSION ID(NNODE),IDD(N2)
           COMMON/LEM/A(100,8)
819        COMMON/EN/EN(8)
           DO 10 I=1,NNODE
821   10   ID(I)=NNODE
           DO 20 I=1,MELEM
823        DO 30 J=1,8
      30   EN(J)=A(I,J)
825        L=EN(8)
           DO 40 J=1,7
827        IF(EN(J).LT.L) L=EN(J)
      40   CONTINUE
829        DO 20 J=1,8
           M=EN(J)
831        IF(L.LT.ID(M)) ID(M)=L
      20   CONTINUE
833        DO 50 I=1,NNODE
           IF(I.EQ.1) THEN
835        ID(1)=1
           ELSE
837        ID(I)=ID(I-1)+I-ID(I)+1
           ENDIF
839   50   CONTINUE
           DO 60 I=1,NNODE
841        IF(I.EQ.1) THEN
           D5=0
843        D2=0
           ELSE
845        D5=ID(I-1)
           D2=IDD(I+I-2)
847        END IF
           L=2*(ID(I)-D5-1)+1
```

```
849       IDD(I+I-1)=D2+L
          IDD(I+I)=IDD(I+I-1)+L+1
851   60  CONTINUE
          BWD1=0
853       DO 80 I=1,NNODE
          IF(I. EQ. 1) THEN
855       D1=0
          ELSE
857       D1=ID(I-1)
          END IF
859       IF(ID(I)-D1. GT. BWD1) BWD1=ID(I)-D1
      80  CONTINUE
861       BWD2=0
          DO 70 I=1,N2
863       IF(I. EQ. 1) THEN
          D2=0
865       ELSE
          D2=IDD(I-1)
867       END IF
          IF(IDD(I)-D2. GT. BWD2) BWD2=IDD(I)-D2
869   70  CONTINUE
          BANK1=ID(NNODE)
871       BANK2=IDD(N2)
          WRITE( * ,11)BWD1,BWD2,BANK1,BANK2
873       WRITE(5,11) BWD1,BWD2,BANK1,BANK2
      11  FORMAT(/,1X,5HBWD1=,I3,7X,5HBWD2=,I3,7X,' BANK1=',I4,7X,
875      &.' BANK2=',I6/)
          RETURN
877       END
```

```
****************************************************
```
*** 形成高斯积分点的权系数及其参数坐标值
```
****************************************************
881       SUBROUTINE SCH
          REAL N,NC,NA
883       DIMENSION XX(5),CI(8),AI(8)
          COMMON/NCA/NC(5,5,8),NA(5,5,8)
885       COMMON/H/H(3)
          COMMON/N/N(5,5,8)
887       H(1)=0. 555555555556
          H(2)=0. 888888888889
889       H(3)=H(1)
          XX(1)=0. 77459666924148
891       XX(2)=0. 0
          XX(3)=-XX(1)
893       XX(4)=-1. 0
          XX(5)=1. 0
895       DO 10 K=1,8
          GOTO(11,21,31,31,31,21,11,11),K
```

```
897  11      CI(K)=-1.0
             GOTO 10
899  21      CI(K)=0.0
             GOTO 10
901  31      CI(K)=1.0
     10      CONTINUE
903          DO 20 K=1,8
             GOTO(12,12,12,22,32,32,32,22),K
905  12      AI(K)=-1.0
             GOTO 20
907  22      AI(K)=0.0
             GOTO 20
909  32      AI(K)=1.0
     20      CONTINUE
911          DO 100 I=1,5
             C=XX(I)
913          DO 100 J=1,5
             A=XX(J)
915          DO 100 K=1,8
             CK=CI(K)
917          AK=AI(K)
             GOTO(15,25,15,35,15,25,15,35),K
919  15      N(I,J,K)=(1.0+CK*C)*(1.0+AK*A)*(CK*C+AK*A-1.0)/4.
             NC(I,J,K)=CK*(1.0+AK*A)*(CK*C+CK*C+AK*A)/4.
921  NA(I,J,K)=AK*(1.0+CK*C)*(CK*C+AK*A+AK*A)/4.
             GOTO 100
923  25      N(I,J,K)=(1.0-C*C)*(1.0+AK*A)/2.
             NC(I,J,K)=-C*(1.0+AK*A)
925          NA(I,J,K)=AK*(1.0-C*C)/2.
             GOTO 100
927  35      N(I,J,K)=(1.0-A*A)*(1.0+CK*C)/2.
             NC(I,J,K)=CK*(1.0-A*A)/2.
929          NA(I,J,K)=-A*(1.0+CK*C)
     100     CONTINUE
931          RETURN
             END
933  **********************************************
     *** 单元刚度矩阵向总体刚度矩阵累加
935  **********************************************
             SUBROUTINE KKAK(N2,NN2,MM,MX,EN1,IDD,EK,SUMKK)
937          INTEGER P,Q,R,EN1
             DIMENSION IDD(N2),SUMKK(NN2),EK(MX),EN1(MM)
939          DO 10 I=1,MM
             P=EN1(I)
941          L=I*(I-1)/2
             DO 10 J=1,I
943          Q=EN1(J)
             IF(Q.LT.P) THEN
```

```
945         R=IDD(P)-P+Q
            ELSE
947         R=IDD(Q)-Q+P
            END IF
949         SUMKK(R)=SUMKK(R)+EK(L+J)
      10    CONTINUE
951         RETURN
            END
953   **********************************************
      *** 形成平衡方程右端外力向量
955   **********************************************
            SUBROUTINE RIGHT(IPF,IPR,N2,U)
957         INTEGER A,EN
            DIMENSION U(N2)
959         COMMON/LEM/A(100,8)
            COMMON/NPQ/NPRNRZ(30),NPQ(30),MPQ(30)
961         COMMON/PQP/PRNRZ(30,2),PQ(30,4)
            COMMON/EN/EN(8)
963         COMMON/H/H(3)
            IF(IPF.EQ.0) GOTO 201
965         DO 200 I=1,IPF
            L=MPQ(I)
967         DO 20 J=1,8
      20    EN(J)=A(L,J)
969         L1=NPQ(I)
            GOTO(100,110,120,130),L1
971   100   DO 40 J=1,3
      40    CALL QRIT(I,1,3,J,4,.TRUE.,N2,U)
973         GOTO 250
      110   DO 50 J=1,3
975   50    CALL QRIT(I,3,5,5,J,.FALSE.,N2,U)
            GOTO 250
977   120   DO 60 J=1,3
      60    CALL QRIT(I,5,7,J,5,.TRUE.,N2,U)
979         GOTO 250
      130   DO 70 J=1,3
981   70    CALL QRIT(I,7,1,4,J,.FALSE.,N2,U)
      250   CONTINUE
983   200   CONTINUE
      201   IF(IPR.EQ.0) GOTO 301
985         DO 300 I=1,IPR
            J=NPRNRZ(I)
987         L=J+J
            U(L-1)=U(L-1)+PRNRZ(I,1)
989         U(L)=U(L)+PRNRZ(I,2)
      300   CONTINUE
991   301   RETURN
            END
```

```
993   ***************************************************
      *** 处理均部载荷为结点力
995   ***************************************************
      SUBROUTINE QRIT(I,I0,I1,K,M,BC,N2,U)
997   INTEGER EN,P
      REAL N
999   LOGICAL BC
      DIMENSIOU(N2)
1001  COMMON/COORD/R(200),Z(200)
      COMMON/PQP/PRNRZ(30,2),PQ(30,4)
1003  COMMON/RN/RN/ZN/ZN
      COMMON/H/H(3)
1005  COMMON/EN/EN(8)
      COMMON/N/N(5,5,8)
1007  COMMON/RZ/RC,RA,ZC,ZA
      J0=EN(I0)
1009  J1=EN(I1)
      CALL RZCA(K,M)
1011  IF(BC) THEN
      X=SQRT(RC*RC+ZC*ZC)
1013  X=X*H(K)
      ELSE
1015  X=SQRT(RA*RA+ZA*ZA)
      X=X*H(M)
1017  END IF
      X=X*RN
1019  S=SQRT((RN-R(J1))**2+(ZN-Z(J1))**2)/
      &. SQRT((R(J0)-R(J1))**2+(Z(J0)-Z(J1))**2)
1021  QR=PQ(I,2)+(PQ(I,1)-PQ(I,2))*S
      QZ=PQ(I,4)+(PQ(I,3)-PQ(I,4))*S
1023  DO 40 P=1,8
      L=EN(P)*2
1025  S=N(K,M,P)
      U(L-1)=U(L-1)+X*S*QR
1027  U(L)=U(L)+X*S*QZ
40    CONTINUE
1029  RETURN
      END
```

C. 2   输入文件示例 AXIGN. IN

```
      1
2   53,10,6,3,10,0,10
    0.1E-6
4       1  1  2  3 23 35 34 33 22
        2  3  4  5 24 37 36 35 23
6       3  5  6  7 25 39 38 37 24
        4  7  8  9 26 41 40 39 25
8       5  9 10 11 27 43 42 41 26
```

	6 11 12 13 28 45 44 43 27		
10	7 13 14 15 29 47 46 45 28		
	8 15 16 17 30 49 48 47 29		
12	9 17 18 19 31 51 50 49 30		
	10 19 20 21 32 53 52 51 31		
14	1	0.000000E+00	0.000000E+00
	2	2.000000	0.000000E+00
16	3	4.000000	0.000000E+00
	4	6.000000	0.000000E+00
18	5	8.000000	0.000000E+00
	6	10.000000	0.000000E+00
20	7	12.000000	0.000000E+00
	8	14.000000	0.000000E+00
22	9	16.000000	0.000000E+00
	10	18.000000	0.000000E+00
24	11	20.000000	0.000000E+00
	12	22.000000	0.000000E+00
26	13	24.000000	0.000000E+00
	14	26.000000	0.000000E+00
28	15	28.000000	0.000000E+00
	16	30.000000	0.000000E+00
30	17	32.000000	0.000000E+00
	18	34.000000	0.000000E+00
32	19	36.000000	0.000000E+00
	20	38.000000	0.000000E+00
34	21	40.000000	0.000000E+00
	22	0.000000E+00	5.000000E−01
36	23	4.000000	5.000000E−01
	24	8.000000	5.000000E−01
38	25	12.000000	5.000000E−01
	26	16.000000	5.000000E−01
40	27	20.000000	5.000000E−01
	28	24.000000	5.000000E−01
42	29	28.000000	5.000000E−01
	30	32.000000	5.000000E−01
44	31	36.000000	5.000000E−01
	32	40.000000	5.000000E−01
46	33	0.000000E+00	1.000000
	34	2.000000	1.000000
48	35	4.000000	1.000000
	36	6.000000	1.000000
50	37	8.000000	1.000000
	38	10.000000	1.000000
52	39	12.000000	1.000000
	40	14.000000	1.000000
54	41	16.000000	1.000000
	42	18.000000	1.000000
56	43	20.000000	1.000000
	44	22.000000	1.000000
58	45	24.000000	1.000000
	46	26.000000	1.000000
60	47	28.000000	1.000000

	48	30. 000000	1. 000000
62	49	32. 000000	1. 000000
	50	34. 000000	1. 000000
64	51	36. 000000	1. 000000
	52	38. 000000	1. 000000
66	53	40. 000000	1. 000000

68

　　1,0. 0,21,0. 0,22,0. 0,32,0. 0,33,0. 0,53,0. 0

70　　21,0. 0,32,0. 0,53,0. 0

72　　1,3,0. 0,0. 0,−10. 0,−10. 0,2,3,0. 0,0. 0,−10. 0,−10. 0,3,3,0. 0,0. 0,−10. 0,−10. 0,4,3,
　　0. 0,0. 0,−10. 0,−10. 0,5,3,0. 0,0. 0,−10. 0,−10. 0

74　　6,3,0. 0,0. 0,−10. 0,−10. 0,7,3,0. 0,0. 0,−10. 0,−10. 0,8,3,0. 0,0. 0,−10. 0,−10. 0,9,3,
　　0. 0,0. 0,−10. 0,−10. 0,10,3,0. 0,0. 0,−10. 0,−10. 0

76

　　2. 0E6,0. 3

附录 D　平面梁系的大挠度分析程序

D.1　源程序 BEAMGN. FOR

```
 1    ***********************************************
      *** THE NONLINEAR FINITE ELEMENT ANALYSIS  *
 3    *** PROGRAM FOR BEAM T. L. AND U. L. METHOD *
      ***********************************************
 5               PROGRAM MAIN
      ***********************************************
 7    *** 变量说明
      * FILE1:输入文件名
 9    * FILE2:输出文件名
      * FILE3:图形结果数据文件名
11    * NTU:计算方法指示数,1 为 T. L. ,2 为 U. L.
      * LOAD:载荷因子数
13    * EF:拉伸刚度
      * EI:抗弯刚度
15    * NE:单元总数
      * IME:增量步总数
17    * ACC:计算精度
      * MM:迭代信息数,1 为等刚度,2 为变刚度
19    * NRM:广义外力作用个数
      * NU:初始位移约束个数
21    * XX1,YY1,XX2,YY2:梁两端点坐标
      * PNM:广义力信息,PNM(I,1),PNM(I,2),PNM(I,3)分别为作用点号,方向和数值
23    * UXY:结点位移约束信息,UXY(I,1),UXY(I,2),UXY(I,3)为作用点号,方向和数值
      * M:结构自由度数
25    * NE:单元总数
      * BO:单元两结点连线与坐标方向夹角
27    * PP:总结点载荷数组
      * U:总位移数组
29    * P:结点增量载荷数组
      ***********************************************
31         IMPLICIT REAL * 8 (A—H,O—Z)
           DIMENSION WK(63,63),U(63),DU(63),RS(63,1),PP(63,1),RN(20),
```

```
33        &  XY(21,2),DLL(20),BO(20),XYO(21,2),TXY(20,2),TL1(20),
          &  PNM(10,4),UXY(10,3),FP(63,1),P(63,1),UI(63),TL2(20),
35        &  PP1(63,1),UU(63)
     *** 读入数据 ***
37        CHARACTER FILE1 * 12,FILE2 * 12
          WRITE( * , * )' PLEASE␣INPUT␣THE␣INPUT␣FILE␣NAME'
39        READ( * ,'(A)') FILE1
          OPEN(1,FILE=FILE1,STATUS=' OLD')
41        OUT=2
          IF(OUT. EQ. 2) THEN
43        WRITE( * , * )' PLEASE␣INPUT␣THE␣OUTPUT␣FILE␣NAME'
          READ( * ,'(A)')FILE2
45        OPEN(2,FILE=FILE2,STATUS=' NEW')
          WRITE(2, * )'－－－－－␣THE␣RESULTS␣OF␣CALCULATION␣－－－－－'
47        END IF
          READ(1, * )NTU,LOAD
49        WRITE( * , * )'－－－－－␣THE␣RESULTS␣OF␣CALCULATION␣－－－－－'
          READ(1, * ) EF,EI
51        READ(1, * ) NE,IME,ACC,MM,NRM,NU
          NP=NE+1
53        READ(1, * ) XX1,YY1
          READ(1, * )XX2,YY2
55        XXX=(XX2-XX1)/NE
          YYY=(YY2-YY1)/NE
57        DO 10 I=1,NP
          XY(I,1)=XXX * (I-1)
59        XY(I,2)=YYY * (I-1)
    10    CONTINUE
61        DO 11 I=1,NRM
          READ(1, * ) PNM(I,1),PNM(I,2),PNM(I,3)
63  11    CONTINUE
          DO 20 I=1,NU
65        READ(1, * ) UXY(I,1),UXY(I,2),UXY(I,3)
    20    CONTINUE
67        M=3 * NP
          M1=M+1
69        PI=3. 1415926
          DO 50 I=1,NE
71  50    BO(I)=0. 0
          DO 60 I=1,M
73        PP(I,1)=0. 0
          U(I)=0. 0
75  60    P(I,1)=0. 0
    *** 形成总载荷列向量 ***
77        DO 70 K=1,NRM
          II=3 * (PNM(K,1)-1)+PNM(K,2)
79  70    P(II,1)=PNM(K,3)/IME
          DO 75 I=1,NP
```

```
81          DO 75 J=1,2
     75     XYO(I,J)=XY(I,J)
83          NO=0
     *** 形成局部坐标 ***
85   110    CALL FLC(NE,M,RS,UI,DU,RN,XY,BO,DLL)
     1500   NO=NO+1
87   *** 形成增量载荷 PP ***
            IF(LOAD. GT. 0) THEN
89          IF(NTU. EQ. 2) THEN
            DO 90 I=1,M
91   90     PP(I,1)=P(I,1)
            ELSE
93          DO 95 I=1,M
     95     PP(I,1)=P(I,1) * NO
95          END IF
            ELSE
97          E=M-1
            F=M-2
99          PP1(E,1)=0. 0
            PP1(F,1)=0. 0
101         UU(M)=DABS(U(M))
            IF(NTU. EQ. 2) THEN
103         DO 15 I=1,M
     15     PP(I,1)=0. 0
105         PP(E,1)=P(E,1) * COS(UU(M))
            PP(F,1)=P(E,1) * SIN(UU(M))
107         ELSE
            PP(E,1)=P(E,1) * COS(UU(M))+PP1(E,1)
109         PP(F,1)=P(E,1) * SIN(UU(M))+PP1(F,1)
            PP1(E,1)=PP(E,1)
111         PP1(F,1)=PP(F,1)
            END IF
113         END IF
            NUM=0
115  1600   CONTINUE
            CALL WKK(NE,DLL,RN,BO,WK,EF,EI)
117  1800   NUM=NUM+1
            DO 105 I=1,M
119  105    FP(I,1)=PP(I,1)-RS(I,1)
            CALL JFC(WK,FP,DU,M,M1,NU,UXY)
121         DO 130 I=1,M
            UI(I)=UI(I)+DU(I)
123  130    CONTINUE
            CALL RSS(DLL,RS,RN,BO,NE,UI)
125         AXM=0. 0
            DO 140 I=1,NP
127         II=3 * (I-1)+2
            AX=DABS(DU(II)/UI(II))
```

```
129        IF(AX. GT. AXM) THEN
           AXM=AX
131        END IF
      140  CONTINUE
133        IF(AXM. GT. ACC) THEN
           IF(MM. EQ. 1) THEN
135        GOTO 1800
           ELSE
137        GOTO 1600
           END IF
139        END IF
           IF(NTU. EQ. 1) THEN
141        DO 145 I=1,M
      145  U(I)=UI(I)
143        ELSE
           DO 148 I=1,M
145   148  U(I)=U(I)+UI(I)
           END IF
147        DO 180 I=1,NP
           I1=3*(I-1)+1
149        I2=I1+2
           DO 180 J=I1,I2
151        XY(I,1)=XYO(I,1)+U(I1)
           XY(I,2)=XYO(I,2)+U(I1+1)
153   180  CONTINUE
           III=NO
155        DO 450 J=1,2
      450  TXY(III,J)=XY(NP,J)
157        IF(OUT. EQ. 1) THEN
           WRITE(*,1000)NO,NUM
159        WRITE(*,1001)
           DO 200 I=1,NP
161        II=3*(I-1)+1
           WRITE(*,1002)I,U(II),U(II+1),U(II+2)
163   200  CONTINUE
           ELSE
165        WRITE(2,1000)NO,NUM
           WRITE(2,1001)
167        DO 300 I=1,NP
           II=3*(I-1)+1
169        WRITE(2,1002)I,U(II),U(II+1),U(II+2)
      300  CONTINUE
171        WRITE(2,1007)((XY(I,J),J=1,2),I=1,NP)
      1007 FORMAT(1X,2E14. 2)
173        END IF
      1000 FORMAT(//1X,' INCREMENT␣STEP:',I2,/1X,' ITERATIVE␣TIME:',I2)
175   1001 FORMAT(/1X,' NO',11X,' U',14X,' W',12X,' DW/DX')
      1002 FORMAT(1X,I2,3F15. 6)
```

```
177      IF(NO. NE. IME) THEN
         IF(NTU. EQ. 2) THEN
179      GO TO 110
         ELSE
181      GOTO 1500
         END IF
183      ELSE
         END IF
185      WRITE(2, *)
         WRITE(2, *)'———————Graph————————'
187      DO 500 I=1,NO
         TL1(I)=TXY(I,1)/300.0
189 500  TL2(I)=DABS(TXY(I,2)/300.0)
         WRITE(2,1005)
191      WRITE(2,1003)(I,TL1(I),I=1,NO)
         WRITE(2,1006)
193      WRITE(2,1003)(I,TL2(I),I=1,NO)
    1003 FORMAT(1X,I2,F14.2)
195 1005 FORMAT(/1X,' NO',5X,'(L—U)/L')
    1006 FORMAT(/1X,' NO',5X,' W/L')
197      END
         **************************************************
199 *** 计算结点反力
         **************************************************
201      SUBROUTINE RSS(DLL,PP,EFA,B0,NE,U)
         IMPLICIT REAL * 8 (A—H,O—Z)
203      REAL * 8 B(2,6),DLL(20),E(2,1),P(6,1),BL(2,6),BLT(6,2),B0(20),
         & PG(6,1),EFA(20),PP(63,1),U(63),P1(6,1),B00(2,6),P2(1,6),
205      & BLL(3),CC(6,2),BT(6,2),C(2,6),T(6,6),B00T(6,2),PGT(1,6)
         COMMON/A1/D(2,2)/A2/X(3),W(3)
207      COMMON/A3/X1(20),X2(20),Y1(20),Y2(20),Z1(20),Z2(20)
         DO 22 I=1,3 * (NE+1)
209 22   PP(I,1)=0.0
         DO 33 N=1,NE
211      CALL TT(T,B0,N,CCOS,SSIN)
         NI=3 * (N-1)+1
213      U1=U(NI) * CCOS+U(NI+1) * SSIN
         W1=—U(NI) * SSIN+U(NI+1) * CCOS
215      U2=U(NI+3) * CCOS+U(NI+4) * SSIN
         W2=—U(NI+3) * SSIN+U(NI+4) * CCOS
217      O1=U(NI+2)
         O2=U(NI+5)
219      X1(N)=U1
         X2(N)=U2
221      Y1(N)=W1
         Y2(N)=W2
223      Z1(N)=O1
         Z2(N)=O2
```

```
225         DL＝DLL(N)
            DO 1 I＝1,2
227         DO 1 J＝1,6
     1      B(I,J)＝0.0
229         DO 11 I＝1,6
            P1(I,1)＝0.0
231  11     P(I,1)＝0.0
            DO 10 I＝1,3
233         B00(1,1)＝－1/DL
            B00(1,2)＝0.0
235         B00(1,3)＝0.0
            B00(1,4)＝1/DL
237         B00(1,5)＝0.0
            B00(1,6)＝0.0
239         B00(2,1)＝0.0
            B00(2,2)＝12.＊X(I)/(DL＊＊3)－6./DL＊＊2
241         B00(2,3)＝－4./DL＋6.＊X(I)/(DL＊＊2)
            B00(2,4)＝0.0
243         B00(2,5)＝6./(DL＊DL)－12.＊X(I)/(DL＊＊3)
            B00(2,6)＝－2./DL＋6.＊X(I)/(DL＊＊2)
245         G2＝6.＊X(I)＊X(I)/DL＊＊3－6.＊X(I)/DL/dl
            G3＝1.－4.＊X(I)/dl＋3.＊X(I)＊X(I)/DL＊＊2
247         G5＝6.＊X(I)/(DL＊DL)－6.＊X(I)＊X(I)/DL＊＊3
            G6＝－2.＊X(I)/DL＋3.＊X(I)＊X(I)/DL＊＊2
249         BLL(I)＝G2＊W1＋G3＊O1＋G5＊W2＋G6＊O2
            BL(1,1)－0.0
251         BL(1,2)＝BLL(I)＊G2
            BL(1,3)＝BLL(I)＊G3
253         BL(1,4)＝0.0
            BL(1,5)＝BLL(I)＊G5
255         BL(1,6)＝BLL(I)＊G6
            DO 88 II＝1,6
257  88     BL(2,II)＝0.0
            DO 20 K＝1,2
259         DO 20 J＝1,6
     20     B(K,J)＝B00(K,J)＋BL(K,J)
261         E(1,1)＝－1/DL＊U1＋1/DL＊U2＋BLL(I)＊BLL(I)/2
            E(2,1)＝B00(2,2)＊W1＋B00(2,3)＊O1＋B00(2,5)＊W2＋B00(2,6)＊O2
263         CALL TTT(2,6,B,BT)
            CALL MTMULT(6,2,2,BT,D,CC)
265         CALL MTMULT(6,2,1,CC,E,P1)
            DO 30 K＝1,6
267  30     P(K,1)＝P(K,1)＋P1(K,1)＊W(I)＊DL
     10     CONTINUE
269         EFA(N)＝－P(1,1)
            CALL TTT(6,1,P,P2)
271         CALL MTMULT(1,6,6,P2,T,PGT)
            CALL TTT (1,6,PGT,PG)
```

```
273        DO 40 I=1,6
           II=NI+I-1
275   40   PP(II,1)=PP(II,1)+PG(I,1)
      33   CONTINUE
277        RETURN
           END
279   *************************************************
      *** 计算增量位移
281   *************************************************
           SUBROUTINE JFC(WK,P,X,N,M,NU,UXY)
283        IMPLICIT REAL * 8 (A-H,O-Z)
           DIMENSION A(63,64),WK(63,63),X(63),P(63,1),UXY(10,3)
285        DO 20 I=1,N
           DO 20 J=1,N
287        A(I,J)=WK(I,J)
      20   A(I,M)=P(I,1)
289        DO 30 I=1,NU
           KI=3 * (UXY(I,1)-1)+UXY(I,2)
291        A(KI,KI)=A(KI,KI) * 10E15
           A(KI,M)=UXY(I,3) * A(KI,KI)
293   30   CONTINUE
           DO 40 J=2,M
295   40   A(1,J)=A(1,J)/A(1,1)
           DO 100 I=2,N
297        J=I
           DO 70 II=J,N
299        SUM=0.
           JM1=J-1
301        DO 60 K=1,JM1
      60   SUM=SUM+A(II,K) * A(K,J)
303   70   A(II,J)=A(II,J)-SUM
           IP1=I+1
305        DO 90 JJ=IP1,M
           SUM=0.
307        IM1=I-1
           DO 80 K=1,IM1
309   80   SUM=SUM+A(I,K) * A(K,JJ)
      90   A(I,JJ)=(A(I,JJ)-SUM)/A(I,I)
311   100  CONTINUE
      *** 回代求解 ***
313        X(N)=A(N,N+1)
           L=N-1
315        DO 120 NN=1,L
           SUM=0.
317        I=N-NN
           IP1=I+1
319        DO 110 J=IP1,N
      110  SUM=SUM+A(I,J) * X(J)
```

```
321   120    X(I)=A(I,M)-SUM
             RETURN
323          END

      **************************************************
325   *** 形成由单元局部向全局坐标的转换阵 T
      **************************************************
327          SUBROUTINE TT(T,BO,N,CCOS,SSIN)
             IMPLICIT REAL*8 (A-H,O-Z)
329          DIMENSION T(6,6),BO(20)
             CCOS=DCOS(BO(N))
331          SSIN=DSIN(BO(N))
             DO 20 I=1,6
333          DO 20 J=1,6
       20    T(I,J)=0.0
335          T(1,1)=CCOS
             T(1,2)=SSIN
337          T(2,1)=-SSIN
             T(2,2)=CCOS
339          T(3,3)=1.0
             T(4,4)=CCOS
341          T(4,5)=SSIN
             T(5,4)=-SSIN
343          T(5,5)=CCOS
             T(6,6)=1.0
345          RETURN
             END
347   **************************************************
      *** 由结点坐标值形成单元的局部坐标
349   **************************************************
             SUBROUTINE FLC(NE,M,RS,UI,DU,RN,XY,BO,DLL)
351          IMPLICIT REAL*8 (A-H,O-Z)
             DIMENSION RS(63,1),UI(63),DU(63),RN(20),BO(20),
353        &  XY(21,2),DLL(20)
             PI=3.1415926
355          DO 10 I=1,M
             RS(I,1)=0.0
357          UI(I)=0.0
       10    DU(I)=0.0
359          DO 20 I=1,NE
       20    RN(I)=0.0
361          DO 30 N=1,NE
             I=N
363          J=N+1
             XO=XY(J,1)-XY(I,1)
365          YO=XY(J,2)-XY(I,2)
             IF(XO.GT.0.0) THEN
367          IF(YO.GT.0.0) THEN
             BO(N)=DATAN(YO/XO)
```

```
369       ELSE
          BO(N)=PI*2.-DABS(DATAN(YO/XO))
371       END IF
          ELSE
373       IF(YO.GT.0.0) THEN
          BO(N)=PI-DABS(DATAN(YO/XO))
375       ELSE
          BO(N)=PI+DABS(DATAN(YO/XO))
377       END IF
          END IF
379       DLL(N)=DSQRT(YO*YO+XO*XO)
      30  CONTINUE
381       RETURN
          END
383   ****************************************************
      *** 形成单元刚度矩阵并累加总体刚度矩阵
385   ****************************************************
          SUBROUTINE WKK(NE,DLL,RN,BO,TWK,EF,EI)
387       IMPLICIT REAL*8 (A-H,O-Z)
          REAL*8 K(6,6),K1(6,6),KW(6,6),K0(6,6),GT(6,2),B00(2,6),
389       & BL(2,6),C(2,6),BLL(3),BLT(6,2),KK(6,6),G(2,6),
          & K3(6,6),K4(6,6),RN(20),DLL(20),BO(20),T(6,6),CC(6,2),
391       & TWK(63,63),WT(6,6),K2(6,6),B00T(6,2),T0(6,6)
          COMMON/A1/D(2,2)/A2/X(3),W(3)
393       COMMON/A3/X1(20),X2(20),Y1(20),Y2(20),Z1(20),Z2(20)
          NI=3*(NE+1)
395       DO 91 I=1,NI
          DO 91 J=1,NI
397   91  TWK(I,J)=0.0
          DO 200 N=1,NE
399       DL=DLL(N)
          U1=X1(N)
401       U2=X2(N)
          W1=Y1(N)
403       W2=Y2(N)
          O1=Z1(N)
405       O2=Z2(N)
          X(1)=0.1127*DL
407       X(2)=0.5*DL
          X(3)=0.8873*DL
409       W(1)=0.555556/2.
          W(2)=0.8888889/2.
411       W(3)=0.555556/2.
          DO 211 I=1,6
413       DO 211 J=1,6
          K0(I,J)=0.0
415       K1(I,J)=0.0
          K2(I,J)=0.0
```

```
417    K3(I,J)=0.0
       K4(I,J)=0.0
419    K(I,J)=0.0
       KW(I,J)=0.0
421 211    CONTINUE
       D(1,1)=EF
423    D(1,2)=0.0
       D(2,1)=0.0
425    D(2,2)=EI
       DO 10 I=1,3
427    B00(1,1)=−1/DL
       B00(1,2)=0.0
429    B00(1,3)=0.0
       B00(1,4)=1/DL
431    B00(1,5)=0.0
       B00(1,6)=0.0
433    B00(2,1)=0.0
       B00(2,2)=12.*X(I)/(DL**3)−6./DL**2
435    B00(2,3)=−4./DL+6.*X(I)/(DL**2)
       B00(2,4)=0.0
437    B00(2,5)=6./(DL*DL)−12.*X(I)/(DL**3)
       B00(2,6)=−2./DL+6.*X(I)/(DL**2)
439    G(1,1)=0.0
       G(1,2)=6.*X(I)*X(I)/DL**3−6.*X(I)/DL/dl
441    G(1,3)=1.−4.*x(i)/dl+3.*x(i)*x(i)/dl**2
       G(1,4)=0.0
443    G(1,5)=6.*X(I)/(DL*DL)−6.*X(I)*X(I)/DL**3
       G(1,6)=−2.*X(I)/DL+3.*X(I)*X(I)/DL**2
445    DO 99 II=1,6
    99    G(2,II)=0.0
447    BLL(I)=G(1,2)*W1+G(1,3)*O1+G(1,5)*W2+G(1,6)*O2
       BL(1,1)=0.0
449    BL(1,2)=BLL(I)*G(1,2)
       BL(1,3)=BLL(I)*G(1,3)
451    BL(1,4)=0.0
       BL(1,5)=BLL(I)*G(1,5)
453    BL(1,6)=BLL(I)*G(1,6)
       DO 88 II=1,6
455    BL(2,II)=0.0
    88    CONTINUE
457    CALL TTT(2,6,B00,B00T)
       CALL MTMULT(6,2,2,B00T,D,CC)
459    CALL MTMULT(6,2,6,CC,B00,KW)
       DO 20 M=1,6
461    DO 20 J=1,6
    20    K0(M,J)=K0(M,J)+KW(M,J)*W(I)*DL
463    CALL MTMULT(6,2,6,CC,BL,KW)
       DO 70 M=1,6
```

```
465          DO 70 J=1,6
      70     K2(M,J)=K2(M,J)+KW(M,J)*W(I)*DL
467          CALL TTT(2,6,G,GT)
             CALL MTMULT(6,2,6,GT,G,KW)
469          DO 30 M=1,6
             DO 30 J=1,6
471   30     K1(M,J)=K1(M,J)+KW(M,J)*W(I)*RN(N)*DL
             CALL TTT(2,6,BL,BLT)
473          CALL MTMULT(6,2,2,BLT,D,CC)
             CALL MTMULT(6,2,6,CC,B00,KW)
475          DO 40 M=1,6
             DO 40 J=1,6
477   40     K3(M,J)=K3(M,J)+KW(M,J)*W(I)*DL
             CALL MTMULT(6,2,6,CC,BL,KW)
479          DO 50 M=1,6
             DO 50 J=1,6
481   50     K4(M,J)=K4(M,J)+KW(M,J)*W(I)*DL
      10     CONTINUE
483          DO 60 I=1,6
             DO 60 J=1,6
485   60     K(I,J)=K0(I,J)+K1(I,J)+K2(I,J)+K3(I,J)+K4(I,J)
             CALL TT(T,BO,N,CCOS,SSIN)
487          CALL TTT(6,6,T,T0)
             CALL MTMULT(6,6,6,T0,K,WT)
489          CALL MTMULT(6,6,6,WT,T,KK)
             IJ=3*(N-1)
491          DO 90 I=1,6
             II=IJ+I
493          DO 90 J=1,6
             JJ=IJ+J
495   90     TWK(II,JJ)=TWK(II,JJ)+kK(I,J)
      200    CONTINUE
497          RETURN
             END
499   **************************************************
      *** 矩阵相乘
501   **************************************************
             SUBROUTINE MTMULT(L,M,N,A,B,C)
503          IMPLICIT REAL*8(A-H,O-Z)
             REAL*8 A(L,M),B(M,N),C(L,N)
505          DO 13 I=1,L
             DO 13 K=1,N
507          C(I,K)=0.0
             DO 13 J=1,M
509   13     C(I,K)=C(I,K)+A(I,J)*B(J,K)
             RETURN
511          END

      **************************************************
```

```
513    ***矩阵转置
       ********************************************
515           SUBROUTINE TTT(M,N,A,B)
              IMPLICIT REAL * 8 (A-H,O-Z)
517           REAL * 8 A(M,N),B(N,M)
              DO 15 I=1,N
519           DO 15 J=1,M
              B(I,J)=0.0
521   15      B(I,J)=A(J,I)
              RETURN
523           END
```

D.2　输入文件示例 BEAMP. IN

```
1     1,1
      20700.0,172500.0
3     10,20,0.001,2,1,3
        0.0,  0.0
5     300.0,  0.0
      11.0,2.0,-19.1
7     1.0,1.0,0.0
      1.0,2.0,0.0
9     1.0,3.0,0.0
```

D.3　输入文件示例 BEAMM. IN

```
1     2,1
      3.0E7,2.5E6
3     20,20,0.001,2,1,3
        0.0,  0.0
5     12.0,  0.0
      21.0,3.0,-1308996.94
7     1.0,1.0,0.0
      1.0,2.0,0.0
9     1.0,3.0,0.0
```

附录 E　主要符号和术语

3 - node beam isoperimetric element	三结点等参梁单元
4 - node quadrilateral isoperimetric element	四结点等参四边形单元
4 - node bilinear axisymmetric quadrilateral reduction hourglass control element	四结点双线性轴对称四边形减缩沙漏控制单元(CAX4R)
4 - node doubly reduction integral hourglass control finite membrane strains curved shell element	四结点二次减缩积分沙漏控制有限膜应变曲壳单元(S4R)
8 - node isoperimetric element	八结点等参轴对称单元
8 - node hexahedral linear reduction integral element	八结点六面体线性减缩积分单元（C3D8R）
8 - node quadrilateral reduction integral hourglass control continuum shell element	八结点线性减缩积分沙漏控制连续壳单元(SC8R)
8 - node three-dimensional cohesive element	八结点三维黏性单元(COH3D8)
accumulated plastic strain	积累塑性应变(ε_{pa})
accuracy	精确度
adjacent coordinate system	相邻坐标系
advanced composites	先进复合材料
Almansi strain	阿尔曼西应变(ε_{ij})
arc length method	弧长法
axisymmetric	轴对称
Bauschinger effect	鲍氏效应
bifurcation instability	分支型失稳
body configuration	物体构型
Camanho degradation	Camanho 退化
cohesive bilinear damage model	内聚力双线性损伤模型
cohesive model	内聚力模型

composite delamination	复合材料分层
computer aided design	计算机辅助设计(CAD)
computer aided manufacture	计算机辅助制造(CAM)
consistency condition	一致性条件
constitution relation	本构关系
contact nonlinearity	接触非线性
convergence criterion	收敛准则
coordinate transformation	坐标变换
current coordinate system	瞬时坐标系
damage evolution	损伤演化
damage failure	损伤破坏
damage initiation	损伤起始
deformation energy	变形能
degree of freedom	自由度
direct-iterative method	直接迭代法(割线刚度法)
displacement compatibility equation	位移协调方程
displacement mode	位移模式
discretization	离散化
Drucker-Prager yield criterion	Drucker-Prager 屈服准则
dynamic hardening model	随动强化模型
eigenvalue	特征值(λ)
eigenvalue vector	特征向量
elastic-plastic matrix	弹塑性矩阵(D)
elasto-plasticity	弹塑性
element stiffness matrix	单元刚度矩阵(K_e)
equivalent stress	等效应力($\bar{\sigma}$)
equivalent strain	等效应变($\bar{\epsilon}$)
equilibrium condition	平衡条件
Eulerian stress	欧拉应力(σ_{ij})
external work	外力功
failure criterion	破坏准则
flowchart	流程图
fracture toughness	断裂韧性(G_c)
Gauss integration	高斯积分
generalized eigenvalue equation	广义特征值方程
geometric nonlinearity	几何非线性

geometric matrix	几何矩阵($\boldsymbol{B}$)
governing equations	控制方程
Green strain	格林应变(E_{ij})
hardening material	强化材料
Hertz contact theory	Hertz 接触理论
Hooke's law	胡克定律
incremental equilibrium equation	增量平衡方程
incremental method	增量法-纯增量法
inequilibrium force vector	不平衡力向量($\boldsymbol{Z}$)
initial coordinate system	初始坐标系
initial stress matrix	初应力矩阵(几何刚度矩阵)($\boldsymbol{K}_\sigma$)
initial yield criterion	初始屈服准则
initial yield stress	初始屈服应力(s)
isoparametric element	等参单元
isoperimetric transformation	等参变换
isotropic elasticity	各向同性弹性(V)
isotropic hardening model	各向同性强化模型
iterative method	迭代法
Jacobian determinant	雅可比行列式($\det J$)
Kirchhoff stress	克希霍夫应力(S_{ij})
Lagrangian stress	拉格朗日应力(T_{ij})
laminate plate	层压板(又称层合板)
large deformation matrix	大位移阵($\boldsymbol{K}_\mathrm{L}$)
linearization	线性化
load-deflection curve	载荷-挠度曲线
mass conservation	质量守恒
material nonlinearity	材料非线性
mixed method	混合法-增量/迭代型方法
mixed method-incremental/iterative method	混合法-增量/迭代型方法
mode Ⅰ energy release rate	Ⅰ型能量释放率(G_I)
mode Ⅱ energy release rate	Ⅱ型能量释放率(G_II)
mode Ⅲ energy release rate	Ⅲ型能量释放率(G_III)
modified Newton-Raphson method	修正的牛顿-拉夫森法
Mohr-Coulomb yield criterion	摩尔-库伦屈服准则
Newton-Raphson method	牛顿-拉夫森法
nonlinear elasticity	非线性弹性

nonlinear equilibrium path	非线性平衡路径
nonlinear finite element method	非线性有限元方法(NFEM)
partition of unity method	单位分解法
perfect plastic material	理想塑性材料
plane stress	平面应力
plane strain	平面应变
plastic flow rule	塑性流动法则
Poisson's ratio	泊松比(ν)
post-buckling	后屈曲
pre-buckling	前屈曲
principle of virtual work	虚功原理
pure incremental method	纯增量法
quads damage law	二次名义应力准则
reference configuration	参考构型
residual deformation	残余变形
rigid body rotation	刚体转动
second invariant of stress deviator	应力偏量第二不变量(J_2)
snap-back	回弹
snap-through	跳跃
strain deviator tensor	应变偏张量(S_e)
strain energy of adhesive element	胶单元应变能(Π)
strain tensor	应变张量(ϵ)
stress deviator tensor	应力偏张量(S)
stress tensor	应力张量(σ)
sub-components	子构件
subsequent yield stress	相继屈服应力(s)
tangent stiffness matrix	切线刚度矩阵(K_T)
tensor notation	张量符号
theory of strength	强度理论
total energy release rate	总能量释放率(G_T)
total potential energy	总位能
total Lagrangian formulation	全局的拉格朗日表示
traction-separation description	牵引-分离描述
Tresca yield criterion	Tresca屈服准则
ultimate instability	极值型失稳
updated Lagrangian formulation	更新的拉格朗日表示

uniaxial tensile curve	单向拉伸曲线
upload surface equations	加载面方程
upload/unload/neutral loading	加载、卸载和中性变载
visco-elasticity	黏弹性
visco-plasticity	黏塑性
volume incompressibility	体积不可压缩
von Karman large deflection theory	冯·卡门大挠度理论
von Mises yield criterion	冯·米赛斯屈服准则
xfem model	扩展有限元模型
Young's modulus	弹性模量(E)

索　引